AMRA

Cindy Griffith & Lisa K.

# SPIRIT BUSINESS

Wie du ein spirituelles Unternehmen zum Erfolg führst

Aus dem Amerikanischen von
Sarah Heidelberger

AMRA

**Brandheiße Infos finden Sie regelmäßig auf:**
**www.facebook.com/AMRAVerlag**

**Besuchen Sie uns im Internet:**
**www.AmraVerlag.de**


Amerikanische Originalausgabe:
*Grow Your Spiritual Business. How to Build a Business in the Internet Age*

2016 erstmals Deutsch im AMRA Verlag
Auf der Reitbahn 8, D-63452 Hanau
Telefon: + 49 (0) 61 81 – 18 93 92
Kontakt: Info@AmraVerlag.de

| | |
|---|---|
| Herausgeber & Lektor | Michael Nagula |
| Umschlaggestaltung | Guter Punkt |
| Satz & Layout | Birgit Letsch |
| Druck | CPI Books GmbH |

First published by Findhorn Press, Scotland



ISBN Printausgabe 978-3-95447-234-5
ISBN eBook 978-3-95447-235-2

# Inhalt

# Einführung

Deine Ausbildung ist abgeschlossen, du hältst dein Abschlusszeugnis in Händen und dein Lehrer sagt, dass du soweit bist. Glückwunsch, du stehst kurz davor, ein spirituelles Unternehmen zu gründen! Und jetzt? Aber vielleicht hast ja sogar schon ein spirituelles Unternehmen und brauchst nur noch etwas Unterstützung dabei, neue Kunden anzulocken? Vielleicht hast du ein Talent für eine spezielle Heilmethode oder eine andere spirituelle Tätigkeit, weißt aber nicht, wie man ein Geschäft aufbaut? Mach dir keine Sorgen. Es ist nie zu spät zu lernen, wie man ein erfolgreiches spirituelles Unternehmen auf die Beine stellt.

Dieses Buch wurde in der Absicht geschrieben, dir in aller Genauigkeit die bewährten Schritte zu erklären, durch die dein Unternehmen von Anfang an auf seriöse Weise und mit intaktem spirituellen Fokus gedeihen kann.

Ein starkes und profitables Geschäft muss nicht bedeuten, dass du deine Spiritualität über Bord wirfst. *Spirit Business* wird dir helfen, dein Unternehmen, deine Preise und dein Marketing auf professionelle Weise (neu) einzuschätzen und dabei deine spirituelle Perspektive nicht aus dem Blick zu verlieren. Wir, die Autorinnen dieses Buches, haben beide traditionelle betriebliche Hintergründe, und so ist es uns möglich, dir praktische und fundierte Ratschläge zu geben, ohne dabei die spirituellen Werte zu gefährden, die für jedes spirituelle Unternehmen so wichtig sind.

Lisa hat fünfzehn Jahre lang im Sektor Informationstechnologie, Marketing und Vertrieb gearbeitet und dabei für Unternehmen aus der ganzen Welt Einnahmen in vielen Millionen Dollar

Höhe generiert. Heute unterhält sie ihr eigenes erfolgreiches spirituelles Unternehmen als Autorin, Referentin und Seminarleiterin und bringt Menschen auf der ganzen Welt bei, ihre Intuition weiterzuentwickeln.

Cindy führt seit über zwanzig Jahren eine erfolgreiche Praxis als spirituelle Lehrerin und spirituelle Beraterin und arbeitet neuerdings auch als Autorin. Zuvor leitete sie ein Maklerbüro und war unabhängige Immobilienmaklerin und -gutachterin. Gemeinsam haben wir dir fünfunddreißig Jahre Marketingerfahrung zu bieten, und zwar in einer Form, die zu deinem spirituell ausgerichteten Unternehmen passt.

## Wie du das Meiste aus diesem Buch herausholst

*Spirit Business* ist so aufgebaut, dass es so nützlich wie möglich für Unternehmer und Unternehmerinnen ist, die ein spirituelles Geschäft aufbauen wollen. Du wirst feststellen, dass einige Themen in verschiedenen Kapiteln auftauchen, aber das ist Absicht. Dadurch wollen wir verhindern, dass du das Buch von Anfang bis Ende lesen musst. Stattdessen kannst du direkt zu den Kapiteln und Abschnitten springen, die sich mit dem Thema befassen, das für dein Unternehmen gerade besonders wichtig ist.

Lisa und Cindy bieten jeweils unterschiedliche Sichtweisen und Ratschläge samt Beispielen aus dem wahren Leben an, die sich aber gegenseitig ergänzen. **Jedes Kapitel beinhaltet Tipps für dein spirituelles Unternehmen**. In diesen vermitteln wir dir in komprimierter Form den großen Erfahrungsschatz zweier erfolgreicher Geschäftsfrauen aus dem spirituellen Bereich und führen dich Schritt für Schritt durch die Anfänge und die Weiterentwicklung deines eigenen spirituellen Unternehmens.

Am meisten kannst du aus *Spirit Business* herausholen, wenn du dich am Inhaltsverzeichnis orientierst. Einige Leser haben vielleicht schon ein spirituelles Unternehmen aufgebaut und brauchen nur in bestimmten Bereichen Hilfe. Auch sie könnten vielleicht davon profitieren, ihr Unternehmen neu einzuschätzen, indem Sie mit Kapitel 1 anfangen. Aber du kannst auch im Inhaltsverzeichnis nach dem Thema suchen, das für dich gerade wichtig ist, und damit beginnen.

Wenn du Lisas Marketingkonzept »Anziehung, Resonanz, Synergie« kennenlernst, wirst du vielleicht feststellen, dass sich dein Unternehmen gerade in einer bestimmten Phase befindet, und nur die relevanten Kapitel lesen wollen. Aus diesem Grund werden einige Kernkonzepte in verschiedenen Kapiteln wiederholt.

Wenn du aber gerade dabei bist, ein Unternehmen zu gründen, empfehlen wir dir, *Spirit Business* von Anfang an zu lesen. Beginnst du mit dem zweiten Kapitel »Entdecke deine Leidenschaft«, kann dir das eine Menge Zeit und Geld sparen! Wie wir dir zeigen werden, ist deine Einstellung der Faktor, der dein Unternehmen spirituell macht, und deine Geschäftsidentität zu kennen ist der Schlüssel zum Verständnis, wie du dein Unternehmen auch erfolgreich vermarkten kannst.

Vielleicht werden sich nicht alle Themen in *Spirit Business* sofort auf dein Unternehmen anwenden lassen. In diesem Fall schlagen wir vor, dass du die Vorschläge anstreichst, die du erst später ausprobieren willst, wenn dein Unternehmen gewachsen ist. Außerdem kann es natürlich auch sein, dass dir nicht all unsere Ratschläge zusagen. Pick dir einfach das heraus, was dir zusagt, und ignoriere den Rest. Du wirst feststellen, dass Lisa und Cindy unterschiedliche Ansätze verfolgen, worin eine der Stärken von *Spirit Business* liegt. Denn so kannst du zwei verschiedene Perspektiven auf das kennenlernen, was bei der Entwicklung eines spirituellen Unternehmens entscheidend ist.

Ob in den folgenden Kapiteln gerade Lisa oder Cindy spricht, erkennst du an den vorangestellten Namen. Bei gemeinsam geschriebenen Texten haben wir auf eine entsprechende Kennzeichnung verzichtet.

## Was macht ein Unternehmen eigentlich spirituell?

Die Welt verändert sich. Noch nie zuvor haben so viele Menschen den Wunsch verspürt, sich persönlich und spirituell weiterzuentwickeln. Jeder will ein besseres Leben führen und dabei Glück und Erfülltheit erlangen. Vielleicht hast du eine Geschäftsidee, die dabei hilfreich sein kann. Vielleicht willst du einfach ein Wagnis eingehen und folgst dem inneren Drang, mehr aus deinem Leben zu machen. Du hast das Gefühl, dass Spirit dich auf die Erde gebracht hat, damit du mehr tun, anderen helfen, etwas bewegen kannst. Vielleicht hast du auch etwas gefunden, das dein Herz und deine Seele zum Singen bringt, und möchtest nun einen beruflichen Weg einschlagen, auf dem du diese Leidenschaft mit anderen teilen kannst.

Es gibt viele Gründe, aus denen wir unseren Beruf wechseln, um etwas Bedeutsameres zu tun, etwas von tieferem spirituellen Wert, den wir mit anderen teilen möchten. Ganz gleich, was dein persönlicher Grund ist – ein spirituelles Unternehmen ist ein Unternehmen, dessen Kern die Spiritualität bildet.

Im *Oxford English Dictionary* wird »spirituell« definiert als »bezogen auf oder mit Auswirkung auf die menschliche Seele oder den menschlichen Geist im Gegensatz zu materiellen oder physischen Dingen«. Häufig fühlen sich jene Menschen dazu inspiriert, ein spirituelles Unternehmen zu gründen, die selbst eine spirituelle Reise oder Transformation durchlebt haben und anderen dabei helfen möchten, dieselbe Erfahrung zu machen. Vielleicht trifft das ja auch auf dich zu? Ein spirituelles Unternehmen zielt darauf ab, andere zu regenerieren, aufzumuntern, zu heilen, zu inspirieren, zu trösten und zu transformieren – und das gilt auch für die Person, die das Unternehmen führt.

Was dein Unternehmen *spirituell* macht, ist deine Einstellung. Du bringst deine Spiritualität in das Geschäft ein. Viele Tätigkeitsfelder können als spirituelle Unternehmungen eingestuft werden, zum Beispiel Energieheilung, intuitive oder mediale Beratung, Yoga-Unterricht, Akupunktur, Massagetherapie, Kräuterkunde,

Naturheilkunde, Coaching, spirituelles Lehren … um nur einige wenige Bereiche zu nennen.

An diesen Beispielen kannst du erkennen, dass ein spirituelles Unternehmen nicht notwendigerweise mit metaphysischen Praktiken einhergehen muss – der spirituelle Anteil ist das, was du als Ausübender oder Ausübende mit einbringst. Vielleicht möchtest du ja als Ernährungsberater, Ärztin, Lehrer oder sogar Anwältin oder Steuerberater einen spirituelleren Weg einschlagen.

Die meisten spirituellen Unternehmen lassen sich in eine von drei Dienstleistungskategorien einordnen: die einen motivieren und inspirieren, die anderen helfen dabei, das Leben zu verbessern, und die dritten haben sich auf Heiltechniken spezialisiert. Vielleicht überschneidet sich dein Unternehmenskonzept ja mit einer dieser Kategorien. Als Lehrerin hilft Lisa Menschen etwa dabei, ihre Intuition zu entwickeln, damit sie ihr Leben verbessern können, indem sie auf den Rat und die Weisheit aus ihrem Inneren hören. Dieses Training hilft ihnen in allen Lebensbereichen und fällt in die Kategorie »Lebensverbesserung«.

Auch Cindys spirituelles Unternehmen fällt in diese Kategorie. Sie hilft Menschen, indem sie ihnen mediale Ratschläge und Informationen übermittelt, wie sie ihr Leben verbessern können. Aber durch ihre energetischen Untersuchungen hilft sie ihren Klienten auch zu heilen. Einige spirituelle Unternehmen aus dem Bereich »Heilung« richten sich, wie beispielsweise Yoga oder Tai Chi, an den Körper, andere heilen den Geist durch Bestätigungspraktiken und positives Denken, wie es beim Gesetz der Anziehung der Fall ist. Spirituelle Unternehmen aus der Kategorie »Motivation und Inspiration« bewegen Menschen dazu, positive Handlungen wie Achtsamkeit auszuführen, bieten so wie Tao und Zen-Buddhismus anregende Philosophien oder fördern eine natürliche Lebensweise, die gut für Körper und Geist ist.

Was für ein spirituelles Unternehmen du auch gründen willst – vermutlich fällt es in mindestens eine dieser drei Kategorien. Letztlich besteht das Ziel immer darin, anderen dabei zu helfen, sich körperlich, geistig und spirituell weiterzuentwickeln.

Wie bereits erwähnt müssen spirituelle Unternehmen nicht auf metaphysischen Praktiken beruhen, sondern können jede Art von Dienstleistung anbieten, die andere heilt, motiviert und inspiriert oder ihr Leben verbessert. Auch ein Anwalt oder eine Steuerberaterin ist dafür da, anderen zu helfen. Spirituell wird dein Unternehmen durch die Spiritualität, die du in deine Arbeit einbringst – ob du nun etwas für das Allgemeinwohl tust oder andere mit deiner Tätigkeit inspirierst.

Wenn du anderen hilfst, darfst du dabei aber nicht vergessen, dass Geld zu verdienen nichts am Wesen deiner Arbeit ändert. Schließlich kannst du am Ende niemandem mehr helfen, wenn du nicht genügend Geld verdienst! Um Menschen zu erreichen, die deine Fähigkeiten brauchen, benötigst du ein Unternehmen, das soweit floriert, dass es sich selbst und deinen Lebensunterhalt tragen kann. Ohne die finanziellen Mittel, die die Gründung und Aufrechterhaltung deines Unternehmens und eine effektive Vermarktung ermöglichen, mit der du die Menschen erreichst, die deine Hilfe brauchen, kannst du deine Mission nicht erfüllen.

Wie gesagt: Ein spirituelles Unternehmen ist ein Unternehmen, dessen Kern die Spiritualität bildet. Ein wirtschaftlich orientierter Marketingansatz dann dir dabei helfen, Menschen zu erreichen, die deine Dienste in Anspruch nehmen wollen, und eine starke Unternehmensinfrastruktur ist die Lebensgrundlage für dein Unternehmen. Beides brauchst du, wenn du anderen erfolgreich helfen willst. Vielleicht jagt dir diese wirtschaftliche Seite im Augenblick noch Angst ein – aber das braucht sie nicht. Wenn du ein paar einfache Schritte befolgst – Schritte, die wir dir in diesem Buch vorstellen –, dann bist du auf dem besten Weg, eine starke Unternehmensstruktur aufzubauen, die dir dabei helfen kann, Tausende potenzieller Kunden zu erreichen und dabei den spirituellen Kern deines Unternehmens zu erhalten.

*Cindy Griffith und Lisa K.*

# Entdecke deine Leidenschaft

## Deine Geschäftsidentität

**LISA** Nichts ist bei der Unternehmensgründung so wichtig wie eine klare Vorstellung davon, worum es bei deinem Geschäft geht und wodurch deine Leidenschaft geweckt wurde. Klarheit ist bei jeder Art von Unternehmen der Schlüssel, um die Sache ins Rollen zu bringen und seine Ziele zu erreichen. Vielen Menschen fällt es schwer einzugrenzen, auf welche Art von Geschäft sie sich konzentrieren wollen – besonders, was für eine Dienstleistung sie genau anbieten wollen. Vielleicht bist du verlockt, in deinem spirituellen Unternehmensportfolio all die Fähigkeiten, Umsetzungsmöglichkeiten und all das Wissen anzupreisen. Aber lass lieber die Finger davon! Und warum?

Weil deine zukünftigen Kunden dann Probleme haben werden zu verstehen, was genau du eigentlich anbietest. Und wenn sie nicht wissen, was genau du anbietest, dann wissen sie auch nicht, warum sie genau *dich* brauchen. Oder vielleicht gefällt ihnen dein Angebot ja, aber wenn sie dich weiterempfehlen möchten, wissen sie nicht, was sie eigentlich über dich sagen sollen.

Ich kenne diese Stolperfalle gut, weil ich zu Anfang meiner Geschäftstätigkeit selbst keinen Fokus hatte. Ich bot Reiki an, integrierte Energietherapie, Kristallresonanztherapie, QiGong-Heilung aus der traditionellen chinesischen Medizin, Angel Therapy®, ich legte Engelkarten und bot mich als Engelmedium an, und darüber hinaus praktizierte ich auch noch Automatic Angel Writing™ sowie die Weiterentwicklung von Intuition und mediale Fähigkeiten.

Dass ich zu viel auf einmal anbot, wurde mir plötzlich klar, als mir vor einigen Jahren eine Kundin erzählte, wie sie einer Freundin gegenüber von mir schwärmte, dann aber Probleme hatte zu erklären, was ich eigentlich mache. Ihre Freundin hat niemals Kontakt zu mir aufgenommen.

Such dir die eine Tätigkeit heraus, die deine Leidenschaft entfacht, die du am besten beherrschst und am meisten liebst, und richte dein Unternehmen darauf aus. Ich habe mich entschieden, mich als Lehrerin für Intuitionsentwicklung zu spezialisieren, weil ich über das Thema Intuition nicht nur am meisten weiß, sondern sie auch meine stärkste Fähigkeit ist, und außerdem ist sie der Schlüssel zu all den anderen Praktiken, in denen ich zertifiziert bin. Überdies ist Intuition etwas, das ich liebe und das meine Leidenschaft entfacht.

Ich biete immer noch auch andere Dienstleistungen an, aber meine Werbung gilt meiner Tätigkeit als Lehrerin für Intuitionsentwicklung, und ich fokussiere den Großteil meiner Geschäftsenergie auf dieses Thema. Bekannt bin ich als Expertin und Lehrerin für den Bereich Intuition.

Wenn du dich auf eine Geschäftsidentität konzentrierst, fällt es dir leichter, der Welt mitzuteilen, was du zu bieten hast und wie man von dir und deinen Fähigkeiten profitieren kann. Mit einer klaren Botschaft, was du für welche Art Menschen tun kannst, wird es außerdem leichter, dir Mund-zu-Mund-Propaganda zunutze zu machen. Meine Botschaft lautet, dass ich Menschen beibringe, ihre Intuition zu entwickeln, damit sie stärker und nützlicher wird.

Auf diese Weise kannst du einfacher Marketing betreiben und damit die Menschen erreichen, die deine Dienstleistung oder dein Produkt brauchen. Du verschwendest weder Geld noch Zeit darauf, Menschen hinterherzujagen, die gar kein Interesse an deinem Angebot haben. Heutzutage ist es dank der Technik viel einfacher, Leute zu erreichen, die bereits Interesse haben und bereit sind, ein Unternehmen wie deines in Anspruch zu nehmen. Später in diesem Buch werden wir Möglichkeiten beschreiben, die moderne Technik dafür zu nutzen, deine Zielgruppe zu erreichen.

Zunächst solltest du also klären, wie deine Geschäftsidentität aussieht. Wenn du dazu in der Lage bist, sie in einem Satz zusammenzufassen, bist du für Kunden eher auffindbar, weil sie wissen, was du ihnen zu bieten hast. Denk dir einen Satz aus, in dem du beschreibst, wer du bist und was du tust. Meine Beschreibung lautet: »Ich helfe Menschen, ihre Intuition so weit zu entwickeln, dass sie sie nutzen können, um genaue Informationen zu gewinnen, wann und wofür sie wollen.« Dieser Satz ist die Einleitung zu dem, was man in der Geschäftswelt als »Elevator Pitch«, also »Fahrstuhlpräsentation«, bezeichnet – eine Vorstellung deines Unternehmens, die nur so lange dauert wie eine Fahrstuhlfahrt mit einem potenziellen Kunden.

Um noch einmal auf die Geschichte von der Kundin zurückzukommen, die nicht erklären konnte, was ich eigentlich mache: So etwas ist inzwischen Geschichte. Erst kürzlich wurde ich von einem Kunden an eine Bekannte empfohlen, die lernen wollte, ihre Intuition weiterzuentwickeln. Aufgrund meiner klar umrissenen Geschäftsidentität konnte mein Kunde ihr in wenigen Worten alles über mich erzählen – was ich mache, aus welchem Hintergrund ich komme, was für Leistungen ich anbiete. Die Interessentin meldete sich sofort bei mir und wir hatten gleich einen Draht zueinander – ihr gefiel mein Angebot und sie wollte es gleich in Anspruch nehmen. Das ist der Vorteil einer klar umrissenen Geschäftsidentität.

**CINDY** Lisa führt ein paar äußerst wichtige Argumente dafür an, sein Tätigkeitsfeld so eng zu stecken, dass die Kunden nicht in Verwirrung geraten. Ich finde das Thema Fokus sehr wichtig, besonders in Sachen Marketing. Natürlich kannst du auch deine anderen Angebote vermarkten, aber du solltest dich stets auf deine größte Stärke und, wie Lisa sagte, deine Leidenschaft fokussieren. Ich habe beschlossen, mich als spirituelle Beraterin zu vermarkten, und diese Bezeichnung steht auch in Großbuchstaben auf meinem Werbematerial. Wenn ich ein großes Messeschild oder eine Broschüre gestalte, füge ich noch ein paar verwandte Begriffe hinzu, aber in kleinerer Schrift, um die Kunden nicht zu verwirren.

Beispielsweise ist »spirituelle Beratung« meine Hauptdienstleistung, aber ich kann in kleinerer Schriftgröße hinzufügen: Tarotkarten-Lesen, Geistführer-Sitzungen, Untersuchung der energetischen Gesundheit und Tarot-Numerologie. Vermutlich ist dir schon aufgefallen, dass es sich bei all diesen Dingen um Formen von spiritueller Beratung handelt!

Viel zu oft sehe ich Kollegen, die ihr gesamtes Angebot auflisten, ohne die Hauptdienstleistung zu nennen oder darauf zu achten, dass sie ihr Marketing an dieser speziellen Zielgruppe orientieren. Ist man gleichzeitig spirituelle Beraterin und Yogalehrerin, braucht man auf einer spirituellen Veranstaltung nun wirklich nicht »Yogalehrerin« auf sein Schild zu schreiben. Auf einer Gesundheitsmesse dagegen, also an einem Ort, an dem man Werbung für seinen anderen Geschäftsbereich machen möchte, sollte man nicht nur »Yogalehrerin« auf sein Schild schreiben, sondern zudem die Zertifikate aufführen, die man erworben hat. Handelt es sich um eine Veranstaltung, auf der das Publikum sich auch für Medialität interessiert, kannst du immer noch ein kleines Zeichen wie eine Visitenkarte oder Broschüre auf deinem Tisch auslegen, um darauf aufmerksam zu machen, dass du obendrein als spirituelle Beraterin tätig bist.

Für Interessenten ist es nicht leicht herauszufinden, was du eigentlich am besten kannst, wenn du all deine Fähigkeiten auf dein Werbematerial schreibst. Kürzlich saß ich bei einer Veranstaltung einer entzückenden Frau gegenüber, die auf ihrem Schild richtig viele Dienstleistungen anführte. Es war nicht gekennzeichnet, was davon sie gerade anbot, und die Schrift war so klein, dass ich sie gar nicht lesen konnte! Ihr Schild war absolut verwirrend, und so musste ich sie fragen, weshalb genau sie denn auf der Veranstaltung war. Leider konnte sie nicht einmal selbst sagen, welches ihre Hauptdienstleistung war, und so wich meine Verwirrung nicht.

Tatsächlich bieten die meisten Praktizierenden aus dem spirituellen Bereich mehr als nur eine Dienstleistung an. Aber wenn man jede Kleinigkeit auflistet, kann – vor allem, wenn sie alle unterschiedlich sind – ein »Hansdampf in allen Gassen«-Effekt entstehen, der den Eindruck erweckt, man könne alles halb und nichts ganz. Natürlich biete ich mehr an als nur spirituelle Beratung. Ich bin Lehrerin, Autorin und Wissenschaftlerin. Ich will mich nicht auf eine Arbeitsweise begrenzen, also habe ich verschiedene Broschüren und Schilder für meine verschiedenen »Gesichter« gestaltet. Wenn ich eine Broschüre über meinen Unterricht entwerfe, wähle ich einen Titel, der zum Thema passt, zum Beispiel »Metaphysische Lehrerin«, »Meditationslehrerin« oder »Lehrerin für spirituelle Entwicklung«.

Manchmal lege ich bei Veranstaltungen alle meine Broschüren aus, manchmal auch nicht. Meistens überlege ich mir vorher, welche am besten zu dem Event passt und lege die nicht ganz so wichtigen Broschüren an einer weniger prominenten Stelle aus oder bewahre sie griffbereit hinter meinen Tisch auf, für den Fall, dass jemand Interesse äußert.

Ich will damit nicht sagen, dass Cross-Promotion, auch »Parallelwerbung« genannt, sinnlos ist, aber sie muss gezielt eingesetzt werden. Beispielsweise habe ich auf meinem Schild für spirituelle Veranstaltungen ein kleines Bild von meinem Buchcover untergebracht, unter dem »Autorin von *Meditieren leicht gemacht*« steht. Eine veröffentlichte Autorin zu sein hat zusätzliche Schlagkraft, aber das Bild ist trotzdem nur in der unteren Ecke des Schildes angebracht und nicht sehr auffällig, weil ich bei diesen Gelegenheiten vor allem meine Tätigkeit als spirituelle Beraterin bewerbe. Bei Cross-Promotion sollte es sich immer um eine bewusste Entscheidung handeln, damit du nicht vergisst, dich auf den Aspekt zu konzentrieren, den du an diesem Tag vor allem bewerben willst.

## Was ist das Ziel meines spirituellen Unternehmens?

**LISA** Der Fokus vieler spiritueller Unternehmen liegt darauf, andere zu unterstützen, was auch gut ist, denn Unternehmen – ganz gleich ob spirituell oder nicht – sind immer dann am erfolgreichsten, wenn sie genau dieses Ziel haben. Ein spirituelles Unternehmen will andere regenerieren, aufmuntern, heilen, inspirieren, trösten und transformieren. Es gibt viele Wege, auf denen dein Unternehmen dieses Ziel erreichen kann. Wenn du dich einmal für einen Fokus entschieden hast, solltest du der spirituellen Essenz deines Unternehmens treu bleiben, indem du spirituelle Prinzipien berücksichtigst. Der Fokus deines Unternehmens, also die wichtigste Dienstleistung oder das zentrale Produkt in deinem Angebotskatalog, sowie das Festhalten an spirituellen Prinzipien unterstützen dich beim Erreichen deiner unternehmerischen Zielsetzungen.

Spirituell ausgerichtete Unternehmer meiden das Ego, weil sie befürchten, es könne ihrer Tätigkeit den spirituellen Aspekt nehmen. In spiritueller Hinsicht ist es zwar wichtig, sich nicht vom Ego leiten zu lassen, gleichzeitig brauchst du aber genug Ego, um dich in die Welt hinauszuwagen und dein Unternehmen auch nach wirtschaftlichen Gesichtspunkten zu führen. Lass dir von deinem Ego dabei helfen, an dich selbst zu glauben und deine Ziele zu erreichen!

Viele meiner Coaching-Kunden befürchten, nicht die nötigen Fähigkeiten zu besitzen, um ein eigenes spirituelles Unternehmen auf die Beine zu stellen. Vielleicht geht es dir ja genauso. Es gibt keinen »perfekten« Augenblick, um ein Unternehmen zu gründen. Du musst einfach ins kalte Wasser springen und es tun. Und ins kalte Wasser kann man nur mit dem nötigen Mut und Glauben an die eigenen Fähigkeiten springen. Du musst klein anfangen und dich dann mit Minischritten einem größeren Ziel nähern. Vielleicht erscheint dir das große Ziel, eines Tages ein florierendes Unternehmen zu führen, beängstigend. Aber ein großes Ziel vor Augen zu haben, hilft dir bei den kleinen Schritten auf dem Weg dorthin.

Etwas hat dich dazu inspiriert, mit dem Gedanken zu spielen, ein spirituelles Unternehmen zu gründen. Nutze diese Inspiration! Wenn dein Herz dir sagt, dass du andere unterstützen solltest, dann brauchst du nur an dich selbst und daran zu glauben, dass du es auch schaffen kannst.

Wenn du dir ein Ziel für dein Unternehmen setzt, solltest du einen Plan aufstellen, der mit einer Reihe kleiner Schritte und Aufgaben beginnt, die nach und nach auf dieses Ziel hinführen. Miss dich nicht an jemandem, der »dick im Geschäft« ist, denn so wird es am Anfang vermutlich nicht laufen. Nur selten ist uns bewusst, wie viel Mühe und Anstrengung es gekostet hat, mit einem Unternehmen »dick ins Geschäft« zu kommen.

Außerdem solltest du dir Gedanken darüber machen, was du dir von deinem Unternehmen erwartest und was für eine Rolle das für dein Privatleben spielt. Ein Unternehmen zu besitzen und sein eigener Chef zu sein kann extrem befriedigend sein, gleichzeitig trägst du aber auch die volle Verantwortung.

Vermutlich wirst du mit deinem spirituellen Unternehmen keine Millionen scheffeln. Tatsächlich wirst du am Anfang vermutlich sogar weniger verdienen als mit deinem momentanen Vollzeitjob. Deshalb solltest du dir auf deinem Weg zum Erfolg immer vor Augen halten, dass dein Ziel darin besteht, glücklicher zu werden und andere zu unterstützen.

## Was habe ich meinen Kunden zu bieten?

---

**Tipp #1 für dein spirituelles Unternehmen**

Transformation ist ein wesentliches Ziel von Kunden, die ein spirituelles Unternehmen aufsuchen.

---

**CINDY** Um dich wirklich erfolgreich zu vermarkten, musst du in Worte fassen können, was für Vorteile deine Kunden aus deinem Produkt oder deiner Dienstleistung ziehen können. Mit den folgenden fünf einfachen Schritten kannst du herausfinden, was du deinen Kunden eigentlich zu bieten hast. Hierbei handelt es sich nicht nur um eine Übung, sondern um die Grundlage für all dein zukünftiges Marketingmaterial.

**Schritt 1:** Schreibe in Ruhe auf, was genau du eigentlich tust. Wenn du beispielsweise Massagen anbietest, um was für Massageformen handelt es sich im Einzelnen? Wenn du ein Medium bist, könntest du auch Channel-Ausbildungen und spirituelle Beratung anbieten.

**Schritt 2:** Sobald du dir Klarheit über deine Dienstleistungen verschafft hast, kannst du eine Liste der wichtigsten fünf Vorteile erstellen, die sich deine Kunden von diesen Dienstleistungen versprechen können.

Es ist völlig in Ordnung, dabei einen Blick auf die Marketingmethoden anderer Praktizierender in diesem Bereich zu werfen. Tatsächlich rate ich dir sogar dazu! Natürlich solltest du die Marketingmaßnahmen anderer nicht einfach kopieren, aber vielleicht findest du bei deinen Kollegen ja eine Möglichkeit, einen Vorteil in Worte zu fassen, oder entdeckst sogar einen Vorteil, an den du selbst noch gar nicht gedacht hast. Außerdem lesen deine Kunden mit großer Wahrscheinlichkeit auch das Werbematerial anderer Praktizierender, um Preis und Leistung zu vergleichen. Also ist es von Vorteil, wenn du weißt, was dort steht.

Denk daran, dass dein Ziel darin besteht, dich selbst realistisch zu präsentieren und dich dabei von anderen deines Fachs abzuheben. In der Geschäftswelt hat jeder andere Stärken. Deshalb musst du herausfinden, was dich einzigartig macht, wo deine Stärken liegen. Du kannst ruhig sagen, dass du in deinem Metier gut bist, ohne dass es gleich so wirkt, als würdest du angeben, jemanden nachahmen oder schlecht über ein »Konkurrenzunternehmen« sprechen. Es gibt genug Klienten für alle – und deine Aufgabe besteht darin, deine Kunden wissen zu lassen, warum sie genau *dich* wollen.

Die Stärken eines spirituellen Beraters könnten beispielsweise sein: 1. dem Kunden Selbstermächtigung verleihen, 2. Seelenfrieden verbreiten, 3. Bestätigung geben, 4. Unterstützung für eine bessere Gesundheit bieten, 5. praktische Anleitungen für spirituelles Wachstum vermitteln.

**Schritt 3:** Nun, wo du die wichtigsten fünf Vorteile deines Angebots herausgefunden hast, schreibst du einen kurzen Absatz, in dem du in ein oder zwei Sätzen – aber nicht mehr als etwa fünfzig Wörtern – jeden dieser Punkte etwas genauer erläuterst. Hier ein Beispiel: »Indem ich eine Verbindung zu meiner Intuition und meinen geistigen Führung aufbaue, übermittle ich Ihnen bewährte und praktische Techniken, Meditationen und Visualisierungen, die Sie dabei unterstützen, den nächsten Schritt Ihres spirituellen Wachstums zu gehen.« (33 Wörter, 1 Satz.)

**Schritt 4:** Nun schreibst du auf, was deine Kunden durch die Arbeit mit dir erleben oder gewinnen werden. Einigen Menschen fällt das sicherlich schwer, aber wenn du nicht in Worte fassen kannst, was ein Kunde bekommt, weiß der Kunde vermutlich gar nicht, wieso er gerade dein Angebot nutzen sollte. Wenn du dir unsicher bist, was dich auszeichnet, such dir jemanden aus demselben Tätigkeitsfeld und buche einen Termin. Schreib auf, was du dir von dem Termin erhoffst und was du tatsächlich erlebt hast. Vielleicht handelt es sich um etwas Praktisches wie Schmerzlinderung, vielleicht auch um einen ätherischeren Effekt wie Seelenfrieden oder eine Einsicht.

Als Hilfestellung für die Formulierung solltest du jetzt überlegen, bei welchen Problemen du deinen Kunden hilfst – das ist der Vorteil, den Kunden durch dich gewinnen. Ein Beispiel: »Während einer Intuitionsberatung befinden Sie sich in einem Umfeld, das Sie unterstützt und Ihnen praktische Ratschläge und Einsichten gewährt, die Ihnen dabei helfen, Ihre spirituellen Wahrheiten zu entdecken und in Ihren Alltag zu integrieren. Sie können zu allen Lebensbereichen Fragen stellen, beispielsweise, wie Sie am besten mit Situationen umgehen, in denen Sie Ihre Wahrheit aussprechen, oder wie sie stärkere und gesündere Grenzen zwischen sich und Ihrer Familie, Ihren Kollegen und Freunden aufbauen können.« (73 Wörter, 2 Sätze.)

**Schritt 5:** Wende diese Schreibtechnik auf jeden Punkt an, ändere jetzt aber die Form. Schreibe drei bis fünf kurze Sätze oder Stichworte darüber auf, welchen Gewinn der Kunde hat. Deine fünf Stichpunkte könnten beispielsweise so aussehen:

- Erleben Sie ein Umfeld, das Sie unterstützt.
- Bauen Sie gesunde Grenzen auf.
- Integrieren Sie Ihre spirituellen Erkenntnisse in den Alltag.
- Erfahren Sie praktische Hilfestellungen.

Vielleicht ist dir schon aufgefallen, dass jeder Stichpunkt mit einem Verb beginnt. Beim Aufstellen von Stichpunkten ist es ratsam, jedes Mal dieselbe grammatikalische Struktur zu nutzen. Dabei müssen die Stichpunkte keine vollständigen Sätze sein – es kann sich auch um Satzfragmente handeln.

Lisa und ich haben herausgefunden, dass Transformation ein wesentliches Ziel von Kunden ist, die ein spirituelles Unternehmen suchen. Transformation ist im Marketing zu einer Art Schlagwort, einem Schlüsselbegriff geworden. Deshalb ist es wichtig, dass dein Marketingmaterial dem Kunden deutlich macht, in welcher Weise er durch dein Produkt oder deine Dienstleistung transformiert wird. Du kannst Schritt 1 bis 5 wiederholen und diesmal die Frage stellen: Wie wird mein Klient durch mein Angebot transformiert?

Wenn du diese fünf Schritte befolgst, bringt dir das gleich mehrere Vorteile. Du bekommst nicht nur ein gutes Gefühl dafür, was du eigentlich anbietest, welche Vorteile du deinen Kunden zu bieten hast und inwiefern dein Angebot deine Kunden transformiert – du erschaffst so auch eine »Fahrstuhlpräsentation«, durch die du anderen erklären kannst, was du tust.

## Was unterscheidet mich von anderen Anbietern?

---

**Tipp #2 für dein spirituelles Unternehmen**

Dein Alleinstellungsmerkmal verrät potenziellen Kunden, was dich von anderen Praktizierenden unterscheidet.

---

**LISA** Was ist ein Alleinstellungsmerkmal? Es ist das, was dein Angebot von ähnlichen unterscheidet. Es soll den Kunden dazu ermuntern, bei dir zu kaufen. Jeder hat ein Alleinstellungsmerkmal, weil wir alle einzigartig sind: Niemand sonst ist so wie du. Niemand sonst verfügt über dieselben Erfahrungen und dasselbe Wissen wie du. Der Trick besteht darin herauszufinden, welchen Wert deine Einzigartigkeit deinem Angebot verleiht.

Vielleicht liegt deine Einzigartigkeit darin, dass du eine Erfahrung gemacht hast, die dein ganzes Leben transformiert hat, wodurch du nun auf einzigartige Weise für deine Dienstleistung oder dein Produkt qualifiziert bist. Beispielsweise hast du nach jahrelanger Suche eine Möglichkeit gefunden, ein chronisches gesundheitliches Problem zu lösen, oder eine traumatische Erfahrung hat dich auf einen spirituellen Weg geführt, der dein Leben änderte und den du nun gerne mit anderen teilen möchtest.

Manchmal entdeckt man sein Alleinstellungsmerkmal auch durch das, was andere erzählen. Viele Leute haben mir gesagt, sie würden zu mir kommen, weil ich aufgrund meines Hintergrundes im Bereich Ingenieurwesen und Wissenschaft einen sehr bodenständigen Eindruck mache. Sie konnten sich mit mir identifizieren, weil ich in ihren Augen keine »Hokuspokustante« war und durch meinen betrieblichen Hintergrund irgendwie normal wirkte. Besonders mein wissenschaftlicher Blickwinkel auf die Entwicklung von medialen Fähigkeiten und Intuition schien es ihnen angetan zu haben. Dass ich Abschlüsse im wissenschaftlichen Bereich und Ingenieurwesen habe, scheint mir eine gewisse Glaubwürdigkeit zu verleihen. Nachdem ich das immer und immer wieder zu hören bekam, begriff ich irgendwann, dass es sich dabei um mein Alleinstellungsmerkmal handelt. Es ist der Grund dafür, dass meine Kunden zu mir und nicht zur Konkurrenz gehen.

Auch du kannst dein Alleinstellungsmerkmal entdecken, indem du einfach zuhörst. Es ist wichtig, auf Lob zu hören. Viele spirituell ausgerichtete Unternehmer neigen zur Bescheidenheit, und wenn du mir ähnlich bist, überhörst du die Komplimente von Kunden vermutlich häufig. Aber dir sollte klar sein, dass du das Lob verdient hast! Lob anzuerkennen ist etwas Schönes, und wenn du es tust, dann wird dir das Universum mehr Menschen schicken, denen gefällt, was du tust.

Nimm die freundlichen Worte deiner Mitmenschen an, denn sie spiegeln das wider, was dich anders macht, was dich gegenüber anderen auszeichnet. Das hat nichts damit zu tun, andere zu übertrumpfen. Es geht einfach nur darum anzuerkennen, dass du Menschen Vorteile zu bieten hast, die diese wertschätzen und mögen.

Vielleicht ist auch deine Lebensgeschichte dein Alleinstellungsmerkmal, oder die Geschichte, wie du an diesen Punkt gekommen bist, was du erreicht oder gelernt hast oder wie du dein Leben zu einem besseren Ort gemacht hast. Jeder Mensch hat eine einzigartige Lebensgeschichte, und das gilt auch für dich. Vielleicht ist es der Wendepunkt in deinem Leben, vielleicht eine lebensverändernde Offenbarung. Oder es war – so wie in meinem Fall – einfach nur das Ansammeln von Wissen, das irgendwann in einen neuen Ansatz mündete, den noch niemand zuvor ausprobiert hatte.

Ein weiteres Alleinstellungsmerkmal könnte darin bestehen, was du für andere Menschen getan hast und welche Erfolge sie mit deiner Hilfe erzielen konnten. Denn das ist nicht nur ein Beweis dafür, dass deine Dienstleistung oder dein Produkt funktioniert, es hebt dich auch von der Menge ab.

**Tipp #3 für dein spirituelles Unternehmen**

Die Welt braucht keinen weiteren spirituell Tätigen – die Welt braucht *dich*.

**CINDY** Die Wahrheit lautet, dass die Welt keinen weiteren spirituell Tätigen braucht – die Welt braucht *dich* und das, was du in deinem Berufsfeld zu bieten hast.

Woher soll ein Kunde auf der Suche nach einem neuen Massagetherapeuten wissen, dass du anders bist als die anderen zehn Massagetherapeuten, die im Internet zu finden sind? Durch dein Marketing und die Art und Weise, wie du dich präsentierst! Diese beiden Aspekte helfen deinem Kunden *in spe* dabei, sich zwischen dir und anderen Praktizierenden zu entscheiden.

Erfolgreiches Marketing, das dich von anderen abhebt, betont nicht nur, was genau du machst und welche Vorteile deine Kunden dadurch gewinnen, sondern auch, was dich *anders* macht als die anderen. Das Wissen darum, was dich von anderen Anbietern in deiner Gegend unterscheidet, ist von zentraler Wichtigkeit für dein Marketing. Und deshalb ist es auch so wichtig, sich das Werbematerial anderer Anbieter anzusehen.

Denk darüber nach, was du als Individuum zu bieten hast, das anderen in deinem Berufsfeld abgeht. Vielleicht ist es deine mitfühlende Art, vielleicht kannst du auch überdurchschnittlich gut zuhören. Vielleicht hast du aber auch eine bestimmte Methode gelernt und ihr dann eine eigene Note verpasst. Welche Vorteile, die über die reine Methode hinausgehen, kannst du deinen Kunden bieten? Wendest du vielleicht eine Kombination mehrerer Techniken an, die andere so nicht nutzen?

Hier findest du einige Beispiele für Dinge, die dich von anderen in deiner Branche unterscheiden können. Vielleicht …

- bietest du gratis oder vergünstigt eine Folgeberatung an?
- machst du Aufnahmen von deinen Sitzungen?

- gibt es bei dir Tipps für ein schöneres Leben als PDF oder auf deiner Webseite?
- hast du eine besondere Zusatzqualifikation?
- bist du bekannt für deinen mitfühlenden, geradlinigen Ansatz, oder deine besonders leicht verständlichen Anleitungen?
- fokussierst du dich auf einen ganzheitlichen Ansatz?
- bietest du Wochenendtermine an?
- bietest du Vergünstigungen für Kunden mit geringem Einkommen an?
- kombinierst du zwei Methoden, wo andere nur eine verwenden?

Die Möglichkeiten sind tatsächlich so zahlreich, wie wir Menschen einzigartig sind!

Wenn du einmal herausgefunden hast, was dich anders macht, schreibst du zu jedem Punkt einen kurzen Satz auf oder fasst sie alle in einem etwa fünfzig Worte langen Absatz zusammen. Auch diese Stichpunkte oder diesen Absatz nutzt du – wie das Ergebnis der fünf Schritte von eben – für dein Werbematerial und als Leitfaden für deine Antwort, wenn du gefragt wirst, was du tust. Und glaub mir, jemand *wird* dich fragen, und dann möchtest du eine knackige Antwort parat haben!

Wenn du an diesem Punkt der Einschätzung deines Unternehmens angekommen bist, solltest du andere Praktizierende besuchen und ihr Angebot erleben. Bezahle den vollen Preis, versuch nicht, dich auf einen Tauschhandel zu einigen. Du solltest die gesamte Erfahrung durchleben. Ein Tauschhandel mag zwar billiger sein, aber dann wirst du mit großer Wahrscheinlichkeit auch nicht dieselbe Behandlung erfahren wie ein zahlender Kunde. Indem du selbst erlebst, was andere zu bieten haben – nicht nur, was die Dienstleistungsqualität betrifft, sondern auch in Sachen Atmosphäre, Buchungsprozess oder Professionalität, bekommst du ein besseres Gefühl dafür, was deine Dienstleistung so einzigartig macht.

Auf diese Weise wirst du auch herausfinden, wen du deinen Kunden empfehlen kannst, wenn du vielleicht einmal nicht die richtige Person für ein Anliegen bist.

Ich bin beispielsweise kein Medium, also brauche ich jemanden, den ich Menschen empfehlen kann, die auf der Suche nach einem Medium sind. Außerdem bin ich nicht sonderlich gut darin, verlorene Gegenstände wiederzufinden. Wenn ein Klient entsprechende Hilfe benötigt, schicke ich ihn zu jemandem mit medialen Fähigkeiten, der auf diesem Gebiet mehr Talent hat. Ich habe dadurch nur äußerst selten einen Kunden verloren. Tatsächlich ist die Haltung meiner Kunden mir gegenüber sogar wohlwollender geworden, wenn ich sie bei Themen, die nicht mein Spezialgebiet sind, an andere Berater weiterempfohlen habe, und wenn sie wieder Hilfe auf einem *meiner* Spezialgebiete gebraucht haben, sind sie zu mir zurückgekommen.

Vermeide es, andere Praktizierende als Konkurrenz zu betrachten. Jeder hat seine eigenen, einzigartigen Stärken. Wenn du keine Angst davor zeigst, Empfehlungen auszusprechen, sagst du deinen Kunden damit: »Ich will nicht Ihr Geld auf meinem Konto, sondern das Beste für Sie.« Außerdem teilst du dem Universum dadurch mit, dass du sicher bist, dass es genügend Arbeit für alle gibt. Einige meiner besten Empfehlungen sind von anderen Praktizierenden gekommen, die wissen, dass ich etwas anbiete, das sie nicht im Programm haben.

Ein spirituelles Unternehmen definiert sich teilweise auch dadurch, dass es integrativ ist: Es arbeitet darauf hin, eine Gemeinschaft zu erschaffen, in der Menschen mit einer spirituellen Grundeinstellung eine Verbindung aufbauen können. Wenn du auf Veranstaltungen und durch Empfehlungen mit anderen Praktizierenden zusammenarbeitest, kannst du ein spirituelles Netzwerk aufbauen, das eine Vielzahl von Bedürfnissen stillt. Wenn du Angst davor hast, Kollegen zu empfehlen, spüren deine Kunden diese Angst vor Konkurrenz und dass du nicht das Verhalten an den Tag legst, das du predigst.

**LISA** Cindy hat absolut recht damit, dass man nicht konkurrieren sollte. An meiner Tätigkeit als Engelmedium liebe ich besonders, dass viele in der »Engelgemeinschaft« kaum Konkurrenzdenken an den Tag legen, was vielleicht an unserer Lehrerin liegt. Sie sagte einmal zu uns: »Es gibt sieben Milliarden Menschen auf der Welt, also gibt es genügend Kunden für alle.«

Wie schön, oder? Ich arbeite mit meinen Kollegen, darunter auch Cindy, auf einer sehr gemeinschaftlichen, tief spirituellen Basis zusammen, und das ist für uns alle von Vorteil. Diese Vorteile sind sowohl materiell, weil wir zusammenarbeiten, als auch spirituell, weil es der Seele gut tut.

## Wie wird mein Unternehmen in meiner Gegend wahrgenommen?

**CINDY** Wenn du erfolgreich sein willst, sind Nachforschungen über deine Branche ein absolutes Muss. Egal, ob du gerade erst einsteigst oder dein spirituelles Unternehmen neu einschätzen willst – es gibt ein paar wichtige Fragen, die du dir stellen musst. Auch bei einer tollen spirituellen Geschäftsidee kann es schwer sein, eine scharf umrissene Identität herauszuarbeiten, und dann verschwendest du Zeit und Geld, weil du nicht genug nachgeforscht hast, ehe du deine Visitenkarten entworfen hast.

Um nur ein Beispiel zu nennen: Auch wenn es albern klingen mag, solltest du zunächst einmal überprüfen, ob es überhaupt Nachfrage für dein Angebot gibt. Bist du der einzige Iridologe in der Gegend, weil sonst niemand eine entsprechende Ausbildung machen wollte, oder weil es schon drei Iridologen vor dir nicht gelungen ist, das Thema gut genug zu erklären, um den Menschen verständlich zu machen, was für Vorteile es mit sich bringt? Gibt es in deiner direkten Umgebung bereits vier andere Iridologen? Konkurrenz oder das Scheitern anderer sind natürlich kein Grund, deinen Traum aufzugeben – aber so weißt du, dass du mehr Marketing, mehr Aufklärung, ein dichteres Netzwerk brauchst.

Angenommen, du hast deine Nachforschungen beendet und weißt, dass deine Tätigkeit gefragt ist. Dann solltest du als Nächstes herausfinden, wie dein Arbeitsbereich in deiner Gegend wahrgenommen wird. Spontan würde man beispielsweise denken, dass ich in der Nähe von New York City, wo ich früher lebte, höhere Honorare nehmen konnte als heute, wo ich in einer Kleinstadt im Staat New York wohne. Falsch! An meinem neuen Wohnort sind Menschen mit medialer Begabung angesehener und werden besser bezahlt! Unterricht dagegen wird in der Stadt höher geschätzt, und so sind meine Schüler in der Region in und um New York City bereit, mehr für einen Workshop zu zahlen.

Wenn du herausfinden willst, wie eine Branche wahrgenommen wird, solltest zu zunächst herausfinden, ob noch andere in diesem Bereich tätig sind. Dass du niemanden findest, bedeutet aber nicht zwingend, dass das Ansehen deiner Branche gering ist.

Hier stellen wir einige Möglichkeiten vor, um herauszufinden, wie deine Branche in deiner Region wahrgenommen wird:

1. Frag Freunde, die bereits länger als du in spirituellen Kreisen unterwegs sind, ob sich schon einmal jemand in deinem Berufsfeld ausprobiert hat und wie es lief.
2. Wenn das Unternehmen gescheitert ist, frag deine Freunde, aus welchem Grund es ihrer Meinung nach so gekommen ist.
3. Frag Menschen, die du dir als Kunden vorstellen kannst, ob sie schon einmal von deiner Tätigkeit gehört haben und die Vorteile kennen.
4. Such im Internet nach ähnlichen Unternehmen in deiner Gegend. Ich würde beispielsweise die Suchbegriffe »Beratung«, »mediale Begabung« und »New York« oder »Staat New York« auswählen.
5. Nimm Kontakt zu deiner örtlichen Handelskammer auf. Erkundige dich, ob in deiner Gegend spirituelle Unternehmen wie deines existieren oder existiert haben. Wenn es früher welche gab, hake nach, ob jemand weiß, warum sie schließen mussten.

Wenn du den Eindruck gewinnst, dass dein Bereich kein sonderlich positives Image hat, fühl dir auf den Zahn, ob du dir das nicht nur einredest, weil du Angst hast, dich »zu outen«. Ich hatte früher Angst davor, das Wort »medial« an meine Tür zu schreiben, und entschied mich deshalb lieber für »intuitiv«.

Aber die Leute hatten keine Ahnung, was ich damit sagen wollte! Wenn man Angst davor hat, verurteilt zu werden, erzeugt man damit genau diese Art von Werturteilen.

Häufig scheitern Unternehmen, weil der Unternehmer kein gutes Händchen für die geschäftliche Seite hat oder nicht genug Aufklärungsarbeit über seinen Tätigkeitsbereich geleistet hat. Egal, ob dein Bereich nun ein eher schlechtes Images hat oder niemand sonst etwas Ähnliches anbietet – deine erste Aufgabe besteht darin, deine zukünftigen Kunden darüber aufzuklären, warum dein Angebot wertvoll und das schwerverdiente Geld deiner Kunden wert ist.

Vorträge in Bibliotheken sind eine tolle Gelegenheit hierfür, genauso wie andere Veranstaltungen, beispielsweise Wellnessfestivals, Esoterikmessen und sonstige Anlässe, auf denen du vor Publikum sprechen kannst.

Richte den Fokus auf das, was du tust, und darauf, warum man dein Angebot in Anspruch nehmen sollte. Biete einen kostenlosen Vortrag oder eine Unterrichtsstunde in deiner örtlichen Volkshochschule, auf einer Gesundheits- oder Esoterikmesse oder in einer Buchhandlung an. Mach dir keine Sorgen, wenn niemand kommt – die Werbung für die Veranstaltung wird die Menschen trotzdem schon einmal mit deinem Themengebiet vertraut machen. Es kann passieren, dass du denselben kostenlosen Vortrag drei bis sechs Mal anbieten musst, ehe jemand auftaucht!

Achte darauf, aus deinem Vortrag kein Verkaufsgespräch zu machen. Kläre die Besucher lieber darüber auf, worin deine Praktik besteht, was sie bewirkt und was deine Kunden davon haben.

Das bedeutet natürlich nicht, dass du dein Werbematerial zu Hause lassen solltest! Heb es dir für den Schluss auf und verteile es erst, wenn die Besucher Gelegenheit hatten, sich mit dir vertraut zu machen. Du kannst auch eine Zusammenfassung des Inhalts deines Vortrags auslegen, den sich die Teilnehmer mit nach Hause nehmen können, und das Werbematerial beilegen. Solche Zusammenfassungen sind sehr beliebt, und es ist nie verkehrt, einen ordentlichen Rabatt mit kurzer Angebotszeit für die erste Sitzung anzubieten. So kannst du es auch vermeiden, kostenlose Erstberatungen anzubieten, die von den Kunden meist nicht ganz ernst genommen werden.

Du kannst auch Aufmerksamkeit erregen, indem du Anzeigen aufgibst, die mehr über dein Verfahren und seine Vorteile als über dich selbst verraten. Blogs und Artikel können ebenfalls dabei helfen, den Ruf deiner Branche zu verbessern. Auch hier solltest du es aber vermeiden, zu werblich zu klingen: In deinem Text sollte es weniger um dich als um deine Dienstleistung und ihre Vorteile gehen.

Achte darauf, dass deine Autorenbeschreibung deine Qualifikationen und einen Link auf deine Webseite enthält und verrät, dass du ein Unternehmen betreibst. Auf diese Punkte werden wir in späteren Kapiteln noch näher eingehen.

## Wer sind meine Kunden?

### Demografie

---

**Tipp #4 für dein spirituelles Unternehmen**

Deine zukünftigen Kunden zu kennen ist der Schlüssel zum Verständnis, warum sie auf der Suche nach deinem Angebot sind.

---

**LISA** Das Wissen, wer deine zukünftigen Klienten sind, ist von zentraler Bedeutung, wenn du verstehen willst, warum sie sich für dein Angebot interessieren.

So bist du nämlich in der Lage herausfinden, wie du bei der Vermarktung vorgehen solltest und kommunizieren kannst, dass es dich gibt und du ihnen helfen kannst. Diese zukünftigen Klienten werden auch als »Zielgruppe« bezeichnet.

Fangen wir mit einigen Fragen an. Was machst du überhaupt mit anderen Menschen? Ich beispielsweise bringe ihnen bei, wie sie ihre Intuition weiterentwickeln können.

Als Nächstes solltest du dich fragen, wer wohl Interesse an deiner Dienstleistung oder deinem Produkt haben könnte. So definierst du die Personengruppe, die du in deinem Marktsegment erreichen möchtest. Vielleicht bist du verlockt zu hoffen, dass sich jedermann für dein Angebot interessieren wird, aber wir alle wissen, dass die Geschmäcker unterschiedlich sind. Und das ist auch völlig in Ordnung so! Du solltest ein möglichst genaues Bild von der Art Mensch gewinnen, die du erreichen möchtest.

Beginne mit der Überlegung, was für gemeinsame Eigenschaften deine augenblicklichen Kunden haben. Was für eine Art Mensch besucht deine Seminare? Wer sind deine Lieblingskunden? Suche nach gemeinsamen Interessen und Persönlichkeitsmerkmalen. Mit welchen Kunden machst du das größte Geschäft?

Wenn du noch keine Kunden hast, kannst du ähnliche Unternehmen unter die Lupe nehmen und herausfinden, welche Art von Leuten sie in Anspruch nehmen. Mit großer Wahrscheinlichkeit warst du selbst auch schon dort. Hast du ein Seminar in dem Themenbereich deines Unternehmens besucht? Was für Menschen waren sonst noch dort?

Für meine Seminare und Gruppen zur Intuitionsentwicklung gilt, dass der Großteil der Teilnehmer Frauen über 35 sind. Die meisten sind mittleren Alters und suchen in spiritueller Hinsicht nach mehr im Leben. Die Männer sind häufig älter und ebenfalls auf der Suche nach mehr Spiritualität. Sie alle glauben an Intuition und betrachten die Welt voller Neugierde. Ich liebe diese Kundengruppe und genieße es aufrichtig, mit diesen Menschen zusammen zu sein, zu arbeiten und ihnen etwas beizubringen. Wir haben eine richtig schöne Zeit miteinander!

Nun, wo du eine klarere Vorstellung davon hast, wie deine Geschäftsidentität aussieht und wer deine potenziellen Kunden sind, kannst du dich auch auf die Suche nach diesen Kunden machen. Und noch besser: Du kannst es ihnen leichter machen, *dich* zu finden! Je schneller du Kontakt zu potenziellen Kunden aufbaust, desto schneller kann dein Unternehmen wachsen und dein Ziel erreicht werden.

Zur Verdeutlichung findest du hier einige Aspekte, durch die sich Kunden mit Interesse an deinem Unternehmen auszeichnen könnten. Als Beispiel habe ich kursiv die Angaben über meine eigene Zielgruppe eingetragen.

- Geschlecht: *weiblich*
- Altersklasse – in Jahren oder Kategorien wie Teenager, junge Erwachsene, mittleres Alter, Senioren und so weiter: *35 Jahre und älter*
- Persönliche Interessen – was liken sie auf Facebook: *Spiritualität, Weiterentwicklung medialer Fähigkeiten, New Age- und Esothemen, Selbsthilfe, Weiterbildung*
- Ort – wo leben oder arbeiten sie: *Der Großteil meiner aktiven Kunden lebt in und um New York und im Staat New York, aber ich habe auch Klienten im Rest der USA, in Kanada, Australien und Großbritannien.*
- Haushaltseinkommen – *über 30.000 Dollar im Jahr*
- Bildungsniveau – *meist Akademiker*
- Lebensweise: *Viele meiner Kunden sind pensioniert oder haben Kinder, die bereits aus dem Haus sind, lesen gerne, besuchen Retreats, lernen gerne, wie sie mehr aus ihrem Leben machen können, interessieren sich für gesunde Ernährung und sind umweltbewusst.*

Wenn du erst einmal weißt, wie dein Idealkunde aussieht und wer deine Angebote höchstwahrscheinlich in Anspruch nehmen wird, kannst du diese Personengruppe leichter finden.

**Tipp #5 für dein spirituelles Unternehmen**

Deine potenziellen Kunden zu verstehen ist eine wesentliche Voraussetzung für gutes Marketing.

**CINDY** Wie Lisa schon gesagt hat, solltest du deine Klientel und deren demografische Merkmale gut kennen. Wenn du selbst schon etwas älter bist und gerne reife Kunden hast oder einfach keine Geduld mit jungen Menschen, ist es vielleicht eher keine gute Idee, Henna-Tattoos anzubieten (außer du bist Teil einer Gemeinschaft, in der diese eine spirituelle Bedeutung haben). Im Falle meiner Praxis für spirituelle Beratung handelt es sich beim Großteil der Kunden um Frauen zwischen 25 und 60 Jahren. Als ich älter wurde, haben sich die demografischen Merkmale meiner Klientel leicht verschoben. In den vergangenen gut zwanzig Jahren ist der Altersdurchschnitt um zehn Jahre gestiegen, die Jüngsten sind aber noch im selben Alter wie anfangs.

Warum sind solche Informationen so wichtig? Sagen wir, man bietet mir an, im Programmheft des Baseballclubs eine Werbeanzeige zu schalten. Ich lehne vermutlich ab, weil die Zielgruppe des Heftes wohl keine 25- bis 60-jährigen Frauen sind. Aber dieselbe Anzeige im Baseballprogrammheft für Schulkinder könnte eine sinnvolle Investition sein, weil die Mütter der Kinder das Heft nutzen und vermutlich in meine Zielgruppe fallen.

## Wonach suchen meine Kunden?

**LISA** Wenn du deine Kunden erst einmal kennst, kannst du ihnen besser zur Seite stehen, indem du genau die Dienstleistungen anbietest, die sie auch haben wollen. Das ist wichtig, denn die Menschen kaufen nicht das, was sie brauchen, sondern das, was sie haben wollen. Sobald du weißt, um was für eine Art Mensch es sich bei deinen Kunden handelt, welche Probleme sie lösen wollen und welche Sehnsüchte sie haben, kannst du sie nicht nur besser erreichen, sondern ihnen auch besser helfen.

**CINDY** Auch bei der Überlegung, was deine Kunden wollen, ist es hilfreich, sich die Broschüren und das Werbematerial deiner Kollegen anzusehen. Natürlich gehört es sich nicht, den Inhalt zu kopieren, aber die Ideen können dich zum Nachdenken anregen. Außerdem ist es hilfreich, Freunde und Bekannte zu fragen, was sie sich von einem Praktizierenden wünschen. Hier sind die sozialen Medien eine große Hilfe, weil du dort Fragen posten kannst, zum Beispiel: »Was erhofft ihr euch von einer Reiki-Behandlung« oder »Welche Informationen über einen Masseur interessieren euch, ehe ihr einen Termin bucht?«

Ich nutze die sozialen Netzwerke im Internet, wenn ich ein Gefühl dafür bekommen möchte, wie eine Klientel auf eine neue Idee reagieren wird. Die Ergebnisse haben mich nicht enttäuscht.

Wenn du genau verstanden hast, was deine Kunden wollen, kannst du als Nächstes dafür sorgen, dass du genau diese Dienstleistungen anbietest und dein Werbematerial das auch deutlich macht. Die Leute wollen als Gegenleistung für ihr schwerverdientes Geld das erwünschte Ergebnis erhalten. Wenn du deinen potenziellen Kunden versicherst, dass du ihnen genau das bieten kannst und dich dabei professionell darstellst, ist es viel wahrscheinlicher, dass sie zu dir kommen.

## Wie sieht mein Image aus?

**LISA** Spirituell ausgerichtete Menschen sind oft schüchtern und sensibel. Sie haben das starke Bedürfnis, anderen zu helfen, und meiden alles, was sich egozentrisch anfühlen könnte. Aber wenn es um dein Unternehmen geht, wollen die Menschen dich kennenlernen. Es ist leichter, sich mit Menschen zu identifizieren als mit einem Firmennamen, und wenn sich deine potenziellen Kunden wohl mit dir fühlen, steigt die Wahrscheinlichkeit, dass sie mit dir ins Geschäft kommen. Wenn du eine Dienstleistung anbietest, die du persönlich ausführst, beispielsweise eine Heilmethode, Unterricht oder Beratung, dann bist DU es, den die Leute kennenlernen wollen!

Wie du dich präsentierst ist wichtig, um eine Vertrauensbasis zu schaffen und den Menschen das Gefühl zu geben, dass du weißt, was du tust. Sagen wir, du gehst zu einer Ärztin, die so verstrubbelt aussieht, als wäre sie gerade aus dem Bett gefallen und hätte sich am Vorabend ein paar Gläser zu viel gegönnt. Würdest du dich hier gut aufgehoben fühlen?

Es ist mir schwer gefallen, für mein Unternehmen meine Schüchternheit zu überwinden und mich »in die Welt hinauszuwagen«. Besonders deutlich zeigte sich das, wenn ich ein professionelles Foto von mir machen lassen musste, mich selbst im Radio hörte oder mich auf Video sah. Aber die Leute wollen uns sehen und hören, ehe sie Geschäfte mit uns machen.

Für dein Unternehmen ist es zwar nicht zwingend nötig, dass du dich vor eine Videokamera stellst, im Radio auftrittst oder einen Podcast unterhältst, aber all diese Mittel können dir eine Hilfe dabei sein, eine Beziehung zu deinen Kunden aufzubauen.

**CINDY** Ein zukünftiger Kunde identifiziert sich eher mit der Person als mit der Dienstleistung. Wenn sich ein Kunde mit dem Praktizierenden nicht wohl fühlt, wird er nicht zurückkommen. Und wenn er deine Webseite oder dein Marketing für unprofessionell hält, wird er gar nicht erst kommen. Mit einem unbeschriebenen Blatt kann sich ein Kunde nicht identifizieren. Es hat nichts mit Geltungsbedürfnis zu tun, die Menschen wissen zu lassen, wer du bist. Da sich mehr und mehr Menschen der Spiritualität zuwenden, entstehen auch immer mehr spirituelle Unternehmen. Umso dringender brauchst du ein professionelles Image und gutes Marketing, wenn du dich von der Masse abheben willst. Marketing an sich ist nicht »unspirituell«. Entscheidend ist, *wie* du dich vermarktest.

## Welchen Namen soll ich benutzen?

**LISA** Einen Namen für dein Unternehmen zu finden, ist ein wichtiger erster Schritt, der viel Einfluss darauf hat, wie deine Kunden zu dir gelangen und sich mit dir identifizieren. Es ist sinnvoll, einen Namen zu wählen, den sich die Menschen merken können und der sich leicht aussprechen und buchstabieren lässt. Außerdem sollte der Name einen Bezug zu dir haben, besonders dann, wenn du als Praktizierender oder Lehrer eine persönliche Dienstleistung anbietest. Einige Leute benutzen mehr als einen Namen oder haben einen gesonderten Namen für ihr Unternehmen, nutzen zu Werbezwecken aber ihren Eigennamen. Allerdings können sich die Kunden einen einzigen Namen leichter merken, und außerdem bleibt dein Werbematerial so einheitlich.

Allgemein gilt: Wenn dein Unternehmen Dienstleistungen anbietet, die du selbst durchführst, sollte der Unternehmensname Bezug auf deinen Eigennamen nehmen. Wenn dein Name schwer auszusprechen, zu buchstabieren oder zu merken ist, kannst du ihn abkürzen oder ein Alias nutzen. Mein Nachname beispielsweise ist lang und schwer zu buchstabieren, weshalb ich nur meinen Vornamen und den ersten Buchstaben meines Nachnamens benutze. Genauso lauten auch der Markenname meines Unternehmens und der Name, unter denen ich meine Geschäfte tätige. Ich habe festgestellt, dass es den Menschen dadurch viel leichter fällt, meinen Namen wiederzuerkennen und in Erinnerung zu behalten.

Vermeide es möglichst, einen Namen zu verwenden, der nur einen losen Bezug zu deiner Tätigkeit hat. »Engelsatem-Sternenlicht-Beratung« beispielsweise ist vage und schwer zu merken. Benutze lieber einen kurzen, aussagekräftigen Namen. »Reiki-Energieheilung Sternenlicht« würde sich gut für ein Unternehmen eignen, dass Reiki-Energieheilung anbietet, weil der Name sehr spezifisch ist und die Leute sofort wissen, worum es sich handelt.

Aliasnamen mangelt es häufig auch an Authentizität, und sie können den Eindruck vermitteln, du hättest etwas zu verbergen. Wenn du beispielsweise unter dem Namen »Crystal Star« praktizierst, fällt es deinen potenziellen Kunden vielleicht schwer, einen Bezug zu dir zu finden, weil man sich in der Regel nicht mit einem Pseudonym, sondern eher mit einer richtigen Person identifizieren möchte.

**CINDY** Wir kennen einige Leute, die Aliasnamen verwenden, und Lisa und ich wollen nicht den Eindruck vermitteln, das sei verkehrt. Man sollte einfach nur darauf achten, wie dieser Name klingt. Eine Freundin von mir benutzte beispielsweise den Namen »Cougar Woman«, also »Pumafrau«, weil sie als Schamanin arbeitete und der Puma eines ihrer Totemtiere war. Sie verstand einfach nicht, warum sie auf ihrem Social-Media-Account immer wieder von jungen Männern angeschrieben wurde, die mit ihr ausgehen wollten. Für sie war der Puma heilig – für die jungen Männer eher weniger. Sie hatte nicht daran gedacht, dass wir in Amerika ältere Frauen mit einem Faible für jüngere Männer umgangssprachlich als »Cougars« bezeichnen!

Eine andere Freundin von mir ist Single, attraktiv und lebt alleine. Sie hat sich für einen Aliasnamen entschieden, damit ihre Kunden nicht herausfinden können, wo sie wohnt, und ihr am Ende unerwünschte Besuche abstatten. Sie nutzt als Alias nur einen Vornamen, der einfach, leicht zu merken und nicht besonders ungewöhnlich ist.

Ich genieße in meinem Beruf eine gewisse Anerkennung, und als ich mit vierzig heiratete, entschied ich mich für einen Doppelnamen. Bei der Arbeit benutze ich weiterhin Cindy Griffith, weil kein Mensch auch nur einen Schimmer hat, wer Cindy Bennett ist. Der Doppelname Griffith-Bennett kam erst zum Einsatz, als ich ein gemeinsames Buch mit meinem Ehemann veröffentlichte.

Ich habe mich entschlossen, alle weiteren Bücher, die ich schreibe, unter dem Namen Griffith zu veröffentlichen, um meinen Namen zu bewahren. Meine Webseite lief unter www.PsychicSupport.com, aber abgesehen von einem Logo, das ich hin und wieder verwendete, kam dieser Name in meinem Werbematerial kaum vor, da er keine Verbindung zu meinem Eigennamen hatte. Vor kurzem habe ich meinen Websitenamen in www.CindyGriffith.com umgeändert, da sich das klarer und leichter merken lässt und einen direkten Bezug zu mir hat.

Sobald du weißt, was für eine Art von spirituellem Unternehmen du eigentlich genau betreibst, bist du bereit, einen Schritt weiterzugehen. Wenn du alles bewältigen willst, was wichtig ist, um mit deinem spirituellen Unternehmen Erfolg zu haben, aber auch noch Zeit haben möchtest, um das Leben zu genießen, sind ausgeprägte Fähigkeiten im Bereich Zeitmanagement von großer Wichtigkeit. Deshalb werden wir uns erst einmal mit diesem Thema befassen, ehe es darum geht, wie du den geeigneten Standort für dein spirituelles Unternehmen finden kannst.

# Ein solides Fundament

## Die Kunst des Zeitmanagements

**LISA** Viele meiner Kunden, die ein spirituelles Unternehmen gründen möchten, arbeiten bereits oder haben eine andere Art von Unternehmen. Spirituelle Unternehmen beginnen häufig als Nebeninteresse, das durch ein inspirierendes Erlebnis zustande kam. Wenn du bereits einen Vollzeitjob hast und dir deinen Lebensunterhalt verdienst oder Vollzeitmutter oder -vater bist, hast du jetzt schon eine ganze Menge um die Ohren! Willst du ein eigenes Unternehmen gründen und dabei Erfolg haben, solltest du unbedingt vorher durchdenken, wie du deine Zeit aufteilen willst. Du musst deinen Job nicht kündigen, sondern kannst auch ganz langsam in dein Unternehmen einsteigen und deinen »Geldjob« vorerst behalten.

Für das Bestehen deines Unternehmens spielt es eine entscheidende Rolle, womit du deine Zeit verbringst. In Kleinunternehmen lässt es sich nicht vermeiden, dass der Inhaber das »Mädchen für alles« ist, was eine ganz schöne Herausforderung darstellen kann. Ganz gleich, ob du noch einen anderen Job hast oder dein kleines Unternehmen in Vollzeit führst – der Schlüssel zum Erfolg liegt im Zeitmanagement.

**CINDY** Damit du deine wertvolle Zeit so produktiv wie möglich verbringen kannst, haben Lisa und ich einige Tipps in Sachen Zeitmanagements für dich. Gerade am Anfang ist es ohne Zeitmanagement-Techniken frustrierend zu versuchen, ein Unternehmen zu führen und den Rest seines sowieso schon vollgestopften Lebens am Laufen zu halten. Zeitmanagement muss nicht schwierig sein. Die folgenden Abschnitte zeigen dir die grundlegenden Schritte, um alles unter einen Hut zu bekommen, ohne deine Lebensweise opfern zu müssen.

## Eine bodenständige Spiritualität

---

**Tipp #6 für dein spirituelles Unternehmen**

Reserviere Zeit*räume* für dein Marketing.

---

**LISA** Überraschenderweise kann zu viel Spiritualität dafür sorgen, dass du deine Bodenständigkeit verlierst, und so verhindern, dass du dich auf die Dinge konzentrierst, die das Gedeihen deines Unternehmens sicherstellen.

Das kann beispielsweise passieren, wenn Menschen glauben, geradlinige und systematische Geschäftsführung könnte ihre Spiritualität beeinträchtigen. Aber wir sollten gleichzeitig spirituell und bodenständig sein. Es gibt Zeiten, in denen man sich auf sein Alltagsgeschäft konzentrieren muss, für das das logische Denken der linken Gehirnhälfte stark gefragt ist.

Wenn du dann dein eigentliches spirituelles Handwerk ausübst, beispielsweise in Form von Energieheilung, intuitiven Lesungen, alternativer Heilkunde oder spiritueller Beratung, schaltest du um auf den spirituellen Modus.

Konzentriere dich, wenn es nötig ist, und zwar auf das Thema, das gerade im Zentrum deiner Aufmerksamkeit stehen sollte. Das gelingt am besten, indem du dir die nötige Disziplin aneignest, jeden Tag Zeit für deine geschäftlichen Aufgaben zu reservieren. Eine hilfreiche Möglichkeit, deinen vollgestopften Terminkalender im Griff zu behalten, ist das Arbeiten mit Zeit*räumen.* Gemeint ist damit, dass du einen bestimmten Zeitabschnitt für bestimmte Dinge freihältst, der dir genug *Raum* lässt, auch wirklich etwas zu schaffen.

Beseitige dazu zunächst alles, was dich ablenken könnte – das mag nicht leicht sein, aber es ist möglich. Lese keine eMails, schließ dein Mailprogramm am besten ganz. Ignoriere deine Social-Media-Accounts. Stell dein Telefon auf lautlos. Und, wenn möglich, sorg dafür, dass selbst deine Kinder dich nicht stören. Stell deinen Timer auf 50 Minuten und arbeite nur an der einen Aufgabe, für die du diesen Zeitraum reserviert hast. Wenn die 50 Minuten um sind, gönnst du dir eine zehnminütige Pause, in der du tun kannst, was immer du willst – ein paar Dehnübungen, einen Happen essen, deine Nachrichten lesen, nach den Kindern sehen und was derlei mehr sein mag.

Sind die zehn Minuten um, stellst du den Timer wieder auf 50 Minuten und arbeitest erneut an einer einzigen Aufgabe. Du wirst überrascht sein, wie viel du mit dieser Methode schaffen kannst. Oft lassen wir uns stark ablenken und brauchen deshalb für alles erheblich länger als nötig.

## Produktives Multitasking

**LISA** Unternehmer oder Unternehmerin zu sein – und das ist man, wenn man sein eigenes Unternehmen gründet – erfordert sehr viel Zeit und Konzentration. Wenn du, so wie ich früher, in einem Unternehmen arbeitest, fällt es dir wohl in mancherlei Hinsicht leichter, deine Zeit einzuteilen. In der Regel teilt man dir dort nämlich *eine* Aufgabe zu, die du zu erledigen hast.

Als Einzelkämpfer mit einem Unternehmen musst du dich um so viele Dinge auf einmal kümmern, dass du manchmal vielleicht gar nicht weißt, womit du anfangen sollst.

Als ich in einem Großunternehmen tätig war, konnte ich ein Multi-Millionen-Dollar-Projekt mit hundert Mitarbeitern leiten, aber sobald es um mein eigenes Unternehmen ging, war ich völlig überwältigt von all meinen Aufgaben.

Die Zeit schien mir nur so durch die Finger zu gleiten. Ich hatte den Eindruck, Jahre zu brauchen, nur um ein paar Zentimeter voranzukommen. Ehe ich gelernt habe, mit Zeit*räumen* zu arbeiten, versuchte ich nämlich immer, an mehreren Dingen gleichzeitig dran zu bleiben. Es fiel mir schwer, mich auf die Abgabetermine für verschiedene große Projekte zu konzentrieren. Ich änderte die Projekte, verschob die Deadlines, überlegte ständig neu, was ich als Nächstes erledigen würde. Das war fast mehr Freiheit, als gut für mich war!

Als ich dann anfing, meine Zeit in Abschnitte aufzuteilen und meine Energie pro Zeitraum jeweils nur auf ein einziges Projekt zu konzentrieren, gelang es mir plötzlich, viele Projekte parallel zu bearbeiten und abzuschließen. Denn mit dieser Technik schafft man viel mehr, als wenn man hier und da parallel Kleinigkeiten für verschiedene Projekte bearbeitet.

Such dir für jeden Zeitraum eine Aufgabe aus deinen verschiedenen Projekten heraus und konzentriere dich *nur* darauf. Wenn du perfektionistisch veranlagt bist, solltest du versuchen, neunzig Prozent dessen zu erreichen, was du für deine Bestleistung hältst, und danach aufhören. Ansonsten wird es dir nämlich kaum gelingen, deine Aufgaben pünktlich abzuschließen. In den meisten Fällen sind neunzig Prozent mehr als genug.

Setz dir ein Datum für wichtige Etappen deiner Projekte und arbeite auf diese Daten hin. Wenn wir ganz alleine arbeiten, haben wir keine fixen Abgabetermine, was häufig bedeutet, dass uns die Zeit davonläuft, ohne dass wir es bemerken.

Um das zu verhindern, brauchst du einen »Abgabetermin« für die wichtigsten Meilensteine jedes Projekts und eine Deadline, zu der wirklich alles fertig sein muss, damit du auf etwas hinarbeiten kannst. Wenn es wirklich nicht anders geht, kannst du den Zeitplan im Nachhinein immer noch anpassen.

Ich habe festgestellt, dass ich mich gründlicher und schneller auf Kurse vorbereite, wenn ich ein Datum für den Unterricht ausgewählt und dieses auch veröffentlicht habe. Außerdem gibt es wiederkehrende Veranstaltungen, auf die ich mich jeden Monat vorbereiten muss, beispielsweise das Treffen meiner Gruppe zur Intuitionsentwicklung und meine Radiosendung. Diese fixen Veranstaltungen zwingen mich obendrein, einen monatlichen Newsletter via eMail zu versenden, in dem ich die Details zu den Veranstaltungen bekanntgebe und einen Artikel veröffentliche.

Zudem ist es ratsam, einen Ort zu finden, an dem du gut arbeiten und dich konzentrieren kannst. Ich habe einen Teil meiner Sommer damit verbracht, an größeren Projekten wie diesem Buch zu schreiben, und dabei herausgefunden, dass sich die Bibliothek meiner *Alma Mater*, der Columbia University, ganz fantastisch dafür eignet! Dort ist es ruhig, und da alle sehr konzentriert sind, entsteht eine tolle Arbeitsenergie.

Hier findest du eine Zusammenfassung der wichtigsten Punkte:

1. Arbeite in Zeit*räumen.*
2. Ziele nicht auf Perfektion ab, sondern auf neunzig Prozent.
3. Konzentriere dich während jedes Zeitraums nur auf eine Sache.
4. Versuch, einen ruhigen Ort zu finden, an dem du konzentriert arbeiten kannst.

**CINDY** Ich weiß, dass Lisas Vorschläge funktionieren, weil ich sie selbst berücksichtige. Mach dir keine Sorgen, wenn du es nicht schaffst, im Fünfzig-Minuten-Rhythmus zu arbeiten. Wenn du einen Vollzeitjob hast oder Vollzeitmama oder -papa bist, wirst du vielleicht feststellen, dass mehr als zwanzig Minuten nicht übrigbleiben, ehe die Kinder von der Schule nach Hause kommen oder du auch schon wieder ins Bett musst. Mach einfach das Beste aus der Zeit, die dir bleibt. Du wirst staunen, wie viel du auch in kürzeren Zeiträumen bewältigen kannst, solange du dabei nur konzentriert arbeitest.

## Motivation

**LISA** Vergiss nicht, wonach du strebst: Welches Ziel verfolgst du mit deinem spirituellen Unternehmen? Willst du andere unterstützen? Und wenn ja, warum? Wenn du deinem Fokus treu und dabei bodenständig bleibst, kommst du deinen Zielen näher und bist produktiver. Es ist wichtig, dass du andere unterstützen willst, und durch diese Zielsetzung zeigt sich deine Authentizität, und dein Unternehmen wird automatisch erfolgreicher. Sowohl die Menschen als auch das Universum reagieren auf Authentizität und darauf, dass du deinem Ziel, für andere da zu sein, treu bleibst.

Wir verlieren leicht aus dem Blick, warum wir unser Unternehmen überhaupt gegründet haben, weil das Leben uns einholt und wir uns mit anderen vergleichen. Was du mit der Welt zu teilen hast, passt genau zu den Kunden und Klienten, die für dich bestimmt sind. Wir dürfen nicht vergessen, dass es in unserer Unterstützung für andere keine Konkurrenz gibt, weil wir alle auf dasselbe Ziel hinarbeiten: Wir helfen dabei, die Welt zu einem besseren Ort zu machen. Das Universum wird reagieren, indem es dich mit den Orten, Menschen und Dingen verbindet, die mit deinen Intentionen, Zielen und Motiven harmonisieren.

Tatsächlich wird dein spirituelles Unternehmen vermutlich nicht sonderlich lange bestehen können, wenn du es nur gründest, weil du dich dadurch wichtig und anderen Menschen überlegen fühlst. Deine Kunden werden nämlich spüren, dass du egoistische Motive verfolgst, und dein Unternehmen instinktiv meiden.

Aus demselben Grund solltest du den Kreislauf von Geben und Nehmen respektieren, denn er entspricht dem natürlichen Prozess des Energieflusses im Universum. Wenn du gibst, wirst du auch etwas bekommen – sei es in Form von Geld, Lob oder Wertschätzung –, und so soll es auch sein. Akzeptiere es einfach und nimm es an, aber achte dabei darauf, dass es nicht dein Ego aufbläht. Nimm das, was dir gegeben wird, dankend entgegen und zeige Wertschätzung für das, was du dafür zurückbekommst, dass du andere unterstützt und der Welt etwas gibst.

Ich bedanke mich stets bei den Menschen, die mir etwas geben, und danke meinen Engeln und Gott für den Energiekreislauf, der gute Dinge wie Geld und Wertschätzung zu mir bringt.

Außerdem sind Wertschätzung und Referenzen tolle Möglichkeiten, die Nachricht zu verbreiten, dass Menschen von dem profitieren, was du zu bieten hast!

## Zeitpläne erstellen

**CINDY** Eine weitere wichtige Zeitmanagement-Technik besteht darin, in deinen Kalender regelmäßige Zeiten für spezielle Aufgaben einzutragen und diese Zeiten heilig zu halten. Wir reservieren gerne Zeit fürs Fitnessstudio, für Meditation oder die Fußballspiele unserer Kinder – aber für unsere Unternehmensplanung? Eher weniger! Wenn ich gerade an einem Text arbeite, reserviere ich dafür beispielsweise oft den Dienstag- und Donnerstagvormittag und gebe mir große Mühe, diese Zeiten auch wirklich freizuhalten. Da ich weder einen »Hauptberuf« noch Kinder habe, um die ich mich kümmern muss, gelingt es mir häufig, mir wirklich einen ganzen Vormittag freizuhalten.

Du wirst dir vielleicht jeden Donnerstagabend eine Stunde für die Buchhaltung reservieren, solltest dich aber nicht zwingen, am Dienstagabend während deiner Lieblingsfernsehsendung zu arbeiten. Wenn ich einen meiner Zeit*räume* anbreche, lese ich erfahrungsgemäß immer erst einmal meine eMails und antworte meinen Kunden, halte mich dabei aber gezielt fern von Facebook und ähnlichen »Zeitfressern«. Dann gehe ich aus dem Haus und setze mich zum Arbeiten in ein Café, weil ich mich zu Hause viel zu leicht ablenken lasse. Dort gibt es nämlich immer schmutzige Wäsche zu waschen, ein paar Anrufe zu erledigen oder etwas Leckeres, das im Kühlschrank auf mich wartet.

Nicht jeder kann sich den Luxus leisten, Zeit im Café oder der Universitätsbibliothek zu verbringen. In solchen Fällen kannst du während deines Zeit*raums* vielleicht einfach die Tür hinter dir schließen und Kopfhörer aufsetzen. Ich habe festgestellt, dass es mir leichter fällt, meine heilige Arbeitszeit auch wirklich freizuhalten, wenn ich den Zeitpunkt einige Wochen im Vorhinein in meinen Kalender eintrage.

Wie Lisa schon sagte, geht es vor allem darum, Zeit*räume* zu planen, in denen du dich nur auf eine einzige Tätigkeit konzentrierst. Ein Projekt nach dem anderen realisieren, ist die beste Methode, um eine Menge zu schaffen, ohne davon überwältigt zu werde. Teile dir große Projekte in kleine, überschaubare Arbeitsschritte auf. So haben wir auch *Spirit Business* aufgebaut: Das manchmal überwältigende Vorhaben, ein Unternehmen aufzubauen und zu führen, wird hier in kleine, machbare Häppchen aufgeteilt. Und wenn du einen Schritt nach dem anderen tust, wirst du feststellen, dass du mehr als genug Zeit hast, dein spirituelles Unternehmen erfolgreich aufzuziehen und zu vermarkten.

**LISA** Cindy macht hier einige tolle Vorschläge, besonders für all diejenigen unter euch, die zum Arbeiten nicht einfach an einen Ort gehen können, der förderlich für die Konzentration ist. Wenn du ein Café oder eine Bibliothek findest, wo du dich wohlfühlst, kann ich dir nur ans Herz legen, dort zu arbeiten. Wir haben herausgefunden, dass Universitätsbibliotheken das beste energetische Umfeld bieten, um sich zu fokussieren und konzentriert zu arbeiten. Ich habe große Teile dieses Buchs und meine Doktorarbeit in den Bibliotheken meiner *Alma Mater* geschrieben.

Vermutlich wirst du dir einen Ort suchen, der energetisch zu deiner Arbeitsweise passt. Die Umgebung, in der man am besten arbeiten kann, ist etwas sehr Individuelles.

Vielleicht brauchst du beim Arbeiten viel Ruhe, andere dagegen brauchen den Hintergrundlärm einer büroähnlichen Umgebung oder lassen nebenbei Musik laufen. Such dir einen Ort, an dem du besonders gut arbeiten kannst, und erstelle dir einen Zeitplan, nach dem du dort arbeitest.

## Die Gestaltung deines Arbeitsplatzes

**CINDY** Ehe du mit dem Marketing anfängst und die Menschen wissen lässt, dass du ein Unternehmen führst, musst du noch entscheiden, wo du dein Unternehmen eigentlich unterbringen möchtest und wie die Kunden dich erreichen können, um Termine zu vereinbaren, Produkte zu erwerben und sich zu informieren. Hier kommen einige Fragen, die du dir im Zuge dieser Entscheidungen stellen solltest:

- Willst du ein Heimbüro einrichten oder in ein Büro oder eine Praxisgemeinschaft mit Gleichgesinnten ziehen?
- Kann deine Tätigkeit – wie beispielsweise Beratung oder Coaching – am Telefon durchgeführt werden, oder musst du den Menschen immer persönlich begegnen?
- Möchtest du von deinen Kunden auf deinem privaten Festnetz angerufen werden, oder wäre eine separate Geschäftsnummer, ein Handy oder eine Internetrufnummer die bessere Wahl?

Über all diese Dinge musst du dir im Klaren sein, ehe du Geld für eine Webseite, Broschüren und Visitenkarten ausgibst. Und wenn du weißt, wo und wie deine Kunden dich erreichen können, musst du als Nächstes entscheiden, wie hoch dein Honorar ausfallen soll und auf welche Weise du bezahlt werden möchtest. Keine Sorge – all das behandeln wir im nächsten Kapitel. Du brauchst nur einige Entscheidungen zu treffen, und schon kannst du kreativ werden und diese Webseite und jene Broschüren, Flyer, Postkarten und Visitenkarten gestalten.

### Ein aufgeräumter Arbeitsplatz

**CINDY** Unabhängig davon, ob du zu Hause oder in einem angemieteten Büro arbeitest, ist es wichtig, dass deine Arbeitsumgebung aufgeräumt und professionell wirkt und – wenn irgend möglich – so liegt, dass dort keine Familienmitglieder oder Bürokollegen herumlaufen. Den Großteil meiner Beratungen führe ich zwar am Telefon oder auf Esoterikmessen durch, aber manchmal kommen auch Kunden zu mir nach Hause.

Ich lebe in Skanneateles, einer idyllischen Kleinstadt am See mit vielen netten Geschäften und Restaurants, weshalb meine Klienten gerne für einen Tag zu Besuch kommen.

Ich räume das Haus zwar nicht so gründlich auf, als würde meine Mutter zu Besuch kommen, aber ich sorgte dafür, dass alles seine Ordnung hat. Meine Sitzungen halte ich in einem Zimmer mit Tür ab, um meinen Klienten Privatsphäre zu bieten. Früher befand sich mein Praxisraum mitten im Haus, was aber bedeutete, dass mein Mann nicht ins Erdgeschoss kommen konnte, wenn ich Kundenbesuch hatte. Jetzt, wo ich in ein Büro mit Tür umgezogen bin, klappt alles viel besser. Kürzlich habe ich außerdem eine sogenannte White Noise Machine gekauft, die angenehme Hintergrundgeräusche abspielt, was meinen Kunden noch mehr Privatsphäre ermöglicht. Wenn sich dein Büro ebenfalls bei dir zu Hause befindet und dort noch andere Menschen leben oder dein Büro dünne Wände und Türen hat, kann ich dir nur dazu raten, dir ebenfalls so einen Apparat zuzulegen, da er andere Geräusche aus der Umgebung überdeckt.

Ich kann mich noch erinnern, dass ich vor einigen Jahren einen Termin bei einem Medium hatte. Ich reiste über eine Stunde zu dem abgelegenen Wohnort der Frau, da sie mir von einem Freund wärmstens empfohlen worden war. Doch als ich in den unordentlichen Vorgarten einbog, war ich mir plötzlich nicht mehr so sicher, ob das Ganze eine gute Idee war. Das Medium öffnete mir die Tür in einem zerfledderten T-Shirt, und wir mussten ihre Küche durchqueren, in der sich schmutziges Geschirr stapelte. Danach setzten wir uns in ihr unordentliches Wohnzimmer, um mit der gemeinsamen Arbeit zu beginnen. Ihre Familie befand sich währenddessen die ganze Zeit über in Sichtweite. Das Ganze widerte mich richtig an. Sie mag ein großartiges Medium gewesen sein, aber meine einzige Erinnerung an den Termin besteht darin, wie unwohl ich mich fühlte. Ich bin niemals wieder zu ihr gegangen.

Ich bin sicher, dass deine Räumlichkeiten unter keinen Umständen so fürchterlich aussehen würden, aber selbst ein bisschen Unordnung kann Kunden abschrecken. Man muss sich stets vor Augen führen, dass Gegenstände – auch Papierkram – Energie in sich tragen. Jeder Nippes hat seine eigene Energie, und zu viel davon kann für Verwirrung sorgen, besonders in Kombination mit Staub und Unordnung. Mit deiner Arbeitsumgebung solltest du folgende Aussage treffen: *Sie, mein Klient, und unsere Arbeitsumgebung sind mir wichtig.* Unordnung dagegen besagt: *Eigentlich habe ich weder für Sie noch für mein Unternehmen wirklich Zeit.*

Und deine Arbeitsumgebung wird nicht nur durch Durcheinander beeinflusst. Jedes Mal, wenn du negative Gedanken hast, beispielsweise »Ich bin ein schlechter Mensch, weil ich meine Rechnungen nicht bezahle« oder »Ich habe Zeitmangel«, füllt diese Botschaft den Raum mit Energie. Dein Kunde weiß vielleicht nicht genau, um welche Energie es sich handelt, aber er wird beim Betreten deines Arbeitsbereichs eine wertende oder verworrene Atmosphäre wahrnehmen.

Ich habe Kunden aller Glaubensrichtungen und einige, die an gar nichts glauben, und deshalb sorge ich dafür, dass die Gegenstände in meinem Altarbereich neben meinem Arbeitstisch alle Konfessionen ansprechen, gleichzeitig aber auch nicht übermäßig religiös oder esoterisch wirken. Es handelt sich vornehmlich um Kristalle. Außerdem stehen dort Ganesha, der »Entferner von Hindernissen«, eine meditierende Katze und ein meditierender Drache und ein kleines Schild mit einem Bild von Pinguinen, unter dem steht: »Entspann dich, Gott kümmert sich schon um alles.«

Ich achte sehr darauf, diese Ecke des Raums staubfrei zu halten, aber auch ich bin leider nicht perfekt: Während ich das hier schreibe, nehme ich mir vor, endlich wieder einmal staubzuwischen, wenn ich nach Hause komme! Lisa und ich haben Fotos von unseren Arbeitsbereichen gemacht, damit du einen Eindruck bekommst, wie es dort aussieht.

Cindys Arbeitsbereich

Lisas Arbeitsbereich

## Wo willst du mit deinen Kunden arbeiten?

**CINDY** Von zu Hause aus zu arbeiten ist nicht immer praktisch, aber am Anfang sprengt die Miete für ein richtiges Büro oft das Budget. Viele deiner diesbezüglichen Entscheidungen hängen von deiner Arbeitsweise ab. Zunächst einmal solltest du dir darüber klar werden, ob du deine Klienten persönlich und/oder am Telefon betreuen willst.

Die folgenden Fragen solltest du dir stellen, wenn du über ein Heimbüro nachdenkst:

- Kenne ich meine Klienten schon vor ihrem ersten Termin?
- Lebe ich in einer Gegend, die leicht zu erreichen ist?
- Ist es legal, zu Hause Kunden zu empfangen? Ist mein Vermieter damit einverstanden?
- Verfüge ich über einen sauberen und ruhigen Arbeitsbereich?
- Verfüge ich über einen Ort, an dem ich mit meinen Klienten arbeiten kann, ohne dass sich andere Personen in der Nähe aufhalten?
- Stört es meine Familienmitglieder, wenn sich Fremde im Haus aufhalten?
- Fühle ich mich sicher, wenn Fremde in mein Haus kommen?
- Will ich die Energie fremder Menschen in meinem Haus haben?
- Kann ich mir, falls nötig, eine Zusatzversicherung leisten?

Die folgenden Fragen solltest du dir stellen, wenn du ein Büro anmieten willst:

- Benötige ich für mein Unternehmen die Anwesenheit von Kollegen?
- Habe ich schon genügend Kunden, um alleine zurechtzukommen und mir die Miete leisten zu können?
- Brauche ich Empfehlungen von Kollegen?

- Welche Zusatzkosten gehen mit einem Büro einher? Wie sieht es mit Strom- und Heizkosten aus? Kann ich mir all das leisten?
- Sind Parkmöglichkeiten und angemessene Sanitäranlagen vorhanden?

Wenn du dir diese Fragen erst einmal beantwortet hast, gewinnst du eine konkretere Vorstellung davon, ob du ein Büro anmieten oder von zu Hause aus arbeiten solltest.

## Standort, Standort, Standort

**CINDY** Es ist toll, ein schönes und günstiges Büro zu finden. Aber können (und wollen) deine Kunden denn auch anreisen? Kürzlich unterhielt ich mich mit einer Klientin über das Spa, das sie aufziehen wollte. Zufällig kenne ich die Gegend, und sie liegt ziemlich ungünstig. Damit will ich nicht sagen, dass das Unternehmen zum Scheitern verurteilt ist, aber meine Klientin hoffte, Kunden aus einem wohlhabenden Nachbarort anzuziehen. Ich fragte sie ganz direkt, ob sie glaubte, die Leute aus einem »wohlhabenden Ort« würden einen Besuch in einem »kleinen, nicht wohlhabenden Ort« für ein luxuriöses Spa-Erlebnis halten. Sie zögerte kurz, dann sagte sie Nein. Ihr Unternehmen war damit nicht gescheitert, aber ihre Antwort bewegte sie dazu, ihre Marketingstrategie zu überdenken. Ihr Spa kann trotzdem sehr erfolgreich sein, aber eben nicht mit der Klientel, die sie sich vorgestellt hatte. Die Leute sind bereit, weit zu reisen, um das beste Angebot auf dem Markt zu bekommen, aber dafür muss man sich zunächst einmal einen Ruf erarbeiten. Und bis es soweit ist, solltest du ernsthaft darüber nachdenken, einen Standort zu wählen, der leicht zu erreichen ist!

**LISA** In einigen Gegenden gibt es so etwas wie eine feste Kundenbasis für spirituelle Unternehmen. Sedona in Arizona beispielsweise ist bekannt dafür, dass die Menschen dort ein großes spirituelles

Interesse haben – die spirituelle Gemeinde ist in dieser Gegend sehr groß. An anderen Orten kann es aber recht schwierig sein, eine solche Gemeinde zu finden.

Ich lebe seit dreißig Jahren in meiner Gegend, aber erst in den vergangenen acht Jahren habe ich festgestellt, dass es in bestimmten Städtchen Enklaven spiritueller Unternehmen gibt. Davor hatte ich einfach nicht darauf geachtet.

Netzwerken und die Kommunikation mit anderen Praktizierenden hilft dir dabei, Unternehmen und Orte zu finden, an denen deine Art von spiritueller Tätigkeit ausgeübt wird.

## Dein Zuhause als Standort

**Tipp #7 für dein spirituelles Unternehmen**

Gehe ganz sicher, dass deine Familie wirklich kein Problem damit hat, wenn Fremde in euer Haus kommen, ehe du ein Heimbüro einrichtest.

**Cindy** Wenn du dich für ein Heimbüro entscheidest, solltest du dir ein entsprechendes Versicherungspaket zulegen. Die meisten Hausversicherungen decken beispielsweise keine Klienten ab, solange das Unternehmen nicht offiziell angemeldet ist. Sprich mit deiner Versicherung über dieses Thema!

Außerdem solltest du sichergehen, dass es deine Familie nicht stört, Fremde im Haus zu haben. Eine Freundin von mir hat einen wunderbaren Ehemann, der sie und ihr Unternehmen mit ganzer Kraft unterstützt, aber er mag es nicht, wenn Kunden ins Haus kommen. Respektiere die Gefühle deiner Familienmitglieder unbedingt. Wenn es ihnen nicht gefällt, dass deine Kunden zu euch nach Hause kommen, und du trotzdem deinen Willen durchsetzt, werden deine Kunden eine vorwurfsvolle und zornige Atmosphäre wahrnehmen, sobald sie durch die Tür kommen.

Und dann sind da natürlich noch die Sicherheitsfragen. Klar können wir einen Haufen goldene Schutzlichter im Haus verteilen, aber wenn du nicht weißt, wer da zu dir nach Hause kommt, kann es trotzdem passieren, dass auch Menschen darunter sind, die nichts Gutes im Schilde führen. Außerdem kann es vorkommen, dass die Energien deiner Klienten nicht zu deinem Zuhause passen. Die meisten spirituellen Unternehmen helfen Menschen auf die eine oder andere Weise, ihre Negativität freizusetzen und ihre energetische Schwingung anzuheben.

Jedes Mal, wenn jemand Energie freigibt, muss diese irgendwohin entweichen. Besonders bei einem Heimbüro ist es hilfreich, nach jedem Kundenbesuch nicht nur den Arbeitsbereich, sondern das gesamte Haus zu reinigen.

Trotz allem habe ich meine Kunden aber auch zu mir nach Hause eingeladen, als ich noch alleinstehend war, und hatte niemals Probleme. Dennoch bietet es sich an, die Klienten zu überprüfen, ehe man sie zu sich nach Hause holt. Wenn du über eine gute Intuition verfügst, merkst du oft schon am Telefon, ob dir dein Gegenüber gefällt oder nicht. Ich habe meinen Onlinekalender so eingerichtet, dass ich die Terminanfragen bestätigen muss. Das gibt mir Zeit für eine kurze Überprüfung.

Außerdem nenne ich auf meinem Werbematerial und auf meiner Webseite niemals meine Adresse, damit meine Klienten nicht einfach ohne Termin bei mir auftauchen. Erst wenn ein Termin vereinbart wurde, leite ich meinen Kunden die Daten weiter. Ich habe das Glück, mit jemandem zusammenzuwohnen. Ohne sexistisch klingen zu wollen: Wenn ein Mann zu mir kommt, den ich noch nie gesehen habe, sorge ich dafür, dass mein Ehemann im Haus ist. Wenn du alleinstehend bist, frag doch einfach einen Freund, ob er vorbeischauen kann, oder einen Nachbarn, ob er nicht kurz nach dem Rechten sehen möchte.

Eine mentale Überprüfung ist toll, aber es kann beispielsweise vorkommen, dass dein Klient einen Freund mitbringt, den du etwas zwielichtig findest. Meist lasse ich die Begleitung vor dem Fernseher warten, aber einmal hatte ich einen Gast, der so begeistert von meinem

Großbildfernseher war, dass ich ernsthaft befürchtete, er würde ihn klauen! Aus diesem Grund lohnt es sich, einen gesonderten Eingang zum Büro zu haben oder einen Raum auszusuchen, der nicht direkt neben dem Gemeinschaftsbereich deines Hauses liegt.

Faktisch habe ich aber nicht ein einziges Mal Probleme mit Kunden gehabt, die ich für etwas unheimlich hielt – und das liegt daran, dass ich Nachforschungen anstelle. Es kam schon vor, dass mich Leute anriefen, die ein ungutes Gefühl in mir auslösten. In diesen Fällen sage ich, dass ich in den nächsten zwei Monaten keinen Termin für eine persönliche Beratung mehr frei habe, und biete ihnen einen Telefontermin an, bis ich ein besseres Gespür für die jeweilige Person bekommen habe.

**LISA** Wenn ich von zu Hause aus arbeite, achte ich sehr auf Sicherheit. Ich habe das große Glück, nicht nur über ein Heimbüro, sondern auch über ein gesondertes Zimmer für Kundentermine zu verfügen, bei dem es sich um meinen Meditationsraum handelt. Für mich als Frau war die Vorstellung, Fremde – besonders Männer – in mein Haus einzuladen, wenn ich alleine war, besorgniserregend. Ich lernte auf die harte Tour, wie wichtig Sicherheit ist, als mich ein Typ anrief, der um eine Lesung bat und den ich schon am Telefon irgendwie … gruselig fand. Obwohl er nichts direkt Zwielichtiges sagte, hatte ich intuitiv ein ungutes Gefühl.

Die Aussicht, ihn treffen zu müssen, beunruhigte mich immer mehr, und so verlegte ich unseren Termin schließlich an einen Ort, an dem wir nicht alleine sein würden. Interessanterweise sagte er den Termin schließlich ab. Daraufhin wurde mir klar, dass ich mir unnötige Ängste und Sorgen auflud, und ich änderte meine Geschäftsbedingungen. Inzwischen arbeite ich nur noch persönlich mit Klienten, die ich zuvor schon in der Öffentlichkeit getroffen habe.

Das hier steht in meinen Richtlinien: »BITTE BEACHTEN! Ich biete nur Privattermine für Klienten an, die ich zuvor persönlich kennengelernt habe. Haben wir uns vorher nicht persönlich kennengelernt, haben Sie die Möglichkeit, einen Termin bei einer öffentlichen Veranstaltung zu buchen oder nachdem wir uns bei einem meiner Workshops kennengelernt haben. Ein TELEFON-TERMIN ist ebenso effektiv wie ein Privattermin. Bitte beachten Sie für weitere Informationen meine FAQs.«

Fühle ich mich wohl genug mit jemandem, um ihn zu mir nach Hause einzuladen, lasse ich ihm oder ihr die benötigten Informationen zukommen. Ich habe meine Adresse niemals im Internet oder in meiner eMail-Signatur veröffentlicht. Deshalb ist es empfehlenswert, dir ein Postfach zuzulegen, das du als Firmenadresse verwenden kannst – so bleibt deine Privatadresse auch privat.

Selbst wenn dein Unternehmen nicht bei dir zu Hause angesiedelt ist, solltest du auf Sicherheitsfragen achten. Manchmal ist es sicherer, an einem Ort zu arbeiten, an dem sich auch andere Menschen aufhalten, als abends irgendwo alleine Kunden zu empfangen.

Cindy hat viel über die Energie im Zuhause gesprochen. In meinem Haushalt tun wir viel dafür, ein hohes, sauberes Energieniveau zu bewahren, vor allem deshalb, weil meine Familie sehr sensibel auf Energien reagiert. Insbesondere mein Mann möchte nicht, dass anderer Leute negative Energien durchs Haus wabern. Zum Glück haben wir durch meine Grundsätze und mein Screening niemals Probleme mit energetischen Rückständen meiner Kunden. Ich bitte meine Kunden auch ganz bewusst in mein Meditations- und Gebetszimmer, da die Energie durch meine Gebete und Meditationen dort sehr hoch ist.

## Ein Büro als Standort

---

**Tipp #8 für dein spirituelles Unternehmen**

Mit Kollegen aus verschiedenen Bereichen zu arbeiten ist eine wunderbare Form des Netzwerkens.

---

**CINDY** Wenn du ein Unternehmen hochziehst, für das du ein Büro außerhalb deines Zuhauses benötigst, andererseits aber nicht auf ein Schaufenster und Laufkundschaft angewiesen bist, bietet es sich an, in einem Büro, einer Buchhandlung oder einem Heilungs- oder Esoterikzentrum einen Raum zu mieten, den du tages- oder stundenweise bezahlen kannst. So musst du keinen Mietvertrag unterzeichnen, der dich auf lange Sicht finanziell bindet.

Eine Freundin von mir besitzt ein Heilzentrum, in dem man eine Kündigungsfrist von drei Monaten hat, den Raum aber nur für mindestens einen Tag die Woche mieten muss. Eine weitere Möglichkeit, langfristige hohe finanzielle Verpflichtungen zu vermeiden, besteht darin, sich ein Büro zu teilen.

Einer der Punkte, die dir verraten, dass du bereit bist, ein eigenes Unternehmen auf die Beine zu stellen, besteht darin, dass du genug Geld zur Seite geschafft hast, um die Kaution und zwei Monatsmieten zu bezahlen. Wenn du diesen Betrag angespart hast, hast du vermutlich auch bereits deinen Geschäftsplan durchgearbeitet. Wenn du dir dein Büro mit jemandem teilen willst, der noch nicht genug Geld beisammen hat, um seine Hälfte zu bezahlen, wird diese Person auf lange Sicht vermutlich nicht im Geschäft bleiben.

Damit du deine Pläne nicht gleich aufgeben musst, nur weil du zu viel Geld im Voraus benötigst, solltest du eher auf einen kleineren und günstigeren Raum setzen, als dich dem Risiko auszusetzen, am Ende nicht genügend Klienten zu haben, um dich finanziell über Wasser zu halten. Außerdem kannst du dich ja jederzeit vergrößern. Sich zu verkleinern ist viel schwieriger, vor allem, wenn du dein gesamtes Startkapital bereits verpulvert hast.

**LISA** Der Vorteil eines öffentlichen Büros besteht darin, dass es dir umgehend Glaubwürdigkeit und ein professionelles Images verleiht. In einem Gemeinschaftsbüro teilt ihr euch vielleicht sogar einen Empfangstisch, an dem jemand deine Termine einträgt, Nachrichten entgegennimmt und die Zahlungen empfängt. In etablierten Gemeinschaftspraxen wird vielleicht sogar Werbung für dich gemacht. Einen besetzten Empfangstisch zu haben dient außerdem der Sicherheit. Alles in allem gewinnst du so an Glaubwürdigkeit und professionellem Auftreten.

*Gemeinschaftsbüros*

**CINDY** Viele Unternehmensgründer stellten sich anfangs vor, dass sie einfach nur einen Arbeitsraum mieten, Möbel kaufen, eine Million Visitenkarten drucken und dann bloß noch dasitzen und abwarten bräuchten, bis die Kunden in Scharen einlaufen. Dabei ist es weitaus vorteilhafter, mit Kollegen zusammenzuarbeiten oder sich einer Gemeinschaft anzuschließen.

Natürlich liegt es nicht in der Verantwortung deiner Mitmieter, Kunden für dich zu finden – aber du kannst netzwerken und dir die Kosten teilen, so dass du deine Kunden nicht als wandelnde Geldbörsen betrachten musst.

Mein Rat lautet, dir zunächst einen Raum auf Tagesbasis oder eine Bürogemeinschaft zu suchen. Viele Personen in Berufen aus der Heilkunde oder anderen spirituellen Bereichen arbeiten weniger als sieben Tage die Woche. Vielleicht könnt ihr einander ja helfen! Allerdings solltest du immer darauf achten, alles schriftlich festzuhalten, damit sich jede Seite über ihre Rechte und Pflichten im Klaren ist. Bitte vergiss nicht, dass die folgende Liste nicht vollständig ist. Auf Lisas und meiner Webseite findest du Beispiele für schriftliche Übereinkünfte.

Diese Dinge solltest du beachten, wenn du dir ein Büro teilst:

- Wann benutzt wer den Raum?
- Wer ist für Ordnungsfragen verantwortlich? Wer saugt Staub, wer entsorgt den Müll?
- Welche Düfte dürfen in dem Raum verwendet werden?
- Wo kannst du deine Materialien aufbewahren?
- In welchem Zustand muss der Raum hinterlassen werden?
- Von welchem Konto wird die Miete bezahlt?
- Wann muss die Miete bezahlt werden?
- Was passiert, wenn einer von euch die Miete zu spät bezahlt?
- Wie lang ist die Kündigungsfrist?
- Darfst du untervermieten?
- Wer ist verantwortlich für die Nachmietersuche?

Traurig, aber wahr: Dass du ein liebenswertes, spirituelles Geschöpf bist, heißt noch lange nicht, dass dein Gegenüber genauso ist. Ganz gleich, wie spirituell er oder sie auch wirken mag – die moralischen Vorstellungen und der Geschäftssinn deines Mitmieters können ganz anders aussehen als deine. Auch die nettesten Menschen haben schon andere hängen lassen, weil sie bei aller Nettigkeit nicht das Geld für die nächste Miete hatten und erst mit der Sprache herausgerückt sind, als es schon zu spät war.

Wenn du dafür verantwortlich bist, den Vermieter zu bezahlen, solltest du als Sicherheit zwei Monatsmieten und eine Monatsmiete Kaution von deinen Mitmietern einfordern.

Dieses Geld darfst du natürlich nicht als dein eigenes betrachten. Am besten richtest du dir ein kostenloses Bankkonto ein, auf das du die Kaution und eine Monatsmiete einzahlst. Wenn dein Gegenüber nicht das nötige Geld hat, handelt es sich vermutlich nicht um einen geeigneten Mitmieter.

## Hausbesuche

**CINDY** Wenn ich einen Hausbesuch mache, sorge ich dafür, dass ich alles dabei habe, um ein professionelles Umfeld für die Sitzung zu schaffen. Ich bitte darum, dass bei spirituellen Beratungen mit mehreren Personen ein Raum mit ausreichend Privatsphäre genutzt wird, was nicht immer möglich ist. Aber ich gebe mein Bestes, damit sich die Umgebung privat anfühlt. Ich bitte um gute Beleuchtung und bequeme Sitzgelegenheiten. Da ich sehr empfindlich auf Gerüche reagiere, weise ich außerdem darauf hin, dass keine Duftkerzen oder Potpourris genutzt werden sollten.

Als mein Unternehmen noch neu war, hielt ich meine Sitzungen meist bei den Klienten zu Hause ab. Heute würde ich das aus verschiedenen Gründen nicht mehr empfehlen. Einige dieser Gründe betreffen die Sicherheit, andere den Verschleiß deines Autos, und dann gibt es noch das Problem, dass es so schwer ist, einen Hausbesuch zu beenden. Meistens musste ich nach der Sitzung noch eine Weile bleiben und plaudern, was den Termin stark in die Länge zog. Bei mir zu Hause kann ich aufstehen und den Klienten einfach zur Tür begleiten, wenn die Zeit vorbei ist.

Wenn du dich entscheidest, Hausbesuche zu machen, solltest du darüber nachdenken, auch die Anreise zu berechnen. Eine Bekannte von mir veranschlagt dafür fünf Euro pro zehn Kilometer. Das ist nicht viel, aber es reicht immerhin, um die Benzinkosten und den Verschleiß des Autos abzudecken.

**LISA** Als ich noch Engelberatungen für Gruppen veranstaltete, legte ich für die Teilnehmer einige Grundregeln fest. Eine bestand darin, dass Alkohol verboten war. Ich weiß, dass das vielen Leuten nicht in den Kram passt, aber Alkohol und spiritistische Sitzungen sind keine gute Mischung, besonders, wenn man nicht weiß, mit wem man es zu tun haben wird. Häufig sind solche Gruppensitzungen auch eine Doppelveranstaltung, bei der die Gastgeberin zusätzlich Schmuck oder Tupperware verkaufen will oder eine Dinnerparty gibt.

Zu Gruppenterminen solltest du alles mitbringen, was du dafür benötigst – nicht nur dein Arbeitsmaterial, sondern auch Informationsmaterial über den Ablauf des Readings und eine Anmeldeliste. Ich habe ein FAQ-Blatt erstellt, in dem erklärt wird, wie meine Engelberatungen ablaufen, was dabei geschieht, wie viel das Reading kostet und wie bezahlt werden kann. Meistens akzeptiere ich nur Bargeld oder Kreditkartenzahlungen, die sich mit einem Smartphone und einer PayPal-App oder Ähnlichem heutzutage leicht realisieren lassen.

So weiß ich, dass die Zahlung geleistet wurde, und kann ruhigen Gewissens arbeiten. Außerdem benutze ich eine Terminliste, in die sich die Teilnehmer eintragen. Ich stelle keine genauen Zeitpläne auf, aber die Liste hilft mir, im Auge zu behalten, wie viele Einzelreadings ich durchführen muss und wie viel Zeit ich entsprechend pro Teilnehmer einplanen muss, beispielsweise 15 Minuten pro Kunde plus fünf Minuten Erholungszeit zwischen den einzelnen Sitzungen.

Vor den Einzelsitzungen solltest du kurz mit der gesamten Gruppe sprechen, um die Teilnehmer darüber aufzuklären, was sie erwartet und wie die Abläufe aussehen. Einige Praktizierende führen auch eine »Probesitzung« vor der gesamten Gruppe durch.

## Telefonisch vs. persönlich

**CINDY** Wenn du beispielsweise Massagetherapie oder eine andere Dienstleistung anbietest, die körperliche Präsenz erfordert, dann kannst du diesen Abschnitt überspringen. In meinem Metier als spirituelle Beraterin sind telefonische Sitzungen eine tolle Möglichkeit – wann sonst kann man schon im Schlafanzug arbeiten? Durch Skype und andere Videochat-Programme erledigt sich das Thema Schlafanzug heutzutage allerdings häufig von selbst! Per Telefon zu arbeiten ermöglicht mir viele Reisen. Dank der modernen Technik wissen meine Kunden häufig nicht, dass ich gar nicht in der Stadt und nicht einmal im Land bin. Und auch meine Klienten finden solche Telefonsitzungen häufig bequemer und entspannter.

Das gilt allerdings nicht, wenn sie kleine Kinder oder einen neugierigen Partner haben. So viele Vorteile telefonische Sitzungen auch haben mögen – einige Stolpersteine gibt es, und dazu zählt, dass sich die Klienten manchmal zu leicht ablenken lassen und es schwierig ist, sich im Voraus bezahlen zu lassen. Außerdem brauchst du eine stabile Telefonverbindung, ein gutes Headset und eine geeignete Bezahlmethode.

Obendrein habe ich festgestellt, dass die Leute Telefontermine leichter vergessen als persönliche Verabredungen. Inzwischen gibt es glücklicherweise Erinnerungsdienste, die rechtzeitig automatisch eine eMail an den Kunden verschicken, so dass dieses Problem zunehmend seltener auftreten dürfte.

**LISA** Den Großteil meiner Readings oder Lesungen führe ich telefonisch durch, denn meine Kunden stammen aus der ganzen Welt. Wie Cindy bereits sagte, gewinnst du durch die Telefonarbeit viel Freiheit und kannst von überall aus arbeiten. Außerdem ist es viel leichter, gemeinsame freie Termine zu finden, da weder du noch dein Klient anreisen muss. Meiner Erfahrung nach sind Telefone zuverlässiger als Skype, weil nicht jeder ein gutes Headset besitzt, das für einen klaren Klang ohne Rückkopplung der Lautsprecher sorgt. Skype hat manchmal kurze Ausfälle oder gibt die Stimmen zeitlich verzögert oder verzerrt wider.

Wenn du Skype verwendest, solltest du dir ein gutes Headset zulegen und auf eine stabile Internetverbindung achten. Skype ist eine wunderbare Alternative für Anrufe aus dem Ausland, da für dich keinerlei Kosten entstehen. Aber wenn du einen Telefontermin vereinbarst, solltest du dem Klienten stets mitteilen, dass Festnetz die beste Verbindung bedeutet – auch wenn viele Menschen heutzutage fast ausschließlich ihr Handy benutzen.

Bei Handytelefonaten solltest du deine Kunden bitten, sich an einem Ort aufzuhalten, an dem das Netz stark ist und sie ungestört sind. Führe Telefontermine NIEMALS beim Autofahren durch – das gilt auch für deine Kunden! Es ist nicht möglich, sich gleichzeitig auf den Verkehr und das Telefonat zu konzentrieren. Die Handybenutzung beim Autofahren ist nicht ohne Grund verboten – selbst ein intensives Gespräch mit der Freisprechanlage lenkt ab.

Denke daran, dass nicht nur dein Kunde eine gute Handyverbindung haben und ungestört sein sollte, sondern du ebenfalls!

Außerdem versuche ich stets, es so einzurichten, dass nicht der Kunde mich anruft, sondern ich ihn – dadurch habe ich das Timing in der Hand. Wenn du auf den Anruf eines Kunden wartest und sich dieser verspätet, kann dein ganzer Terminplan durcheinandergeraten. Stelle in deinen Richtlinien klar, dass ein neuer Termin vereinbart werden muss, wenn du deinen Kunden fünf bis zehn Minuten lang nicht erreichen kannst.

Cindy hat bereits erwähnt, dass Telefontermine schneller in Vergessenheit geraten als persönliche Verabredungen. Um Terminausfälle zu verhindern, nutze ich ein Erinnerungsprogramm, in das alle meine Termine eingetragen werden – auch die persönlichen – und das einen Tag vor der vereinbarten Zeit eine eMail an den

Kunden versendet. Seitdem haben sich meine Terminausfälle fast auf null reduziert.

Es gibt kostenlose Terminprogramme, die du upgraden kannst, so dass auch Zahlungsfunktionen und SMS-Erinnerungen zur Verfügung stehen.

Ein Problem bei Telefonterminen ist die Beendigung der Sitzung. Einige Minuten vor Ablauf der Zeit solltest du darauf hinweisen, dass sich der Termin seinem Ende zuneigt, beispielsweise in dieser Form: »Wir sollten langsam zum Ende kommen, da wir nur noch einige Minuten haben.«

Am Ende der Sitzung kannst du dann sagen, dass jetzt dein nächster Termin ansteht – ob es sich dabei um einen Kunden handelt oder ein Projekt, an dem du arbeiten möchtest, geht nur dich allein etwas an!

## Wie du deinen Arbeitsbereich reinigen kannst

**CINDY** Ganz gleich, ob du in einem Heimbüro oder außer Haus arbeitest – es ist wichtig, dass du deine Umgebung nach jedem Termin von der Energie deines Klienten reinigst. Du weißt ja, Menschen hinterlassen Energie, nicht nur, wenn sie sie absichtlich freigeben, sondern auch, wenn sie einfach nur dasitzen und auf ihren Termin warten.

Die folgende Meditation zur Reinigung von Räumen eignet sich sowohl für deinen Arbeitsplatz als auch für dein Zuhause. Wenn du sie erst einmal beherrschst, kannst du sie ganz schnell durchführen – es dauert nicht länger als ein oder zwei Minuten. Aber anfangs solltest du etwa fünf Minuten dafür einplanen.

---

### *Meditation zur Reinigung von Räumen*

- Atme drei Mal tief durch und entspanne deine Schultern bei jedem Atemzug etwas mehr.

- Fange an, wieder normal zu atmen.
- Visualisiere nun vor deinem inneren Auge den Raum, den du reinigen willst.
- Stell dir vor, dieser Raum sei von einem hellen, goldenen Licht erfüllt ... so als würde in der Raummitte eine Millionen-Watt-Glühbirne oder ein göttliches Geschöpf leuchten.
- Visualisiere, wie das Licht alle Ecken und Winkel durchdringt.
- Stell dir nun vor, du stehst vor diesem Raum und siehst, wie dieses wunderschöne, helle, goldene Licht aus Fenstern und Türen strahlt.
- Stell dir vor, die Leuchtkraft und Intensität wird stärker.
- Bitte darum, dass nur das höchste und liebevollste Beste für die Menschen, die sich in dem Raum befinden, bleiben darf ... und dass alles, was nicht förderlich ist, entfernt und ins Licht gesendet wird, wo es heilen kann.
- Bitte darum, dass jeder in dem Raum, der auf Seelenebene nicht mit der Lichtarbeit einverstanden ist, die heute hier getan wird, auch nicht durch sie beeinflusst wird.
- Diese Reinigung dient dem höchsten und liebevollsten Besten ALLER Beteiligten.

---

Die Meditation stammt aus meinem Buch *Meditieren leicht gemacht.* Darin findest du noch mehr Informationen darüber, wie du durch die Energie anderer Menschen beeinflusst wirst, sowie eine ganze Anzahl weiterer Mini-Meditationen.

**LISA** Wie Cindy bereits erwähnt hat, ist es ausgesprochen wichtig, die Energie in deinem Arbeitsumfeld zu reinigen – nicht nur für den nächsten Kunden, sondern auch für dich selbst! Wenn du als Energieheilerin, Coach, ganzheitlicher Heiler, Intuitions- oder spirituelle Beraterin arbeitest und ganz allgemein beruflich mit Menschen zu tun hast, was in allen Branchen der Fall sein kann, ist ein guter Umgang mit Energien der Schlüssel zu freien Schwingungen, in denen keine unerwünschten Energien mitspielen.

Die Energie in deiner Arbeitsumgebung anzuheben lädt positive Energien dazu ein, dir und deiner Arbeit mit anderen zu helfen. Schon viele Kunden haben mir gesagt, es würde sich gut anfühlen, meinen Meditationsraum zu betreten, in dem ich meine Sitzungen abhalte und Energiearbeit leiste.

Es gibt viele verschiedene Möglichkeiten, die Energie von Räumen zu reinigen und ihre energetische Schwingung anzuheben, damit sich dort mehr positive göttliche Energie ansammelt. Vergiss nie, dass die Energie deinen Intentionen und Gedanken folgt. Gleich und gleich gesellt sich gern – wenn deine Intention darin besteht, eine höhere Energieschwingung voller Liebe und Positivität in einen Raum zu bringen, dann wird sich automatisch eine solche Energie ausbreiten.

Rituale und Gebete (bei denen es sich um versprachlichte Intention handelt) sind eine tolle Möglichkeit, die Energie in einem Raum schlagartig zu ändern. Im Folgenden findest du einige Vorschläge, wie du die Energie in deinem Arbeitsbereich reinigen und anheben kannst.

### *Rauchzeremonien*

**CINDY** Wenn deine Klienten nicht empfindlich auf Gerüche reagieren und dein Vermieter nichts dagegen einzuwenden hat, kannst du deinen Arbeitsbereich mit einer Rauchzeremonie reinigen. Vergiss vorher aber bloß nicht, den Rauchmelder zu deaktivieren! Sollte eine Sprinkleranlage vorhanden sein oder es nicht möglich sein, den Rauchmelder auszuschalten, musst du auf Rauchzeremonien wohl leider verzichten. Generell solltest du den Raum sowieso nicht so stark räuchern, dass der Alarm ausgelöst wird. Du brauchst keine dichten Rauchschwaden – es ist die Intention, die reinigende Wirkung hat.

Jeder hat seine eigene Art, Rauchzeremonien durchzuführen, aber hier findest du einen Vorschlag für eine einfache Methode:

- Entzünde ein kleines Stück weißen Salbeis oder Weihrauch.

- Öffne möglichst Fenster und Türen.
- Geh im Raum umher, damit der Rauch alle Ecken und Winkel erreicht. Bitte Gott/Spirit/Schöpfer darum, dass alles, was nicht dem höchsten und liebevollsten Wohl aller Betroffenen dient, gemeinsam mit dem aufsteigenden Rauch freigelassen wird.
- Wenn du fertig bist, stell dir vor, wie der Raum/das Haus/das Bürogebäude von einem liebenden goldenen oder weißen Schutzlicht umgeben wird.
- WICHTIG: Stell den Rauchmelder wieder an!

## *Reinigung mithilfe von Klang und Gegenständen*

**LISA** Auch mit Klang lassen sich Orte reinigen. Solange du dabei niemanden störst, mit dem du deinen Arbeitsort teilst, ist Klangarbeit ein schneller und einfacher Weg, um die Energie zu reinigen. Dazu brauchst du Musik, die du erhebend findest und die starke positive Gefühle in dir auslöst.

Ich benutze häufig Aufnahmen von Chants oder *kirtan* – Musik, die das Göttliche preist. Spiele deine Musik mindestens fünf bis zehn Minuten lang ab. Wenn es sich um Musik handelt, zu der du gerne singst oder tanzt, nur zu! Damit verstärkst du die Energie!

Viele Leute verwenden Tingshas, kleine tibetische Handzimbeln, oder tibetische Klangschalen, die beide wunderschöne Klänge hervorbringen, wenn man sie anschlägt. Aber auch eine Stimmgabel kann dir wunderbare Dienste leisten. Was hier Wirkung zeigt, sind die Klangschwingung und die Intention, die du damit verbindest. Laufe langsam im Kreis durch den Raum, während du die Instrumente sanft anschlägst, so dass der Klang im Raum nachhallt. Produziere erst dann den nächsten Klang, wenn der vorherige nicht mehr zu hören ist.

Cindy hat erwähnt, dass auch die Gegenstände in deinem Arbeitsbereich Energie enthalten, die die Raumenergie verändern können. Ich habe eine Sammlung von Kristallen auf verschiedenen Altären in meinem Raum aufgebaut, die eine wohltuende energetische Schwingung unterstützen. Dazu gesellen sich Ikonen, also Statuen und Bilder von Dingen, die für mich göttliche Bedeutung haben. Da sie in mir ein besonderes Gefühl auslösen, wenn ich sie ansehe, wird die Energie meines Arbeitsraums durch sie angehoben und verschoben.

## Wie sollen mich meine Kunden kontaktieren?

**LISA** In Anbetracht der rasanten technologischen Entwicklung unserer Zeit haben deine Kunden inzwischen verschiedene Möglichkeiten, dich zu kontaktieren. Ich sage immer: »Wenn Sie mich nicht erreichen können, haben Sie sich nicht genügend Mühe gegeben«, weil es so viele Wege gibt, mich zu kontaktieren – und viele von ihnen sind kostenlos oder so gut wie kostenlos. Da gibt es traditionelle Wege wie die Briefpost oder ein Anruf, aber auch moderne Möglichkeiten wie eMails, SMS, Skype und Video-Chats.

Du hast die Wahl – such dir einige Möglichkeiten aus und mach die entsprechenden Informationen wie deine Telefonnummer oder eMail-Adresse deinen potentiellen Kunden zugänglich.

**CINDY** Meine Telefonrechnung ist meine einzige Geschäftsausgabe, die kontinuierlich sinkt. Früher lag sie oft bei 300 Dollar – und das war nur die Festnetznummer! Heute bezahle ich eine kleine jährliche Gebühr an Skype, mit der ich unbegrenzt telefonieren und auch viele internationale Nummern anrufen kann.

### Telefonnummer: geschäftlich vs. privat

**CINDY** Deine erste »direkte« Begegnung mit einem neuen Kunden findet häufig am Telefon statt. Wenn dein Kind oder Lebenspartner mit einem einfachen »Hallo« abnimmt, wird sich dein Kunde vermutlich wundern oder einfach auflegen, weil er denkt, dass er die falsche Nummer erwischt hat. Darüber hinaus wirkt es unprofessionell. Auf deinen Kunden wirkt es besser, mit einem Anrufbeantworter verbunden zu werden (natürlich nicht deinem privaten) als mit der falschen Person. Ich kann dir nur ans Herz legen, dir eine gesonderte berufliche Telefonnummer zuzulegen, wenn du nicht die einzige Person bist, die unter der entsprechenden Nummer zu erreichen ist.

In meinem Fall entspricht meine berufliche Nummer auch meiner Privatnummer, aber mein Mann geht niemals ans Telefon. Wir haben keine Kinder, also stellt sich auch dieses Problem nicht. Wenn ich drangehe, sage ich »Hier spricht Cindy«, damit der Anrufer sofort weiß, dass er die richtige Nummer gewählt hat. Mein Anrufbeantworter ist mit einem beruflichen, nicht mit einem privaten Text besprochen. Meine Freunde und Verwandten wissen, was ich beruflich mache, weshalb sie sich darüber nicht wundern. Es gibt nur ein einziges Problem: Ich bekomme mehr Werbe- und Vishinganrufe, als es der Fall wäre, wenn ich die Nummer nur für private Zwecke nutzen würde – manchmal auch mitten in der Nacht.

**LISA** Cindy und ich sind uns darüber einig, wie wichtig es ist, eine gesonderte Nummer für berufliche Zwecke zu haben. So wirkt dein Image nicht nur professioneller und dein Unternehmen seriöser und weniger wie ein Hobby, das du von zu Hause aus praktizierst – du kannst die Kosten auch von der Steuer absetzen.

Wenn du von zu Hause aus arbeitest und ein gesondertes Geschäftstelefon hast, kannst du dieses auf »Leise« stellen, wenn du in deiner Freizeit nicht gestört werden willst. Außerdem rate ich dir, einen Anrufbeantworter einzurichten, der nur für berufliche Anrufe da ist.

Ich habe immer ein separates Geschäftstelefon gehabt, und dank Skype und der Möglichkeit, sich zusätzliche Nummern zu einem bereits vorhandenen Anschluss geben zu lassen, kostet das heute auch nicht mehr die Welt. Wenn ich nachts oder am Wochenende Anrufe auf meinem Geschäftstelefon bekomme, weiß ich, dass es sich um einen beruflichen Anruf und nicht um ein privates Anliegen handelt.

Bekomme ich außerhalb meiner Arbeitszeit einen Anruf auf dieser Nummer, nehme ich meist nicht ab. Auf meinem geschäftlichen Anrufbeantworter heißt es: »Wenn Sie außerhalb der Geschäftszeiten anrufen, rufe ich Sie am nächsten Arbeitstag zurück.« Ich halte das so, weil ich nicht möchte, dass meine Kunden denken, ich würde ihnen rund um die Uhr zur Verfügung stehen, aber auch aus Gründen des Zeitmanagements.

Zeitmanagement ist bei jedem kleinen Unternehmen ausgesprochen wichtig, und deshalb widme ich meine Geschäftszeiten einzig meinem Unternehmen, damit meine private Zeit ausschließlich für meine Familie und mein häusliches Leben da ist. Wenn deine Familie oder deine Kinder viel Zeit in Anspruch nehmen, musst du dir deine Zeit gut einteilen, damit dein Privatleben nicht von deinem Unternehmen »aufgefressen« wird.

Die Organisation eines eigenen Unternehmens kann ausgesprochen zeitintensiv sein, und wenn du rund um die Uhr für deine Kunden da bist, bleibt dir keine Zeit mehr für irgendetwas anderes, was letztlich in einer Katastrophe mündet, falls du noch anderen Verpflichtungen nachkommen musst oder Wert auf Life-Work-Balance legst.

Ein weiterer Vorteil eines separaten Geschäftstelefons liegt darin, dass du diese Nummer guten Gewissens an potenzielle Kunden herausgeben kannst, ohne dir Gedanken darüber machen zu müssen, dass diese nun über deine Privatnummer verfügen. Du wirst sehr häufig nach deiner Telefonnummer gefragt werden, wenn du Geschäfte tätigst oder Formulare für dein Unternehmen ausfüllen musst.

Außerdem willst du deine Telefonnummer vermutlich auf deinen Visitenkarten, Broschüren, Programmen oder Werbeanzeigen angeben – und ich bezweifle, dass du deine Privatnummer in der ganzen Welt verbreiten möchtest!

Doch auch mit der Freigabe deiner Geschäftsnummer solltest du vorsichtig sein, um dich vor Spammern und Telefonmarketingunternehmen zu schützen. Der größte Fehler, den du machen kannst, besteht darin, deine Telefonnummer auf deiner Webseite anzugeben. Ich habe diesen Fehler einmal gemacht, als ich mein Handy als Geschäftstelefon nutzte.

Sogenannte »Webcrawler«, auch »Searchbots« genannt, durchforsten das Internet nach solchen Informationen, kopieren sie und nutzen sie unerlaubt. Meine Handynummer landete so auf verschiedenen Webseiten, die als Adressbuch fungieren und sich meiner Kontrolle entzogen.

Wenig später erhielt ich so viele Telemarketing-Anrufe, dass ich meine Telefonnummer ändern musste! Und jetzt stell dir einmal vor, so etwas würde mit deiner Privatnummer passieren! Umgehen lässt sich dieses Problem, indem du ein Online-Kontaktformular nutzt, über das wir später in diesem Kapitel noch sprechen werden.

## Weitere Telefonoptionen: Handys, SMS, Skype, Online- und Zusatznummern

**CINDY** HANDY: Ein Handy hat viele Vorteile, unter anderem, dass du dein »Büro« immer mitnehmen kannst und dir nie Gedanken darüber machen musst, dass du Anrufe verpasst oder nicht zurückrufen kannst. Mir ist aufgefallen, dass mein Geschäft besser läuft, wenn ich Anrufe sofort entgegennehme statt später zurückzurufen. Der Nachteil besteht darin, dass du immer »im Dienst« bist. Allerdings hast du natürlich die Möglichkeit auszusieben, welche Anrufe du entgegennimmst und welche nicht – du brauchst also nicht auf ein Handy zu verzichten, nur weil du Angst vor ständiger Erreichbarkeit hast.

Viele Leute nutzen ein Handy fürs Geschäftliche und ihren Festnetzanschluss ausschließlich für private Zwecke. Diese Lösung bietet sich zwar an, allerdings darfst du dabei nicht vergessen, dich am Handy immer förmlich zu melden und regelmäßig deine Mailbox abzuhören. Zudem können dir deine Kunden SMS aufs Handy schicken, was ziemlich praktisch sein kann, um Termine zu vereinbaren, sich über Verspätungen informieren zu lassen oder kurze Nachfragen zu beantworten. Solltest du dich für ein Handy entscheiden, rate ich dir zu einem Flatrate-Vertrag, damit du keine kostbare Energie mit Sorgen über die Kosten verschwenden musst. Apropos Kosten: Du solltest alle sechs Monate bei deinem Anbieter anrufen, um dich darüber zu informieren, ob du vielleicht günstigere Konditionen aushandeln kannst. Man weiß nie, was es gerade für Angebote gibt.

SMS: Leg dir eine SMS-Flatrate zu, damit du keine »Oh nein, bitte nehmen Sie bloß keinen Kontakt zu mir auf«-Energie verschwenden musst, weil du Angst vor einer Antwort und den dadurch entstehenden Kosten bekommst, sobald dir ein Kunde simst. Wenn deine Kunden wissen, dass du ein Handy hast, werden sie dir häufig schreiben, statt dich anzurufen. Seit einer Weile simsen mir meine Kunden sogar wegen Terminvereinbarungen. Ich finde es praktisch, auf SMS zu antworten, allerdings gibt es auch ein paar Nachteile.

Kunden denken sich nichts dabei, kurze Fragen per SMS zu schicken, wegen denen sie keine eMail geschrieben oder angerufen hätten. Meine Lösung: das »Kurzfragenangebot«. Für kleine Anliegen nehme ich eine Gebühr, in die ich mit einrechne, dass ich die Frage lesen, darüber nachdenken und die Antwort eintippen muss. Dabei stelle ich klar, dass ich dafür vermutlich mehr Zeit brauche als für einen richtigen Termin. Ich schicke meinen Kunden meine Geschäftsbedingungen per SMS und frage sie, ob sie wirklich eine Antwort per Textnachricht wollen oder lieber einen Termin vereinbaren möchten. Manchmal sagen sie ja, manchmal entscheiden sie sich, doch lieber zu warten.

Wichtig ist es, keine Abneigung gegen SMS zu entwickeln. Ich persönlich simse lieber als zu telefonieren – es ist schnell, einfach, und es unterbricht meinen Tagesablauf nicht so sehr wie ein Anruf. Allerdings wünschte ich, ich könnte SMS markieren, damit sie nicht in Vergessenheit geraten. Aber sicher wird es dafür bald technische Möglichkeiten geben!

SKYPE und andere Anbieter für Internettelefonie: Ich nutze Skype schon seit Jahren als Telefonersatz. Damit kannst du kostenlos mit jedem anderen Skype-Nutzer telefonieren oder eine kleine Jahresgebühr bezahlen und damit auf jeder Festnetz- und Handynummer anrufen. Der einzige Nachteil besteht darin, dass du eine gute Internetverbindung brauchst, da die Sprachqualität sonst leidet.

Ein großer Vorteil dieser Dienste besteht darin, dass du Videoanrufe tätigen kannst, was viele meiner Klienten bevorzugen, da sie mich gerne sehen wollen. Als ich mich einmal in der Dominikanischen Republik aufhielt und das Internet mitspielte, konnte ich via Skype kostenlos mit meinen US-amerikanischen Klienten sprechen. Außerdem habe ich Kunden aus Afrika, Australien, Portugal, Trinidad und anderen Ländern, mit denen ich über Skype kommunizieren kann. Aber auch hier ist eine gute Internetverbindung wichtig.

Überdies kannst du ein gesondertes Programm herunterladen, mit dem du die Sitzung mitschneiden und eine mp3-Datei mit der Unterhaltung via Skype und iPhone versenden kannst. Einmal holte eine Mutter ein Angebot für eine Gruppenberatung auf der Geburtstagsparty ihrer heranwachsenden Tochter ein, konnte es sich aber nicht leisten, mir die anderthalbstündige Anfahrt zu bezahlen. Also haben wir uns für die billigere Version über Skype entschieden – und die Mädchen waren begeistert! Um mehr über die Möglichkeiten zu erfahren, die dir diese Technologien bieten, google doch einmal den Begriff »IP-Telefonie« oder »Internet-Telefonie«.

FACETIME: Wenn du Apple-Geräte verwendest, kannst du für kostenlose Anrufe auch Facetime benutzen. Dort siehst du die Person, mit der du sprichst, und kannst dabei deinen Computer einsetzen, was deutlich angenehmer ist, als auf ein kleines Smartphone zu starren.

Apple hat aber kein Monopol auf diese Technik – es gibt noch viele andere Anbieter. Recherchiere also besser, um herauszufinden, welche Option am besten zu dir passt.

**LISA** GOOGLE HANGOUTS: Mit Hangouts bietet Google eine Alternative zu Skype und Facetime an. Das Programm ist in Google Voice integriert. Mit Google Hangouts kann man Videoanrufe, Videokonferenzen und Chats sowie SMS tätigen. Außerdem ist es möglich, hier online Web-Seminare anzubieten und eine Aufnahme der Sitzung automatisch auf YouTube hochzuladen.

**CINDY** 0800-NUMMERN: Ich habe keine 0800-Nummer mehr, auf der man mich kostenfrei anrufen kann, da die meisten Leute inzwischen Handys haben und Ferngespräche der Vergangenheit angehören. Fast alle Festnetznummern laufen über eine Flatrate für Orts- und Ferngespräche, weshalb meine Kunden inzwischen nicht mal mehr mit der Wimper zucken, ehe sie mich auch vom anderen Ende des Landes aus anrufen.

**LISA** ZUSATZNUMMERN: Viele Telefonanbieter bieten die Möglichkeit, kostenlos oder für einen geringen Betrag zusätzliche Nummern einem bereits vorhandenen Festnetzanschluss hinzuzufügen – das gilt auch für Handy-Anbieter! Übrigens solltest du dich auch erkundigen, ob es Sonderangebote für Auslandstelefonate gibt.

**CINDY** Ich lasse alle meine Festnetznummern auf mein Privattelefon weiterleiten. Das ist ganz einfach, nur dass man darauf achten sollte, dass in der Anzeige erkennbar ist, über welche Nummer ein Anrufer dich kontaktiert. Ich nutze keine gesonderte Geschäftsnummer, würde das aber anders halten, wenn ich neu im Geschäft wäre.

**LISA** Ein Vorteil der Telefondienste von heute besteht darin, dass du mit fast jedem Telefon Zusatzfunktionen nutzen kannst. Nutzt du mehrere Nummern, kannst du beispielsweise einstellen, dass ein Anruf auf allen Leitungen gleichzeitig klingelt, so dass du immer erreichbar bist. Außerdem kannst du Anrufe umleiten. Besonders liebe ich die Funktion, sich via SMS über eingehende Mailbox- und Anrufbeantworter-Nachrichten unterrichten und sich diese als eMail zuschicken zu lassen.

Ich kann eine interessante Geschichte über die Vorteile dieser neuen Technologien erzählen: Nach einer Reise nach Montreal fuhr ich nach Hause in den Süden von New York State. Nach etwa 45 Minuten der sechsstündigen Fahrt erhielt ich eine SMS, die mich darüber informierte, dass mir die Polizei auf den Anrufbeantworter gesprochen hatte. Ich muss wohl kaum erwähnen, dass ich einen ganz schönen Schreck bekam. Aber die Nachricht war mir ja per eMail zugeschickt worden, und mit meinem Handy konnte ich meine eMails abrufen.

Ich rief die Polizei zurück, um herauszufinden, worum es ging. Folgendes war passiert: Der Park Service unseres Hotels glaubte, die Autoschlüssel eines anderen Gastes in unserem Auto vergessen zu haben, und nun war man verzweifelt auf der Suche nach uns. Sie hatten keine Telefonnummer von uns, wussten aber, in welcher Stadt wir wohnten, und baten deshalb die Polizei, uns ausfindig zu machen. Die Polizei wiederum rief auf unserer privaten Festnetznummer an. Da sich die Schlüssel zu dem anderen Wagen aber nicht in unserem Auto befand, kontaktierte ich sofort das Hotel, um den Irrtum aufzuklären.

**CINDY** Lisa hat recht damit, wie praktisch es ist, sich per eMail oder SMS über Sprachnachrichten informieren zu lassen. Ich reise sehr viel. Jetzt sitze ich beispielsweise gerade in der Dominikanischen Republik. Wenn mich jemand auf meiner Festnetznummer anruft, muss ich nicht eigens meinen Anrufbeantworter anrufen, um die Nachricht abzuhören. Ich klicke einfach auf den Link in der eMail oder SMS und kann sie über meinen Computer abhören. Das ermöglicht es mir, schnell zurückzurufen, zumal die Nummer des Anrufers in der Benachrichtigung steht, so dass ich sie nicht abschreiben muss.

**LISA** ONLINE-TELEFONNUMMERN: Man kann sich inzwischen Online-Telefonnummern einrichten, die auf eine andere Telefonnummer wie einen Festnetzanschluss weitergeleitet werden. Google und Yahoo bieten diesen Service beispielsweise kostenlos an.

So erhältst du eine »virtuelle« Telefonnummer, auf der man dich anrufen und du dir sogar SMS schicken lassen kannst.

Google Voice wandelt Mailbox-Nachrichten in Text um und schickt dir diesen. Ich habe auf meiner Webseite im Kontaktbereich eine Google Voice-Telefonnummer angegeben. Auch so kannst du zu einer gesonderten Geschäftsnummer kommen! Wenn du selbst jemanden anrufen willst, musst du aber natürlich ein echtes Telefon nutzen, da du über Online-Nummern nur Anrufe *entgegennehmen* kannst.

**CINDY** Ich wusste gar nichts von dieser Option, aber sie klingt toll. Man kann viel Geld sparen, indem man auf einen separaten Anschluss verzichtet. Besonders gut gefällt mir, dass man die Sprachnachricht in Text umwandeln lassen kann. Es gibt Situationen – beispielsweise während meiner Kurse –, in denen ich nicht möchte, dass jeder mitbekommt, dass ich gerade einen Anruf entgegennehme oder die Mailbox abhöre. So kann ich einfach die Textversion der Nachricht lesen und entscheiden, wann und wie ich reagieren möchte.

## Deine eMail-Adresse

**LISA** Gemeinsam mit dem Telefon ist die eMail inzwischen der Weg geworden, auf dem Menschen am häufigsten Kontakt zueinander aufnehmen. Inzwischen wird man sogar öfter nach seiner eMail-Adresse als nach seiner Telefonnummer gefragt! Umso wichtiger ist es, dass sich deine eMail-Adresse leicht merken lässt und man sie leicht aussprechen kann.

Versuch, in deiner eMail-Adresse auf Spiegel- und Unterstriche zu verzichten, da sie schwer zu tippen sind. Viele Leute verwenden ihren Vornamen, dann einen Punkt und dann ihren Nachnamen. Wenn dein Nachname so wie meiner schwer zu buchstabieren ist, solltest du dich für etwas Gängigeres entscheiden. Noch besser ist es, eine eMail-Adresse zu verwenden, die den Namen deiner Webseite nutzt. Meine Webseite beispielsweise trägt die Adresse www.

LMK88.com, und meine eMail-Adresse lautet AngelReadings@ LMK88.com – ich nutze als Domain also nicht einen Provider wie gmail.com oder yahoo.com, sondern meine eigene Webseite. Das wirkt professioneller als eine kostenlose eMail-Adresse.

Für deine eMail-Adresse gilt dasselbe wie für deine Telefonnummer: Nutze eine separate Adresse für dein Unternehmen und gib an potenzielle Kunden und andere Personen, mit denen du rein beruflich zu tun hast, nur diese heraus.

Falls du technisch etwas versierter bist: Du kannst deine eMail-Adresse vor »Bots« verstecken, indem du sie als Grafikdatei auf deiner Webseite einbaust. »Bots« können keine Bilder lesen, Menschen aber schon. Gib deinen Kunden darüber hinaus die Möglichkeit, sich per Kontaktformular mit dir in Verbindung zu setzen, denn so verhinderst du, dass Telemarketing und Spammer deine eMail-Adresse herausfinden.

**CINDY** Mir gefällt Lisas Vorschlag, den eigenen Domainnamen in der eMail-Adresse zu verwenden, dabei aber eine typische »Info@ Domain«-Adresse zu vermeiden, die von Suchmaschinen manchmal als Spam-Adresse identifiziert wird. Außerdem versuche ich wegen der Verwechslungsgefahr, in eMail-Adressen die Buchstaben L und O und die Zahlen 1 und 0 zu vermeiden.

Wenn – wie bei Lisa – in deinem Namen ein L vorkommt und du den Buchstaben gerne verwenden möchtest, solltest du einen Großbuchstaben nutzen. Bei der Zahl 1 ist es wichtig, eine Schriftart zu verwenden, die sie in Abgrenzung vom Buchstaben I deutlich erkennbar macht. Was den Buchstaben O und die Zahl 0 betrifft, ist es fast unmöglich, den Unterschied deutlich zu machen, weshalb du auf beides besser ganz verzichten solltest.

## Kontaktformulare auf der Webseite

**LISA** Ein Kontaktformular auf deiner Webseite gibt deinen Kunden die Möglichkeit, dir schnell eine Nachricht zu schicken, ohne dass du dafür deine eMail-Adresse herausgeben musst. Ein weiterer Vorteil: Solltest du einmal deine eMail-Adresse ändern wollen, bist du immer noch erreichbar. Außerdem wirkst du mit einem Kontaktformular auch dann professionell, wenn du weiterhin eine private oder kostenlose eMail-Adresse nutzen willst.

Ein Internet-Kontaktformular sieht eigentlich genauso aus wie ein Formular auf Papier: Man kann Informationen in Kästchen eintragen, drückt dann aber auf einen Button, und das Formular wird dir zugeschickt. Auf meiner Webseite kann man mich nur auf diese Weise kontaktieren. Wenn du deine Webseite mit – heißer Tipp! – www.Wordpress.com erstellt hast, lassen sich Kontaktformulare ganz einfach überall einfügen.

Wenn du www.Wordpress.org verwendest und deine Webseite selbst hostest, kannst du übrigens viele Plugins benutzen, die sich ganz einfach einsetzen lassen. Mein Kontaktformular beispielsweise fügt Kunden, die mir zum ersten Mal schreiben, nach deren Einverständniserklärung automatisch meinem eMail-Adress-Verzeichnis hinzu. Man kann sich das Kontaktformular auch gleich an verschiedene eMail-Adressen schicken lassen.

Im Kontaktformular finden sich meist Textkästchen, in denen man Namen, eMail-Adresse, Betreff und Nachricht eingeben kann. Meistens erhält der Absender eine Nachricht mit einer Versandbestätigung. Ich rate dir dazu, so schnell wie möglich zu antworten, damit bei solchen Kunden nicht der Eindruck entsteht, das Kontaktformular würde irgendwo im Nirgendwo landen.

Ein weiteres nettes Tool, das du auf deiner Webseite verwenden kannst, wenn du deine Telefonnummer nicht angeben willst, ist ein »Click-to-Call«-Button, der deinen Kunden die Möglichkeit bietet, eine Telefonnummer in ein Formular einzugeben und dich direkt von dieser Nummer aus anzurufen. Die Software verbindet das Telefon deines Kunden mit deinem, ohne dass deine Nummer irgendwo sichtbar wird.

Wer per Smartphone auf deine Webseite zugreift, kann einen anderen »Click-to-Call«-Button nutzen, bei dem keine Nummer in ein Formular eingegeben werden muss, da das Handy ja bereits mit deiner Webseite verbunden ist. Ich nutze eine kostenlose »Click-to-Call«-Version von Skype, der sich in der Skype-App des Kunden öffnet und mich dann direkt auf meinem geschäftlichen Skype-Account anruft.

Probier doch mal den »Click-to-Call«-Button im Kontaktbereich meiner Webseite aus und hinterlass mir eine Nachricht, damit ich weiß, dass du mein Buch liest! Solltest du eines Tages einmal deine Geschäftsnummer ändern wollen, brauchst du dir dank dieser Technik keine Gedanken zu machen, dass du nicht mehr erreichbar bist, da die Nummer sowieso nicht angezeigt wird und du sie einfach ändern kannst, ohne dass es jemand bemerkt.

## Dienste für Online-Terminbuchung

**CINDY** Ich habe gerade erst angefangen, einen Onlinedienst für Terminbuchungen zu nutzen, und bin überrascht, wie gut er funktioniert. Die Einrichtung nimmt zwar recht viel Zeit in Anspruch, aber sobald er einmal läuft, können deine Kunden online Termine bei dir buchen. Ich habe ihn so eingestellt, dass ich jeden Termin erst bestätigen muss, ehe die Buchung verbindlich ist. Gebucht werden muss mindestens 48 Stunden im Voraus, damit ich meinen Tag planen kann, ohne dass im letzten Augenblick noch ein kurzfristiger Termin dazwischenkommt.

Da nicht alle Kunden gerne online gehen und manchmal auch ein dringendes Anliegen besteht, das keine 48 Stunden warten kann, besteht immer noch die Möglichkeit, mich per Telefon, eMail oder SMS zu erreichen.

Ich bin gespannt, wie sich dieser Online-Service auf lange Sicht schlägt. Ich nutze im Augenblick eine Version, die kostenlos ist, solange ich nicht PayPal hinzufüge, damit meine Kunden im Voraus bezahlen können. Sollten genügend Kunden das Angebot nutzen, werde ich auf die Bezahlversion upgraden. Besonders geeignet ist dieser Dienst für Bürogemeinschaften mit verschiedenen Praktizierenden, weil jeder, der ans Telefon geht, für jeden in der Gemeinschaft Termine entgegennehmen kann, ohne auf doppelte Buchungen achten oder nachfragen zu müssen, wann der entsprechende Praktizierende arbeiten möchte.

**LISA** Ich nutze schon seit Jahren ein Online-Terminsystem, vor allem wegen der Erinnerungsfunktion. Ich habe festgestellt, dass meine Kunden – besonders bei Telefonterminen – häufig vergessen, dass wir verabredet sind. Früher habe ich meinen Kunden händisch eine eMail-Erinnerung geschrieben, war mir als technikaffine Person aber sicher, dass es eine bessere Alternative geben muss.

Inzwischen existieren verschiedene Möglichkeiten, online Termine zu vereinbaren und Erinnerungen zu versenden. Onlinebuchungssysteme können auch automatisch einen Termin in meinen Kalender eintragen. Das System schickt dann einen Tag vorher eine Erinnerung an mich und an meinen Kunden.

Das System erinnert meine Kunden außerdem an die Bezahlung, was mir weitere Arbeit erspart.

**CINDY** Nun weißt du, wo du dein Geschäft eröffnen solltest und wie dich deine Kunden kontaktieren können, und hast auch schon ein wenig mit der Erstellung von Marketingmaterial experimentiert. In Kapitel 4 ist es an der Zeit, darüber zu sprechen, welche Kosten am Anfang auf dich zukommen und wie du dich für deine Dienste bezahlen lassen solltest.

# Geld und Spiritualität

## Geld ist nicht böse!

---

**Tipp #9 für dein spirituelles Unternehmen**

Geld ist nicht böse. Geld ist gut.

---

**CINDY** Geld ist nicht böse, Geld ist gut. Es repräsentiert einen Energieaustausch. Weil wir Geld haben, können wir unsere Dienste weiterhin zur Verfügung stellen. Du brauchst es, um die Miete, deine Telefonrechnung, dein Auto zu bezahlen. Ich sage mir immer: *»Sie bezahlen den Klempner, Sie bezahlen Ihr Medium. Wir beide müssen von etwas leben.«* Sowohl der Klempner als auch eine spirituelle Beraterin bieten eine Dienstleistung an. Geld zu verdienen ist nicht *per se* schlecht.

Was darüber entscheidet, ob dein Unternehmen spirituell ist oder nicht, ist deine *Einstellung* Geld und deinem Unternehmen gegenüber. Geld hat in der spirituellen Gemeinschaft aus verschiedenen Gründen ein schlechtes Image. Vielleicht beruht das Spannungsverhältnis Geld/Spiritualität auf dem kollektiven Unterbewussten oder Erinnerungen an vergangene Leben als Mönch, der jedem körperlichen Komfort entsagt hat.

Selbst Buddha war der Meinung, dass mangelnde Aufmerksamkeit gegenüber den grundlegenden Bedürfnissen des Menschen kein Weg zur Erleuchtung ist. Er lehrte, wie wichtig es ist, sich um seinen Körper und seine Bedürfnisse zu kümmern, um auf seinem spirituellen Weg gedeihen zu können.

Anfangs sollte das Geld, das du mit deiner spirituellen Praxis verdienst, nicht dich, sondern das Marketing und dem Aufbau deines Unternehmens dienen. Ein neues Mainstream-Unternehmen erwartet ja auch nicht, gleich im ersten Jahr (oder sogar noch früher) schwarze Zahlen zu schreiben, und bei einem spirituellen Unternehmen sieht das nicht anders aus. Ein erfolgreiches, langlebiges Unternehmen braucht ein möglichst starkes finanzielles Fundament.

Der beste Rat, den ich dir bezüglich Geld und der Gründung eines spirituellen Unternehmens geben kann, besteht darin, zunächst deinen alten Job zu behalten. Ihn aufzugeben, ehe sich dein Unternehmen selbst tragen kann, ist der größte Fehler, den du machen kannst. Wenn du Probleme hast, deine Rechnungen zu bezahlen, ist es gut möglich, dass deine Energie durch Geldsorgen geprägt wird. Wenn du deine Kunden als wandelnde Geldbörsen betrachten musst, kann man mit großer Sicherheit davon ausgehen, dass die Kunden entweder gar nicht erst kommen oder dich kein zweites Mal aufsuchen.

Auf lange Sicht zahlt es sich oft aus, die Geschäftsausgaben langsamer wachsen zu lassen als das Unternehmen. Fang klein an, um Geldproblemen aus dem Weg zu gehen, und mach dir klar, dass du zunächst das Wachstum deines Unternehmens fördern musst, ehe das Unternehmen *dich* finanzieren kann. Vermutlich heißt das, dass du anfangs nicht alles anschaffen kannst, was du deiner Meinung nach für dein Geschäft brauchst. Aber eigentlich musst du gar nicht von Tag eins an mit einer schicken Broschüre oder der besten Massageliege auf dem Markt arbeiten. Einige Grundanschaffungen, über die wir später noch sprechen werden, solltest du dir aber auf jeden Fall leisten können, ehe du dein Geschäft eröffnest.

---

**Tipp #10 für dein spirituelles Unternehmen**

Es ist *nicht* unspirituell, sich ein Einkommen zu wünschen, mit dem du deine Rechnungen bezahlen kannst.

---

**LISA** Wie Cindy ja bereits erklärt hat, ist Geld nichts weiter als eine Form der Energiezirkulation aus Geben und Nehmen. Wenn du etwas geben willst, musst du auch etwas empfangen. Es ist ein Gesetz der Natur und des Universums, dass Gleichgewicht herrschen muss. Wenn du nur gibst, wird irgendwo Leid entstehen, bis das Gleichgewicht wiederhergestellt ist. Dieses Leid besteht meist in energetischer und materieller Erschöpfung deinerseits.

Ermögliche es dir also, energetisch und materiell aufzutanken. Darüber hinaus gilt: Je mehr du erhältst, desto mehr kannst du auch geben. Willst du mehr Menschen helfen, musst du mehr Geld verdienen – so einfach ist das!

Die Menschen haben unterschiedliche Einstellungen zum Thema Geld, und was für mich viel Geld ist, ist für dich vielleicht wenig. Deine Einstellung zum Geld kann sich verändern, so wie meine es getan hat. Ich bin in einer Familie aufgewachsen, die der soliden Mittelklasse angehörte. Wir konnten uns keine großen Sprünge leisten, und meine Eltern verzichteten auf vieles. Vielleicht liegt das daran, dass wir Chinesen sind und aus einer Kultur stammen, in der man hart arbeitet und sparsam mit seinem Geld umgeht. Durch meine Herkunft habe ich gelernt, mein Geld mit Bedacht auszugeben.

Ich weiß noch, dass ich für die Schule nur einen einzigen Kugelschreiber bekam, der auch noch billig und ein Wegwerfartikel war. Aber da ich nur diesen einen hatte, wusste ich, dass ich ihn nicht verlieren durfte und benutzen musste, bis die Tinte leer war. Erst dann kauften mir meine Eltern einen neuen.

Meine Sparsamkeit blieb mir auch erhalten, als ich erwachsen war und mein eigenes Geld verdiente. Egal, was ich kaufte: Ich achtete immer auf den Preis, was teilweise ein bisschen übertrieben war. Nach meiner Hochzeit sagte mir mein Mann, ich solle mir nicht so viele Gedanken machen, weil wir immer ein gutes Einkommen hätten, das mit der Zeit noch wachsen würde.

So kam es auch, und ich versuchte, meine Sparsamkeit, wegen der ich immer eine Lebenseinstellung des »Mangels« verspürte, ein bisschen in den Griff zu bekommen. Ich veränderte meine Auffassung zum Thema Geld hin zu der Ansicht, »mehr als genug« zu haben. Damit will ich nicht sagen, dass ich heute unbedacht mit Geld umgehe. Ich bin mir immer noch bewusst, was ich wann ausgebe. Nur meine Einstellung dazu hat sich verändert.

Dadurch verschoben sich Energie und Flow hin zu mehr Überfluss. Wichtig ist dabei, dass wir uns nicht einfach zurücklehnten und warteten, dass mehr Geld ins Haus kam – wir arbeiteten hart dafür. Hart für seine Ziele zu arbeiten und seine Einstellung dahingehend zu ändern, dass man glaubt: »Ich kann und werde mehr Geld verdienen«, macht es dir leichter, auch wirklich diese Richtung einzuschlagen.

Vielleicht hast du zum Thema Geld eine Einstellung des »Mangels«. Man sagt, dass man oft Geld ausgeben muss, um Geld zu verdienen, vor allem am Anfang. Aber gib dein Geld klug aus und arbeite hart daran zu erkennen, welche Investitionen wichtig für dein Unternehmen sind. Marketing zählt zu den besten Investitionen überhaupt, da es dir neue Kunden bringt.

Die Menschen wollen immer mehr vom Leben und suchen dann nach spirituellen und metaphysischen Möglichkeiten, Überfluss in Form von materiellen Dingen und Geld zu erschaffen. Aber das Universum kann dir diese Art von Überfluss nicht geben, ohne dass du etwas dafür tust. Als ich beschloss, mich wirklich auf mein Unternehmen zu konzentrieren und hart dafür zu arbeiten, dass es wuchs, bat ich das Universum darum, mir mehr Kunden zu bringen. Die Antwort, die ich erhielt, lautete: Erschaffe mehr Produkte und Dienstleistungen, die die Menschen kaufen können, und konzentriere dich aufs Marketing. Ich begriff, dass beides Arbeit und Weiterbildung erforderte. Man muss mehr darüber lernen, wie man sein Unternehmen erweitern kann. In meinem Fall bedeutete das ganz konkret zu lernen, wie man Marketing für meine Art von spirituellem Unternehmen betreibt, was ein niemals endender laufender Prozess ist und sein sollte – auch für dich.

Die Entwicklung eines Unternehmens erfordert beständige Weiterbildung, und genau damit beschäftigst du dich ja gerade, indem du dieses Buch liest! Zu lernen, wie man ein Unternehmen vermarktet, ist harte Arbeit. Um diesen Arbeitsprozess in Gang zu bringen, musst du deine Intentionen darauf ausrichten, ein Unternehmen aufzubauen, das ein Einkommen abwirft.

## Die Ausrichtung deiner Intentionen

---

**Tipp #11 für dein spirituelles Unternehmen**

Deine Handlungen liefern dem Universum die Energie, die es benötigt, um Überfluss zu erzeugen.

---

**CINDY** Es ist gut, deine Intentionen auf Überfluss auszurichten – aber Intentionen alleine bezahlen noch keine Rechnungen. Ängste können deine Intentionen außerdem ziemlich schnell aushebeln. Ich setze es mir immer noch zum Ziel, Überfluss anzuziehen, aber ich sorge gleichzeitig dafür, dass ich dabei pragmatisch und realistisch bleibe.

Deinen Intentionen und Zielsetzungen müssen Handlungen folgen. Wenn ich beispielsweise einen neuen Computer oder eine andere teure Anschaffung benötige, gehe ich folgendermaßen vor:

1. Ich rechne nach, wie viel Geld ich brauche.
2. Diesen Betrag »teile ich dem Universum mit«.
3. Ich lasse Taten folgen, meist in Form von besonderen Marketingaktionen oder indem ich schneller auf Kundenanfragen reagiere, um dem Universum Energie zur Verfügung zu stellen, mit der es arbeiten kann.
4. Ich vertraue darauf, dass das Geld kommen wird, kaufe den Gegenstand aber erst, wenn es auch wirklich da ist.

Auf Kredit kaufe ich einen neuen Computer erst, wenn der alte endgültig den Geist aufgegeben hat und mir keine andere Wahl bleibt. Allerdings setze ich mir schon dann mein Ziel und richte meine Intentionen und Handlungen darauf aus, wenn ich merke, dass mein Computer schwächelt, und nicht erst dann, wenn es schon zu spät ist. Außerdem schadet es nicht, sich ein kleines »Krisenpolster« zuzulegen. Das ist sogar sehr wichtig. Aber darüber sprechen wir später in diesem Kapitel noch.

Ich habe festgestellt, dass das Universum uns Hinweise auf drohende finanzielle Belastungen gibt, und solange ich den Kopf nicht in den Sand stecke, bleibt mir immer genügend Zeit, um das nötige Geld zu verdienen.

Nachdem ich meine Intentionen darauf ausgerichtet habe, wie viel Geld ich brauche, greift meine Vereinbarung mit Spirit, dass ich selbst ans Telefon gehe, statt den Anrufbeantworter einzuschalten. Dabei gibt es Grenzen: Ich hebe nur zwischen zehn und einundzwanzig Uhr ab. Der Effekt ist erstaunlich: Wenn ich selbst drangehe, bekomme ich regelmäßiger Anrufe und verdiene mehr Geld. Ich richte also nicht nur meine Intention, sondern auch meine Energie auf ein gutes Einkommen aus. Außerdem muss ich mein Marketing und meine Netzwerkarbeit steigern, um das Universum zu unterstützen.

Wenn du willst, dass das Universum deine Zielsetzung unterstützt, musst du die dafür nötige Energie zur Verfügung stellen. Diese Energie kann so aussehen, dass du selbst ans Telefon gehst oder eine Rundmail verschickst. Du musst kein Geld investieren – es kann auch Zeit oder Energie sein! Hier einige Vorschläge, wie du Energie bereitstellen kannst, ohne Geld zu investieren:

1. Besuche Veranstaltungen, die du normalerweise schwänzen würdest, damit deine Energie in der Gemeinschaft präsent bleibt.
2. Schreibe eine eMail mit einem »Monats-Special« und schicke sie herum.
3. Räume deinen Arbeitsbereich auf und stelle die Gegenstände um, damit die Energie aufgefrischt wird.
4. Gewöhn dir ein morgendliches Dankbarkeitsritual an für das, was du bereits hast.

5. Leiste gemeinnützige Arbeit und spende Kleidung oder andere Gegenstände.

Es ist nichts *Unspirituelles* daran, genügend Geld verdienen zu wollen, um seine Rechnungen bezahlen zu können und sich ein schönes Leben zu ermöglichen, und es ist auch nichts falsch daran, Spirit um entsprechende Hilfe zu bitten. Selbst der Heilige Franz von Sales wusste um die Wichtigkeit des Alltäglichen, und auch er bat um Hilfe aus höheren Sphären:

*Freunde dich mit den Engeln an,*
*die unsichtbar, doch immer bei dir sind.*
*Ruf sie beständig an, lobpreise sie beständig,*
*und nutze klug ihre Hilfe und ihren Beistand*
*in all deinen weltlichen und spirituellen Angelegenheiten.*

Eine weitere wichtige Lektion, die ich in meinen über zwanzig Jahren Berufserfahrung gelernt habe, besteht darin, kein Bargeld anzuhäufen, um es vor der Steuer zu verstecken – das ist reine Zeitverschwendung. Wenn du ein Unternehmen gründest, ist es ziemlich wahrscheinlich, dass du sowieso mehr Ausgaben als Einnahmen hast. Außerdem würdest du dem Universum damit die Botschaft mitteilen: *»Ich habe Angst, ich könnte zu wenig haben.«* Alle meine Einnahmen landen auf meinem Bankkonto, und ich verheimliche dem Finanzamt nichts.

## Gib etwas zurück

**CINDY** Wenn du deinen Beruf liebst – selbst wenn es nur dein Nebenjob ist –, brauchst du nicht mehr so viel Spielzeug, Schuhe oder andere Ablenkungen zu kaufen. Du sammelst weniger an und kannst mehr geben. Eine Möglichkeit, für finanziellen Überfluss zu sorgen, besteht darin, Dankbarkeit zu zeigen, indem du in irgendeiner Form etwas an die Gemeinschaft zurückgibst. Du kannst zum Beispiel kostenlosen Unterricht oder Sonderaktionen anbieten, was gleichzeitig auch als Marketingstrategie funktioniert, oder du leistest freiwillige Arbeit bei einer Organisation, an die du glaubst.

Ich habe dreizehn Jahre lang kostenlose Vorlesungen mit dem Titel »Interaktive Metaphysik« im Borders Bookstore gehalten – möge er in Frieden ruhen. Das war eine der schönsten Erfahrungen meines Lebens. Anfangs war das Ganze als Marketingaktion geplant. Ich war gerade erst in die Gegend gezogen und wollte so meinen Namen bekannt machen. Nach ein oder zwei Jahren war »Interaktive Metaphysik« mein Lieblingsabend im Monat und meine Art, der Gemeinschaft etwas zurückzugeben.

## Wie viel soll ich verlangen?

### Wo liegt das derzeitige Durchschnittshonorar?

---

**Tipp #12 für dein spirituelles Unternehmen**

Am Anfang sollte dein Honorar im Mittelfeld deiner Region liegen.

---

**CINDY** Eine gute Faustregel für den Anfang besteht darin, dass du als Honorar den Durchschnitt dessen verlangen solltest, was andere Praktizierende in deiner Region berechnen. Man sollte niemals zu den teuersten oder zu den billigsten Anbietern gehören. Bist du am billigsten, halten die Leute dich für »nicht so gut«, gleichzeitig assoziieren Kunden mit dem höchsten Preis aber nicht die beste Leistung. Finde heraus, was deine Kollegen verdienen. Wie schon erwähnt, solltest du selbst erleben, was Praktizierende auf deinem Gebiet im Angebot haben, und den vollen Preis dafür bezahlen. Nimm dir nach deinem Termin Zeit, um gründlich darüber nachzudenken, welchen Wert die Arbeit, die gerade an dir geleistet wurde, in deinen Augen hat. Schon bald bekommst du so ein Gefühl dafür, wie du im Vergleich zu anderen dastehst, und kannst einen angemessenen Preis für deine Leistungen festlegen. Ich kann es nur wiederholen: Achte darauf, nicht besonders teuer oder billig zu sein.

**LISA** Cindys Vorschlag, sich anzusehen, was andere in deiner Branche zu bieten haben und dafür verlangen, ist wichtig. So führst du deine eigene kleine Marktforschung durch und findest heraus, was die Menschen in deiner Umgebung tatsächlich zu zahlen bereit sind. Wenn dein Unternehmen auch Klienten anzieht, die weiter weg oder sogar im Ausland wohnen, solltest du trotzdem beim aktuellen und lokalen Durchschnitt für deine Tätigkeit bleiben. Ich arbeite mit Kunden aus der ganzen Welt, aber meine Preise sind in US-Dollar angegeben, und mein Preis wird auch nicht an die Herkunft meiner Kunden angepasst. Ich rechne im 30-Minuten-Takt ab, was sich für mich als besonders praktisch erwiesen hat.

Meine Preise für eine persönliche Beratung sind immer gleich, egal, ob es sich um eine Engelberatung handelt, eine private geführte Meditation oder Intuitionsunterricht. Bezahlt werde ich nach Zeit, so ist es für mich am einfachsten. Früher habe ich für manche Leistungen ein geringeres Honorar verlangt, doch jetzt ist das System einfacher und meine Kunden haben sich nie beschwert.

In der Vergangenheit habe ich festgestellt, dass eine 15-minütige Engelberatung am Ende meist mindestens dreißig Minuten lang war, weil die Kunden oft noch mehr wissen wollten. Deshalb ergab es keinen Sinn, in kürzeren Takten als dreißig Minuten abzurechnen. Andere Leser, so wie Cindy, rechnen in kürzeren Intervallen ab und variieren den Preis, so dass längere Sitzungen günstiger sind.

Solche Anreize, einen längeren Termin zu buchen, sind eine tolle Möglichkeit, verschiedene Dienstleistungsstufen anzubieten, um verschiedenen Bedürfnissen zu entsprechen, die vor allem bei Beratungen häufig vorkommen.

**CINDY** Lisa hat recht damit, dass verschiedene Anbieter Klienten mit verschiedenen Bedürfnissen haben. Der Großteil meiner Klienten bucht eine dreißig- bis sechzigminütige Sitzung. Die kürzeren Termine werden nur gebucht, wenn meine Klienten eine kurze Frage haben oder ein Thema vertiefen wollen, an dem sie gerade arbeiten. Außerdem sind Kurztermine hilfreich für Neukunden, die mich kennenlernen wollen, ohne gleich viel Geld bezahlen zu müssen.

## *Kostenlose vs. bezahlte Leistungen*

**CINDY** Wenn du deine Dienstleistungen kostenlos anbietest, führst du kein Unternehmen, sondern eine Wohltätigkeitsorganisation, die nach ganz anderen Prinzipien funktioniert. Wenn du eine Wohltätigkeitsorganisation gründen willst, nur zu! Auch dann kannst du Tipps zu Marketing und einige andere Inhalte dieses Buchs verwenden, um das Wachstum deiner Wohltätigkeitsorganisation zu fördern.

**LISA** Als ich in einer kostenlosen Zeitschrift Werbung machte, erhielt ich viele Nachfragen, ob ich auch honorarfrei arbeiten würde. Das hätte mich nicht überraschen sollen, aber ich musste mir einfallen lassen, was ich den Leuten denn nun antworten sollte. Ohne Geld lässt sich kein Unternehmen führen, ohne Unternehmen kann man seine Dienste nicht zur Verfügung stellen, und wenn man seine Dienste nicht zur Verfügung stellt, dann hat man kein spirituelles Unternehmen. Auch NGOs, also gemeinnützige Organisationen, verdienen Geld, um bestehen zu können. Ich biete »kostenlose« Lesungen im Rahmen meiner Radiosendung an. Wir öffnen häufig die Leitungen für Zuhörer, die anrufen und kurze Fragen an mich stellen können. Bei Nachfragen antworte ich also, dass man für eine kostenlose Lesung in meiner Sendung anrufen kann.

**CINDY** Hier werden wir wieder daran erinnert, wie wichtig es ist, seinen Kunden etwas zurückzugeben, sei es, indem man Artikel schreibt, in einer Radiosendung auftritt, kostenlose Vorträge hält oder vielleicht einen Wettbewerb ausruft, bei dem es honorarfreie Behandlungen zu gewinnen gibt.

Etwas zurückzugeben ist eine Win-Win-Situation! Die Kunden bekommen kostenlos etwas Wertvolles von dir, und du kannst deine Dienste anbieten und hast gleichzeitig die Möglichkeit, dich, dein Produkt und dein Können zu präsentieren.

## Wert und Selbstwert

### *Selbstwert*

**CINDY** Wenn Praktizierende Probleme damit haben, Geld für ihre Dienste zu verlangen, liegt das meistens daran, dass sie dem, was sie tun, zu wenig Wert beimessen.

Wenn auch du Probleme in diesem Bereich hast, solltest du einmal darüber nachdenken, was du als Einzelperson zu bieten hast, das anderen in deiner Branche fehlt. Vielleicht bist du besonders mitfühlend oder ein überdurchschnittlich guter Zuhörer. Vielleicht hast du eine bestimmte Technik erlernt und ihr deine ganz eigene Note verliehen.

Was hast du deinen Kunden, abgesehen von der Behandlungsmethode, noch zu geben? Bitte Personen, die deine Dienstleistung in Anspruch genommen haben, um Feedback, um herauszufinden, was genau an deiner Arbeit geschätzt wird. Wenn du danach immer noch Probleme hast, Geld zu verlangen, solltest du einmal in dich gehen, um herauszufinden, was dich blockiert und verhindert, dass du deinen wahren Wert erkennst und geltend machst.

---

**Tipp #13 für dein spirituelles Unternehmen**

Am meisten erfährst du über den Wert deiner Dienstleistungen, indem du die Arbeit von Kollegen aus deiner Branche selbst erlebst.

---

**CINDY** Worin besteht dein Wert? Welches Extra verleihst du deinem Beruf? Wenn du dieses Buch von Anfang bis Ende liest, hast du bereits erfahren, dass du deinen Wert am besten erkennst, indem du die Arbeit von Kollegen aus deiner Branche selbst erlebst. Wir erinnern uns: In Kapitel 2 hast du einen Blick darauf geworfen, was du anbietest, das andere Praktizierende nicht auf Lager haben, und wie deine Arbeit deine Klienten transformiert. Wie Lisa vorgeschlagen hat, solltest du dir außerdem Feedback einholen. Beide Techniken helfen dir, deinen Wert zu erkennen.

Wenn du dein Honorar festgelegt hast, hast du vielleicht trotzdem noch ein Problem damit, auch wirklich diesen Betrag zu verlangen. In diesem Fall solltest du dir jemanden suchen, der deine Termine für dich vereinbart. Nenn dieser Person dein Honorar und weise sie an, auch wirklich dabei zu bleiben und nicht zu verhandeln. Möchte ein Kunde unbedingt verhandeln, dann soll dein »Mittler« ihn bitten, dich persönlich anzurufen, und zwar zu einer Zeit, die günstig für *dich* ist.

Ist der Kunde bereit, diese Mühen auf sich zu nehmen und dir so weit entgegenzukommen, kannst du vielleicht eine einmalige Ausnahme machen und weniger verlangen oder dich auf einen Tauschhandel einlassen.

Allerdings rate ich dir davon ab, Tauschhandel zu praktizieren oder deine Preise an das jeweilige Einkommen deiner Kunden anzupassen. Bei gestaffelten Preisen kann der Kunde den unbewussten Eindruck bekommen, dass er mehr bezahlen müsste, um sein Leben wirklich verbessern zu können, oder dass er weniger wert ist oder nicht dieselbe Behandlung erfährt wie Kunden, die den vollen Preis bezahlen.

Tauschhandel solltest du deshalb vermeiden, weil am Ende meistens beide das Gefühl haben, schlecht weggekommen zu sein oder eine der beiden Parteien ein schlechtes Gewissen hat. Am Ende steht man besser da, wenn man sich gegenseitig bezahlt.

**LISA** Was den Preis betrifft, bin ich ganz Cindys Meinung. Bleib bei deinem Honorar! Häufig stellt man fest, dass man besser bezahlt werden könnte, als man anfangs dachte. Widersteh dem Drang, deine Preise zu senken, um Kunden anzulocken. Wenn du deine Preise einmal gesenkt haben, ist es nämlich schwer, sie wieder anzuheben. Versuch es lieber mit einem zeitlich begrenzten Sonderrabatt. So haben deine Kunden einen Anreiz, deine Dienstleistungen auszuprobieren, wissen aber von vornherein, dass du normalerweise mehr Geld verlangst.

## Meide Kunden mit Opferhaltung

**CINDY** Geh nicht der Opferhaltung deiner Kunden auf den Leim. Natürlich, das ist leichter gesagt als getan. Viele Menschen, die behaupten, sich dein Honorar nicht leisten zu können, möchten das Geld einfach lieber für etwas anderes ausgeben. Ich betrachte die spirituelle Beratung, die ich anbiete, nicht als Notwendigkeit, sondern als Luxus. Bei deiner Tätigkeit sieht das vielleicht anders aus. Wenn sich jemand mein Honorar nicht leisten kann, das ich für angemessen halte, habe ich nicht das Gefühl, ihn einer Sache zu berauben. Ich schlage solchen Kunden einfach vor, dass sie mich wieder anrufen, sobald sie sich die kürzeste Sitzung leisten können. Das Honorar dafür liegt derzeit bei einem Abendessen für zwei in einem Restaurant in meiner Wohngegend.

Einige Praktizierende berechnen ihr Honorar gestaffelt nach der Lebenssituation des Kunden. Aber damit wird der Kunde oft davon abgehalten, sein Leben in den Griff zu bekommen, da er sonst ja den vollen Preis bezahlen müsste! Lass den Kunden lieber sparen oder warten, bis er sich eine Sitzung (oder was du eben anbietest) leisten kann, anstatt zu riskieren, dass du zur Blockade wirst.

Es sind schon viele Bücher über Co-Abhängigkeit und das Problem der Blockierung oder Ermächtigung anderer geschrieben worden. Wenn du deinem Kunden dabei hilfst, dich nicht mehr zu brauchen, dann *ermächtigst* du ihn. Das beste Zeichen, dass du alles richtig machst, sind Empfehlungen von Klienten, die sich weiterentwickelt haben und ein unabhängiges, gesundes Leben führen und Respekt gegenüber deiner Arbeit zeigen, indem sie anderen Menschen dazu raten, deine Hilfe in Anspruch zu nehmen.

**LISA** Wie Cindy schon sagte, können sich die meisten Leute dein Honorar leisten, wollen aber handeln, weil sie auf einen Rabatt hoffen. Deshalb ist es einfacher, nicht zu viele verschiedene Preise anzubieten.

Ein Kompromiss sind kleine Vergünstigungen bei längeren Sitzungen, beispielsweise indem du für eine Viertelstunde fünfunddreißig und für eine halbe Stunde sechzig Euro verlangst. So haben deine Kunden einen Anreiz, eine längere Sitzung zu buchen.

## Qualität hat ihren Preis

**CINDY** »Qualität hat ihren Preis« ist mehr als nur ein Sprichwort – die Menschen glauben wirklich daran. Nichts sorgt so effektiv dafür, dass ein Kunde dich nicht ernst nimmt, wie eine billige oder – noch schlimmer – kostenlose Dienstleistung. Sobald du dein Unternehmen wirklich als Unternehmen und nicht mehr als Wohltätigkeitsorganisation oder Hobby betrachtest, solltest du dich also nicht mehr auf Tauschhandel oder Gratisbehandlungen einlassen. Du kannst immer noch Wettbewerbe oder Verlosungen organisieren oder Kunden, die du schätzt, Rabattgutscheine zukommen lassen. Ich selbst schicke manchmal meinen Kunden zum Geburtstag oder zu Weihnachten Rabattgutscheine.

Indem du Geld für deine Dienste verlangst, zeigst du dir selbst und allen anderen, dass deine Zeit und dein Talent Wert haben. Kostenlose Behandlungen solltest du nur während deiner Ausbildung anbieten, wenn du noch kein richtiges Unternehmen führst. Wie du in Kapitel 5 noch lernen wirst, kannst du damit nämlich neue Klienten anlocken.

Natürlich gibt es immer Ausnahmen. Beispielsweise habe ich eine Freundin, von der ich niemals Geld nehme – aber ich »verpacke« die Sitzung immer als Geburtstags- oder Weihnachtsgeschenk. Sie nutzt mich niemals aus, und wenn sie es täte, würde ich anfangen, mein normales Honorar von ihr zu verlangen.

**LISA** »Marktwert« lässt sich definieren als das, was der Markt – also deine Kunden – für deine Dienstleistungen zu zahlen bereit sind. Meine Honorare sind höher als die der meisten Praktizierenden, und zwar aus mehreren Gründen. Erstens glaube ich, dass ich es wert bin, und meine Kunden glauben das auch. Sie sind bereit, mein Honorar zu bezahlen. Zweitens halte ich durch meine Preise Klienten fern, die die Beratung nicht wirklich ernst nehmen, da diese mein Honorar nicht bezahlen würden.

Früher hatte ich auch günstigere Dienstleistungen in meinem Portfolio, aber inzwischen ist es einfacher, nur halbstündige und einstündige Sitzungen anzubieten, und meine Kunden scheint das nicht zu stören. Tatsächlich ist es so auch für sie einfacher, als eine Viertelstunde zu buchen und dann noch eine weitere anzuhängen, wenn sie mehr wissen wollen. Für die meisten Kunden waren fünfzehn Minuten zu wenig – und tatsächlich verlängern sie häufig sogar eine halbstündige Sitzung spontan auf eine volle Stunde.

## Geld von Freunden nehmen

**CINDY** Wenn du gerade erst anfängst zu praktizieren und noch kein Geld nimmst, kannst du etwas sagen wie: *»Sobald ich meine Praxis eröffne (mein Unternehmen anmelde etc.), wird dieses Angebot*

*X kosten.«* Wenn mich Freunde und Verwandte fragen, was meine Dienstleistung kostet – und das kannst du auch sagen, wenn sie dir nicht von selbst anbieten zu zahlen –, erwidere ich oft: *»Oh, die erste Sitzung ist kostenlos, aber wenn es dir geholfen hat und du noch eine Sitzung willst, berechne ich X.«* Danach ist es wichtig, auch wirklich dabei zu bleiben. Du kannst deine Dienste immer noch zum Geburtstag oder zu Weihnachten verschenken oder Rabattcoupons im Rahmen eines »Eröffnungs-Specials« verteilen. Aber achte unbedingt darauf, dass ein Ablaufdatum darauf steht!

**LISA** Fast alle meine Freunde rechnen damit, dass sie zahlen müssen, aber ich verlange kein Geld von ihnen, und sie nutzen das auch nicht aus. Von meiner Familie verlange ich ebenfalls kein Geld, und die meisten von ihnen drängen mich auch nicht zu kostenlosen Beratungen. Meistens wollen sie mich bezahlen, ich nehme ihr Geld aber nicht an.

## Wie werde ich bezahlt?

**CINDY** Sobald du weißt, was du verlangen willst, musst du herausfinden, wie du bezahlt werden willst. Heutzutage gibt es so viele Möglichkeiten, und da fast jeder eine Kredit- oder EC-Karte besitzt, solltest du darauf achten, in deinem Unternehmen entsprechende Bezahlmöglichkeiten anzubieten.

### Cash oder Karte?

**LISA** Bargeld, EC- und Kreditkarten sind die häufigsten Bezahlarten. Der Vorteil von EC- und Kreditkarten besteht darin, dass die Bezahlung garantiert ist, sobald die Transaktion bestätigt wurde. Das Geld landet dann direkt auf deinem Konto. Viele Kunden sind so sehr daran gewöhnt, mit Karte bezahlen zu können, dass sie gar kein Bargeld mehr bei sich haben. Der Nachteil besteht allerdings darin, dass du für jede Transaktion eine kleine Gebühr entrichten musst. Die ist die Unkompliziertheit von Kartenzahlungen allerdings meist wert. Auch Erstattungen funktionieren bei Kartenzahlungen ganz einfach, allerdings darfst du nicht vergessen, dass dann zweifach Gebühren fällig werden können, einmal bei der Zahlung und einmal bei der Erstattung des Betrags.

**CINDY** Ich kenne viele Praktizierende im spirituellen Bereich, die immer noch keine Karten akzeptieren. Nicht, dass man Zahlung per Karte oder PayPal anbieten *müsste* – aber ... Ich sag es trotzdem: Eigentlich ist es schon ein Muss.

Heutzutage haben viele Menschen gar kein Bargeld mehr bei sich und erwarten selbstverständlich, dass Kartenzahlung möglich ist. Außerdem bleibt einem gar keine andere Möglichkeit, wenn man seine Dienste auch telefonisch anbietet. Ich bin noch nie jemandem begegnet, der sich dazu überwunden hat, Zahlung per Karte oder PayPal zu akzeptieren, und diesen Schritt bereut hat.

Allerdings kenne ich Praktizierende – und dazu gehöre auch ich –, die es bereut haben, sich in das traditionelle Kreditkartensystem einer Bank integrieren zu lassen. Die Gebühren pro Zahlung sind mit den Jahren nämlich ganz schön hoch geworden. Außerdem muss hierfür meist ein Vertrag abgeschlossen werden, aus dem man nur schwer und unter hohen Kosten wieder herauskommt.

## Bezahlung online per Kreditkarte

**CINDY** Einem spirituellen Unternehmen von heute stehen viele verschiedene Möglichkeiten zur Kartenzahlung offen. Zu Anfang meiner Tätigkeit gab es nur traditionelle Bankoptionen für die Kreditkartenzahlung. Sie beinhalteten monatliche Gebühren und Transaktionsgebühren, die noch zu dem prozentualen Anteil an dem bezahlten Betrag hinzukamen. Ich musste sogar so tun, als wäre ich nicht als spirituelle Beraterin tätig, sondern im Einzelhandel für Esoterikbedarf, da ich zu einer Zeit anfing, als der Skandal um teure Bezahl-Hotlines von spirituellen Beratern gerade seine Blütezeit hatte.

Der Angestellte des Kreditkarteninstituts, mit dem ich verhandelte, riet mir zu schwindeln, womit ich mich sehr unwohl fühlte. In mehr als zwanzig Jahren ist es nur ein einziges Mal vorgekommen, dass einer meiner Kunden sein Geld zurückforderte, aber durch den Telefonmedienskandal haben wir aus Sicht der Banken alle einen schlechten Ruf.

Heutzutage muss man nicht einmal ein Unternehmen haben, um Kreditkarten akzeptieren zu können – selbst Studenten können online die Kosten für ihre Pizza per Karte teilen! Man braucht nur ein Smartphone, einen Computer oder ein Tablet mit Internetverbindung.

Achte darauf, die Angebote zu vergleichen. Ich beispielsweise zahle etwas mehr, wenn ich die Kartennummer von Hand eingebe, aber da ich häufig am Telefon arbeite, ist diese Option für mich nicht mehr wegzudenken.

**LISA** Das Internet hat unsere Arbeitsweise stark beeinflusst, vor allem was finanzielle Transaktionen betrifft. Inzwischen verbreitet sich zunehmend die eWallet- oder Cyberwallet-Technik, die es Kunden ermöglicht, dir mithilfe ihres Smartphones Geld zu schicken. Unter Kleinunternehmern ist es derzeit aber noch am weitesten verbreitet, Kreditkartenzahlungen via Internet anzunehmen.

Wie Cindy schon erwähnte, kannst du auch PayPal benutzen, was die wohl einfachste Methode ist. Damit kannst du online Kreditkartenzahlungen über einen privaten oder geschäftlichen PayPal-Account annehmen. Der Nachteil von PayPal besteht darin, dass das Geld nicht auf deinem Bankkonto, sondern auf deinem PayPal-Konto landet. Du musst das Geld dann manuell auf dein Bankkonto überweisen – was aber ein Klacks ist.

Bei anderen Verarbeitungssystemen für Kreditkartenzahlungen wird das Geld direkt auf dein Konto überwiesen. Einige Anbieter für diese Leistungen, die derzeit häufig von Kleinunternehmern genutzt werden, sind Square, Stripe, Intuit und Flint. Oft kostet die Einrichtung gar nichts, und du bezahlst nur die Transaktionsgebühren.

Wenn du ein Smartphone, einen Laptop oder ein Tablet nutzt, kannst du obendrein ein kleines Kartenlesegerät einsetzen. Aber auch am Telefon kannst du problemlos die Kreditkartendaten entgegennehmen und in die App oder auf der Webseite des Anbieters eintragen.

Ich selbst verwende das System von Intuit, bei dem man die Kreditkarte auch fotografieren kann, worauf die Nummer automatisch erkannt wird. Diese Systeme akzeptieren meist auch EC-Karten. Heutzutage spricht also nichts mehr dagegen, Kreditkartenzahlungen zu akzeptieren. Außerdem ist es so viel leichter, höhere Honorare entgegenzunehmen, wie sie beispielsweise bei meinen Wochenendseminaren anfallen.

## Was muss ich investieren?

**CINDY** Es ist wichtig, dass du dein Unternehmen auf einer soliden finanziellen Grundlage errichtest. Wenn du nicht genug Geld angespart hast, um dein Unternehmen angemessen aufzuziehen, wirst du es schwer haben, größeren Profit zu machen. Ein Start-up braucht ein Budget für den Launch, und es gibt Dinge, für die du Rücklagen gebildet haben solltest, ehe du deine Visitenkarten drucken lässts. All diese Dinge wirken wie Selbstverständlichkeiten – aber es sind schon viele spirituelle Unternehmen gescheitert, weil sie keine Rücklagen für eben diese Anfangskosten gebildet hatten. Vor allem ist es von größter Wichtigkeit, dass du dich selbst tragen kannst, ehe du den Bedürfnissen deines Unternehmens nachkommst.

## Eigenes Geschäftskonto

**CINDY** Ein eigenes Geschäftskonto zu unterhalten ist längst nicht mehr so teuer wie früher. Inzwischen bieten viele Banken kostenlose Konten an, die teilweise auch ein gebührenfreies Sparkonto beinhalten. Vor allem aus steuerlichen Gründen solltest du dir unbedingt ein eigenes Geschäftskonto zulegen. Mit der EC-Karte, die du dazu erhältst, kannst du all deine Geschäftsausgaben tätigen und diese so von deinen Privatausgaben getrennt halten.

Wenn die Zeit für die Steuererklärung gekommen ist, öffnest du dann einfach dein Buchhaltungsprogramm, das das ganze Jahr über alle Daten von deinem Geschäftskonto heruntergeladen hat, und ziehst einen Bericht für deinen Steuerberater mit allen Einnahmen und Ausgaben.

## Postfach

**CINDY** Wenn du keine Büroadresse hast, an die du dir deine geschäftliche Post schicken lassen kannst, empfehle ich dir, dir ein Postfach einzurichten. Die Kosten hierfür sind sehr gering. So lässt sich auch vermeiden, dass die Privatadresse auf Visitenkarten und Werbeunterlagen sowie der Webseite erscheint. Man will schließlich nicht eines Tages nachts von einem Kunden wachgeklingelt werden, der nicht bis zum nächsten Tag auf seine Beratung warten möchte!

## Computer

**CINDY** Für jedes kleine Unternehmen ist ein verlässlicher und möglichst neuer Computer unerlässlich – alleine schon, weil sich online viele kostengünstige Marketingmaßnahmen durchführen lassen. Du brauchst nicht gleich ein Apple MacBook Pro für tausend Euro zu kaufen, aber dein Computer sollte internetfähig und möglichst schnell sein und einen ausreichend großen Arbeitsspeicher haben, um auch größere Datenmengen schnell hoch- und herunterladen sowie Buchhaltungs-, eMail- und Datenbankprogramme sowie eine Bildbearbeitungssoftware von akzeptabler Qualität bewältigen zu können.

Wenn dein Unternehmen wächst, könnte es außerdem erforderlich sein, dass du deinen Kunden auch Webcasts und VoIP (Internet-Protokoll-Telefonie) anbietest.

Wenn du nicht viel von Computern verstehst, kann ich dir gar nicht genug ans Herz legen, ein paar Volkshochschulkurse oder ähnliches zu besuchen. Am Anfang mag es zeitsparend wirken, wenn du alle Computerarbeit von anderen erledigen lässt, aber das bedeutet auch, dass du bei jeder kleinen Änderung deinen Fachmann oder deine Fachfrau kontaktieren musst. Das ist umständlich und kostspielig, vor allem, wenn du nur etwas auf Facebook posten willst oder ein Sonderangebot oder einen neuen Artikel auf deiner Webseite hochladen möchtest.

## *Die passende Internetverbindung*

**CINDY** Das Internet ist deine Verbindung zu vielen deiner Kunden und Marketingmöglichkeiten. Du musst schnell auf eMails, Chat-Anfragen und Kontaktformulareingaben reagieren können. Auch für die Betreuung deiner Webseite, deines Social-Media-Accounts und so weiter brauchst du eine Internetverbindung, die nicht nur schnell, sondern auch zuverlässig sein sollte.

Es muss weder der schnellste noch teuerste Zugang sein, aber je langsamer dein Internet, desto mehr Zeit brauchst du dafür, auf Kundenanfragen zu reagieren und dein Unternehmen zu vermarkten. Zeit ist Geld – und außerdem ist mir meine geistige Gesundheit wichtig. Wenn ich ins Ausland reise und die Internetverbindung dort miserabel ist, steht ein Großteil meines Unternehmens still. Ich kann nur frühmorgens oder spätnachts auf Anfragen reagieren, wenn das Internet verhältnismäßig schnell ist. Außerdem kann ich nicht mit meinen Klienten skypen, ohne Geld für eine schnellere Internetverbindung zu bezahlen, und auch das funktioniert nicht immer. Ich habe schon viel Geld verloren, nur weil das Internet langsam und unzuverlässig war.

## Telefone

**CINDY** Über die verschiedenen Telefonoptionen haben wir bereits in Kapitel 3 gesprochen. Du kannst dich zwischen normalem Festnetzanschluss, einer Handynummer, einer Internet-Telefonnummer und/oder VoIP wie Skype entscheiden. Online-Telefonnummern gibt es sogar kostenlos. Lisa hat dir diesbezüglich einige hilfreiche Tipps gegeben und sogar eine Möglichkeit genannt, wie du an eine kostenlose Telefonnummer gelangen kannst.

## Gesprächsmitschnitte

**CINDY** Nicht alle Arten von spirituellen Unternehmen machen eine Aufzeichnung der Kundengespräche erforderlich, aber wer spirituelle oder spirituelle Beratung, Coaching oder eine andere Form von Arbeit praktiziert, in der mit dem Kunden gesprochen wird, kann solche Aufzeichnungen als Extra anbieten, durch das er anderen Praktizierenden einen Schritt voraus ist.

Am Modernsten sind Aufnahmen auf CD oder als mp3. Eigentlich sind sogar CD-Aufnahmen schon aus der Mode. Es ist nicht leicht, immer auf dem neuesten technischen Stand zu bleiben, aber das sollte keine Ausrede sein, um nicht so zeitgemäß wie möglich zu arbeiten. Du kannst online einen CD-Rekorder kaufen. Billig ist das nicht – mein letztes Modell, ein Roland CD-2i, hat mich siebenhundert Dollar gekostet! Für nicht einmal fünf Dollar habe ich zusätzlich ein Add-on gekauft, mit dem ich über Skype mp3s meiner Kundensitzungen aufzeichnen kann.

Du kannst dir auch einen mp3-Rekorder zulegen und die mp3-Dateien per eMail verschicken oder auf eine CD brennen.

Kürzlich habe ich mir für zehn Dollar eine App heruntergeladen, mit der ich meine Handytelefonate aufnehmen kann. Diese neue Option ist sehr nützlich, und inzwischen nutze ich immer häufiger mein Handy statt meiner Festnetznummer für meine Beratungen.

**LISA** Ich habe früher auf Kundenwunsch hin Aufzeichnungen meiner Sitzungen angefertigt. Für das Telefon hatte ich ein ausgeklügeltes System, das die Aufnahmen auf meinen Computer übertrug, und für persönliche Termine einen Kassettenrekorder. Aber die Technologie hat sich so schnell weiterentwickelt! Inzwischen biete ich keine Aufzeichnungen mehr an, was vor allem daran liegt, dass es so umständlich war, die Aufnahmen auf CD zu übertragen und an den Klienten zu versenden, aber auch daran, dass die Kunden die Gespräche selbst auf ihrem Smartphone oder einem anderen Gerät mitschneiden können.

Wenn du diesen Service anbieten möchtest, kannst du beispielsweise eine Aufnahme-App herunterladen, und auf vielen Smartphones gibt es sowieso schon eine Mitschnitt-Funktion. Die Klangqualität ist dabei meist ziemlich beeindruckend!

## Versicherungsmakler und Anwalt

**LISA** Was meinst du? Musst du unbedingt einen Anwalt oder Versicherungsmakler beauftragen? Doch eigentlich nur, wenn du ihn brauchst, und das ist selten der Fall.

Versicherungen sind immer eine kluge Entscheidung, nicht bloß für deine Arbeitsumgebung, sondern auch für dich selbst. Eine Haftpflichtversicherung ist wichtig, um dich vor möglichen Unfällen seitens deiner Klienten zu schützen. Wenn du bereits eine Hausrat- und Haftpflichtversicherung abgeschlossen hast, dann wirf doch einmal einen Blick auf das Kleingedruckte – vielleicht deckt diese ja noch andere Dinge mit ab!

Leider gibt es keine gesonderten Versicherungen für spirituelle Berater, aber es gibt verschiedene Möglichkeiten, Berufshaftpflichtversicherungen für Reiki und andere Formen der Energieheilung abzuschließen. Wenn du Unterricht gibst oder Seminare und Workshops anbietest, kann auch eine Eventversicherung nützlich sein – bei einigen Räumlichkeiten ist so eine Versicherung sogar verpflichtend! Nach entsprechenden Angeboten kannst du online suchen.

**CINDY** Ich habe eine Zusatzversicherung, die mich bei einigen Unfallformen schützt, beispielsweise, wenn ein Kunde auf meiner Treppe stürzt. Aber es lohnt sich, eine Berufsversicherung abzuschließen und einen Zusatz anzufügen, der auf deine speziellen Bedürfnisse ausgerichtet ist. Am besten führst du ein ehrliches Gespräch mit deinem Versicherungsmakler über deine Tätigkeit und den Ort, an dem du sie ausführst, damit er dir ein passendes Angebot zusammenstellen kann.

**LISA** Natürlich solltest du nicht abwarten, bis du wirklich einen Anwalt brauchst, sondern bereits einen entsprechenden Kontakt in deinem Adressverzeichnis haben, den du bei allen rechtlichen Fragen bezüglich deines Unternehmens ansprechen kannst.

Sagen wir beispielsweise, du willst ein Büro oder eine Praxis anmieten, aber der Mietvertrag sieht etwas komplizierter aus als das, was du aus Verträgen für privaten Wohnraum kennst. Vielleicht möchtest du auch einmal einen Vertrag mit einem anderen Unternehmen oder einer Privatperson abschließen. Lass den Anwalt den Vertrag durchsehen und dich bei Verhandlungen von ihm beraten, damit du am Ende zu einem fairen und für dich vorteilhaften Ergebnis kommst. Ein Anwalt kann außerdem sicherstellen, dass du keine Klauseln übersiehst, die Nachteile für dich bedeuten könnten.

Außerdem solltest du dich dringend mit dem Thema Haftbarkeit auseinandersetzen. Du kannst deine Haftbarkeit durch die Gründung gewisser Unternehmensformen, beispielsweise einer GmbH, einschränken – und es gibt noch weitere Möglichkeiten.

Lass dich nicht von der Fülle an Informationen einschüchtern – die Sache ist halb so wild! Der Vorteil bei dieser Entscheidung liegt darin, dass du nur beschränkt haften musst, wodurch dein privates Vermögen nicht gefährdet wird.

Sprich unbedingt mit einem Anwalt und einem Steuerberater über dieses Thema. Jede Möglichkeit hat rechtliche und steuerliche Vor- und Nachteile – finde mithilfe von Fachleuten heraus, was sich für dich am besten eignet!

## Steuerberater

**CINDY** Dass du dir einen Steuerberater für dein Unternehmen zulegst, sollte eine Selbstverständlichkeit sein. Es gibt viele Möglichkeiten, seine Buchhaltung zu erledigen, aber ganz gleich, wie du dabei auch vorgehst – die Steuern für ein kleines Unternehmen selbst zu erledigen, kann dazu führen, dass du zu wenige oder, was noch schlimmer ist, die falschen Dinge absetzt. Dein Steuerberater kann dir außerdem dabei helfen, eine Buchhaltungs-Software einzusetzen, oder dir zumindest beibringen, wie du deine Quittungen sortieren musst.

In Abhängigkeit von deinem Jahresumsatz und dem Produkt oder der Dienstleistung, die du anbietest, musst du eventuell Umsatzsteuer zahlen, und das vielleicht sogar mehrmals im Jahr. Ein guter Steuerberater kann dir bei diesem komplizierten Thema helfen – verlass dich hier besser nicht auf den Rat von Freunden und Bekannten, sondern höre auf einen Spezialisten!

**LISA** In einen Steuerberater zu investieren, ist ein Muss, vor allem deshalb, weil die Steuersituation für Unternehmen etwas komplexer ist als für Privatpersonen. Nutze alle verfügbaren steuerlichen Vergünstigungen aus! Ein Steuerberater kann hierbei von unschätzbarem Wert sein und weiß außerdem genau, welche Ausgaben du absetzen kannst und welche nicht.

Außerdem kann er dir beibringen, wie du deine Geschäftsausgaben von deinen Privatausgaben trennst, was die steuerliche Absetzung erleichtert. Wenn du beispielsweise einen Raum in deinem

Haus oder einen Privatcomputer für die Arbeit nutzt, kannst du unter bestimmten Umständen Teile davon absetzen.

Cindy und ich sind keine Steuerberaterinnen, deshalb werden wir dir hier auch keine konkreten Ratschläge geben, bis auf den einen: Es ist wirklich nicht sehr schwer, einen guten Steuerberater zu finden, und schon in der Gründungsphase deines Unternehmens ist sein Rat Gold wert – genauso wie später, wenn die erste Steuererklärung ansteht.

## *Buchhaltungssoftware*

**CINDY** Ich nutze eine Buchhaltungssoftware, die sich direkt mit meiner Bank verbindet und dort Informationen downloaded. So kann ich jede Transaktion in die richtige Kategorie einordnen. Ich kümmere mich fast täglich darum, damit ich nicht vergesse, wofür ich was gekauft habe, und das Ganze dauert höchstens ein paar Minuten. Ich versuche außerdem, möglichst alle Geschäftsausgaben mit EC-Karte zu tätigen, damit ich 1. mehr als nur die Quittung als Beleg habe, und 2. nur das Geld ausgeben kann, das ich auch wirklich auf dem Geschäftskonto habe.

Meine Software Quicken for Mac ermöglicht es mir auch, Einkäufe mit Bargeld einzutragen. Am Jahresende ziehe ich einfach einen Bericht, den ich an meinen Steuerberater weiterleite.

Es gibt Smartphone-Apps, mit denen du auf Geschäftsreisen deine Ausgaben nachvollziehen kannst. Sie ermöglicht es dir, Fotos von Quittungen zu machen und alle Informationen in eine Kalkulationstabelle downzuloaden. Dank der modernen Technik kannst du deine Einnahmen und Ausgaben so genau nachvollziehen, dass es keine Entschuldigung mehr dafür gibt, die Profitabilität deines Unternehmens aus dem Blick zu verlieren oder dich mit dem »Schuhschachtel-Ablagesystem« für deine Quittungen herumschlagen zu müssen, wenn die Zeit für die Steuererklärung gekommen ist.

**LISA** Buchhaltungsprogramme – egal ob online oder für den PC – sind eine große Hilfe für die Organisation der finanziellen Seite deines Unternehmens. Ich nutze Quickbooks für meine geschäftliche Buchhaltung und Quicken für meine privaten Finanzen. Beides wurde von Inuit entwickelt und existiert schon seit über zwanzig Jahren. Mein erster Quicken-Eintrag stammt aus dem Jahr 1994! Inzwischen gibt es noch viele weitere Anbieter, aber diese beiden dürften – zumindest in den USA – die gängigsten sein.

Du kannst diese Programme auch mit deinem Bankkonto verknüpfen und alle Transaktionen downloaden. Ich downloade außerdem meine Kreditkartentransaktionen, damit meine Buchhaltungsprogramme immer auf dem neuesten Stand über meine Ausgaben sind. Jede Transaktion kannst du nach Art von Einnahme oder Ausgabe kategorisieren und am Jahresende Berichte darüber anfertigen, mit was du Einnahmen gemacht und für was du Geld ausgegeben hast.

Beispielsweise kannst du eine Kategorie für Marketing einrichten, in der du die Kosten für Druckwerbung und/oder Onlinewerbung einträgst. Der Bericht zeigt dann alle Transaktionen, die mit diesem Thema zu tun hatten. Für meinen Steuerberater ist das ziemlich praktisch, weil ich alle nötigen Informationen für meine Steuererklärung als übersichtliche Einnahmen-/Überschussrechnung ausdrucken kann und er alles beisammen hat, um schnell arbeiten zu können.

Mithilfe dieser Programme kannst du auf einen Blick erkennen, ob und wie viel Gewinn du machst. Es ist sofort ersichtlich, wie viel Geld du wofür ausgibst, beispielsweise für Rente, Büroartikel, Porto oder Werbung. So kannst du deine Ausgaben leicht steuern, weil du immer weißt, wo Einsparungen nötig sind und wo du mehr investieren solltest. Außerdem weißt du auf einen Blick, ob du genug Einnahmen machst, damit sich dein Unternehmen selbst tragen kann.

## Kundendatenbank

**LISA** Lass dich von dem Wort »Datenbank« nicht abschrecken! Eine Datenbank ist nichts weiter als eine Möglichkeit, Informationen zu organisieren und zu speichern. Schon ein Adressbuch oder eine Liste mit Namen, eMail-Adresse und Telefonnummer ist eine Form von Datenbank.

Als Kleinunternehmer willst du im Blick behalten können, wer Interesse an dir gezeigt, Produkte gekauft oder deine Dienstleistungen in Anspruch genommen hat. Welcher Kunde hat wann welche Geschäfte mit dir getätigt? Wann ist der Kunde das letzte Mal bei dir gewesen? So kannst du herausfinden, welche Kunden dich am häufigsten aufgesucht haben und was wichtig ist (mehr darüber in Kapitel 6), weil Kunden, die bereits etwas von dir gekauft haben, mit hoher Wahrscheinlichkeit wieder bei dir kaufen werden.

Je besser du deine Kunden kennst, desto leichter ist es, eine Beziehung zu ihnen aufzubauen. Im Unternehmensjargon bezeichnet man das als Kundenpflege, Customer-Relationship-Management oder kurz CRM, und die Computerprogramme, die man dafür verwendet, nennt man Customer-Relationship-Managementsysteme.

## *Die Kundendatenbank auf deinem Computer*

**CINDY** Je mehr Kunden du hast, desto wichtiger ist es, einen Überblick über Namen, eMail- und Postadressen sowie Transaktionen zu behalten. Aber das ist kein Problem. Es gibt verschiedene Online- und In-House-Datenbanken. Ich habe eine riesige Kundendatenbank mit mehr als 7.000 Klienten und Schülern. Wenn ich beispielsweise alle Kunden aus Texas finden will, kann ich nicht einfach die gesamte Liste manuell durchsuchen. Ich brauche eine Datenbank mit einer guten Suchfunktion.

Da ich ein bisschen altmodisch bin, schicke ich meinen besten Kunden immer noch gerne Weihnachtskarten, weshalb ich nicht nur die eMail-, sondern auch die Postadressen speichere. Da ich nicht nur als spirituelle Beraterin, sondern auch als Numerologin arbeite, trage ich außerdem die Geburtstage meiner Kunden ein. Wenn ich eine Aushilfe habe, versende ich sogar

Geburtstagskarten. Ich kann dir versichern, dass sich die Kunden jedes Mal riesig freuen, wenn sie statt einer eMail eine richtige Postkarte bekommen!

Wie du dir vorstellen kannst, ist die altmodische Post teuer, weshalb ich dafür sorge, dass jeder Brief auch eine Marketingmöglichkeit darstellt. Den Weihnachtskarten füge ich Vorschläge für Weihnachtsgeschenke aus meinem Sortiment hinzu, den Geburtstagsglückwünschen einen Rabattcoupon. Natürlich verschicke ich keine 7.000 Weihnachtskarten, sondern durchsuche meine Datenbank nach Kunden, die im vergangenen Jahr zwei oder mehr Sitzungen gebucht oder mehrere Produkte gekauft haben und schicke nur ihnen eine »echte« Weihnachtskarte.

Meine übrigen Kunden bekommen eine eMail-Version, in der ich auch Specials bewerbe. Du siehst also: Es ist wichtig, über eine Datenbank mit Suchfunktion und der Möglichkeit zu verfügen, Adressaufkleber auszudrucken. 300 und mehr Weihnachtskarten von Hand zu schreiben, ist nämlich richtig viel Arbeit! Beim Marketing setze ich mehr und mehr auf eMails, die in den meisten Hinsichten finanziell lohnenswerter sind.

Eine gute Datenbank verrät dir außerdem, wo deine Marketingmaßnahmen am meisten fruchten. Wenn du beispielsweise deine Kunden fragst, wie sie von dir erfahren haben, kannst du die Antworten in die Datenbank eintragen und am Jahresende oder jedes Quartal einen Bericht ziehen. So erkennst du, ob deine Webseite, deine eMails, deine bezahlten Anzeigen oder Mundpropaganda die beste Werbung für dich machen.

Diese Art von Informationen ist von unschätzbarem Wert und ohne eine gute Datenbank fast unmöglich zu managen. Solange dein Unternehmen noch in den Kinderschuhen steckt, reicht es vielleicht, die Kundendaten in einer Kalkulationstabelle zu speichern. Aber je größer dein Unternehmen wird, desto unpraktischer wird diese Lösung. Eine Kalkulationstabelle ist deshalb immer noch besser als eine Schuhschachtel oder ein Adressbuch! Hier einige Funktionen, die das Datenbankprogramm, für das du dich entscheidest, mitbringen sollte:

- DURCHSUCHBAR: Du musst nach fast möglichst allen Feldern der Datenbank filtern können.
- DRUCKFUNKTION FÜR ADRESSETIKETTEN: Vielleicht wirst du nur selten Postsendungen verschicken, aber die Möglichkeit sollte vorhanden sein.
- FELDERVIELFALT: Du brauchst mehr als nur Felder für Namen und Adresse. Vielleicht willst du auch das Geburtsdatum oder das Datum des letzten Kundentermins eintragen oder welche Produkte oder Dienstleistungen der Kunde gekauft hat.
- ANPASSBARE FELDER: Dein Unternehmen ist einzigartig, und deshalb solltest du die Daten nach deinen Vorstellungen in selbst erstellte Felder eintragen können.
- ZUGÄNGLICHKEIT: Anfangs mag das noch ein unwichtiges Thema sein, aber wenn du später beruflich oder privat reist, solltest du auch von außerhalb Zugriff auf deine Datenbank haben.
- SICHERHEIT: Die Privatinformationen über deine Kunden sind heilig, und das solltest du unbedingt respektieren.

Sicherheit ist vor allem im Umgang mit Kreditkarten wesentlich – denn hier hat sie auch eine juristische Komponente. Ich habe einige Kunden, die mir ihre Kreditkartendaten nicht jedes Mal von Neuem geben wollen und mich bitten, sie zu speichern. Ich bewahre diese Daten niemals auf dem Computer auf, sondern in einem altmodischen Karteikartensystem, das ich wegschließe. Durch Bezahlmöglichkeiten wie PayPal muss ich glücklicherweise immer seltener Zugriff auf Kreditkartendaten haben, um Zahlungen entgegenzunehmen.

**LISA** Allgemein solltest du die Kreditkartendaten nicht aufbewahren, nachdem die Transaktion mit deinem Kunden abgeschlossen ist, und zwar aus einem einfachen Grund: Sollte es jemals zu einem Kreditkartenbetrug mit dieser Nummer kommen, hast du vielleicht ein Haftungsproblem. Mit Online-Services zur

Kreditkartenverarbeitung bist du davor geschützt, da die Daten dort nicht gespeichert werden. Entsprechend ist es ratsam, einen Dienst wie PayPal in Anspruch zu nehmen.

**CINDY** Du wirst deine technischen Möglichkeiten immer wieder updaten und neue und bessere Wege entdecken, dein Unternehmen zu betreuen. Das Datenbankprogramm, das du heute kaufst, ist morgen vielleicht schon wieder veraltet. Leg dir immer etwas Geld für Updates zur Seite, damit du mit zunehmendem Wachstum deines Unternehmens auch neue technische Optionen wählen kannst, die dir das Leben leichter machen.

Meine Datenbank ist der wohl einzige Aspekt meines Unternehmens, bei dem ich Probleme hatte, eine gute Version für meinen Mac zu finden. Ich habe viel Geld für das Mac-Programm ausgegeben und musste dann immer wieder in persönliche Beratungen im MacStore investieren, um mir Tipps zu holen, wie ich die Datenbank aufbauen soll. Im Augenblick funktioniert sie, aber ich habe das Geld zurückgelegt, um zuzuschlagen, sobald ein besseres Online-Datenbankprogramm zur Verfügung steht.

Mein Unternehmen wächst, und meine Bedürfnisse verändern sich. Wenn ein neues Produkt meinem immer komplexer werdenden Berufsalltag besser gerecht wird, muss ich überprüfen, ob mein wachsender Umsatz die Kosten für ein neues Datenbankprogramm tragen kann. Ich wäge Kosten gegen Effizienz ab und treffe dann eine Entscheidung. Alt und Neu befinden sich in ständigem Fluss, und es ist unrealistisch, seinen letzten Cent für ein neues Produkt auszugeben, weil man denkt, man würde es die nächsten zehn Jahre über benutzen.

Am Ende dieses Kapitels werden wir noch über das sprechen, was ich als finanzielles »Krisenpolster« bezeichne.

## *Online-Kundendatenbank*

**LISA** Ein eMail-Marketingprogramm eignet sich sehr dafür, den Überblick über seine Kunden zu behalten, besonders in meinem

Fall, da mir meine potenziellen Kunden als erste Information meist ihre eMail-Adresse mitteilen. Die meisten eMail-Marketingprogramme verfügen über alle Informationsfelder, die du benötigst, und du kannst weitere Felder hinzufügen, wenn dich noch andere Informationen interessieren.

Ich kategorisiere meine Kunden danach, wie sie auf mich gestoßen sind, welche Kurse sie bei mir belegt haben und welche Produkte sie gekauft haben. So sehe ich auf einen Blick meine gemeinsame Geschichte mit jedem Kunden. Außerdem kann ich das eMail-Marketingsystem nutzen, um meine Kunden zu »segmentieren« und spezifische eMails zu verschicken, deren Inhalt nur für einen Teil meiner Kunden interessant sein dürfte.

Das ist besonders praktisch, weil man nicht seinen gesamten Kundenstamm mit Haufen von eMails bombardieren will. Die Programme sind inzwischen so schlau, dass du beispielsweise auch eMails nur an die Kunden verschicken kannst, die in den vergangenen sechs Monaten eine deiner Nachrichten geöffnet haben, am häufigsten Nachrichten von dir geöffnet haben oder in einem bestimmten Teil des Landes oder Welt leben.

Eine Onlinekundendatenbank, die kleine Unternehmen kostenlos nutzen können, ist Zoho CRM. Ich habe das Programm mit meinem eMail-Marketing-Programm MailChimp synchronisiert, damit die Adressen in beiden auf demselben Stand sind. So weit musst du natürlich nicht gehen, und du kannst problemlos auch mit dem Adressbuch auf deinem Computer arbeiten, beispielsweise Outlook für Windows oder Contacts für Mac.

Ich füge meiner Datenbank immer zwei Zusatzkategorien hinzu: Wie mich meine Kunden gefunden haben – beispielsweise über meine Webseite oder durch einen Vortrag – und für was sie ihr Geld bei mir ausgegeben haben, beispielsweise für einen Kurs oder für eine Privatsitzung. Es gibt zahlreiche Onlinedatenbanken von unterschiedlicher Komplexität. Die meisten von ihnen dienen dazu, den Verkaufsprozess nachvollziehbar zu machen.

## Ein zuverlässiges Transportmittel

**CINDY** Ein zuverlässiges Auto oder anderes Transportmittel ist von zentraler Bedeutung, wenn du dein Unternehmen gründest. Wenn du in der Stadt wohnst, solltest du bequem per Bus und Bahn erreichbar sein. Viel Marketing findet direkt in deinem Büro statt. Wenn du nicht zu deinen Kunden gelangen kannst und diese nicht zu dir, führt dein spirituelles Unternehmen ganz wortwörtlich ins Nirgendwo!

## Das »Krisenpolster«

**CINDY** Angenommen, du hast ein Unternehmen gegründet, und es läuft: Du hast einen relativ neuen Computer, ein gutes Auto und hältst eine Menge Veranstaltungen ab, die im Radius einer Tagesfahrt von deinem Zuhause entfernt sind. Nun lass drei weitere Jahre vergehen. Jedes Jahr hat dein Auto 15.000 Kilometer mehr auf den Buckel bekommen, so dass der Zählerstand jetzt bei über 80.000 angekommen ist. Außerdem brauchst du neue Reifen, Bremsen, und der TÜV ist fällig. Dein Computer ist inzwischen ebenfalls fünf Jahre alt und zu langsam für all die neuen Programme, die du nutzt.

Sagen wir, du weißt, dass du in den kommenden Monaten tausend Euro in einen neuen Computer investieren müssen, und außerdem brauchst du fünfhundert Euro für die Reifen und vielleicht noch einmal denselben Betrag für den TÜV. Außerdem ist dir bewusst, dass du irgendwann in den nächsten Jahren ein neues Auto wirst kaufen müssen. Krise! Wo willst du die zweitausend Euro hernehmen, die du jetzt schon brauchst, und woher den doppelten Betrag, wenn du dir einen soliden Gebrauchtwagen anschaffen musst?

An diesem Punkt könnte dein spirituelles Unternehmen in Schwierigkeiten geraten, weil du nicht vorausgeplant hast. Wenn du dir mit dem Tag der Unternehmensgründung auch ein Krisenpolster zugelegt hättest, würde das Geld allerdings schon bereit liegen. Wenn du nur sechzig Euro im Monat beiseitegelegt hättest, lägen jetzt bereits 2.160 Euro auf deinem Sparkonto! Da in der Zwischenzeit sicher auch ein paar andere kleine Zusatzkosten angefallen sind, würde ich dir empfehlen, den doppelten Betrag beiseitezulegen. Aber jetzt geht es erst einmal darum, dass du das Prinzip verstehst.

Wenn man bedenkt, wie lange Computer halten und wie schnell sie veralten, kannst du davon ausgehen, dass du dir alle drei bis fünf Jahre ein neues Gerät kaufen musst. Überleg dir außerdem, wie viel du druckst und was eine Druckerpatrone kostet. Wie viel verlangt dein Steuerberater? Wie hoch ist die Miete für das kommende Jahr? Es geht nicht nur um die Dinge, die du ersetzen musst – auch steigende Grundkosten, einmalige Ausgaben wie teure Autoreifen oder andere Notfälle können mit einem dicken Krisenpolster abgefedert werden.

Natürlich lässt sich nicht alles planen, aber auf die meisten Ausgaben kannst du dich vorbereiten. Ich rate dir übrigens dazu, auch für private Anschaffungen ein Krisenpolster einzurichten. Das Geschäftliche sorgt dafür, dass dein Unternehmen nicht gleich völlig zum Stillstand kommt, wenn der Weg einmal etwas holpriger wird.

Nun, wo du alles hast, was du in finanzieller Hinsicht zum Erfolg benötigst, werden wir dir in den folgenden Kapiteln einige Marketingtechniken nahebringen, mit denen du Kunden anziehst, Resonanz mit ihnen erzeugst und sie durch Synergieeffekte in Langzeitkunden verwandelst.

# Wie du dein spirituelles Unternehmen vermarktest: ANZIEHUNG

---

**Tipp #14 für dein spirituelles Unternehmen**

Durch die Vermarktung deines spirituellen Unternehmens bietest du potenziellen Kunden die Möglichkeit, dich kennenzulernen.

---

**LISA** Bei der Vermarktung deines spirituellen Unternehmens geht es vor allem um eines: dass potenzielle Kunden dich und deine Produkte kennenlernen. Durch Marketing können Menschen, die dein Angebot brauchen, auf dich aufmerksam werden und dich finden. Es kommt oft vor, dass jemand ein spirituelles Unternehmen gründet, sich aber davor scheut, Marketing zu betreiben, weil er oder sie glaubt, dass es dabei nur um aggressive Verkaufsstrategien geht. Aber die Wahrheit sieht anders aus. Eigentlich geht es nämlich um das Gesetz der Anziehung, darum, die Kunden anzuziehen, die schon auf der Suche nach dir sind, und dann eine Verbindung zu ihnen aufzubauen, indem du eine Beziehung mit ihnen eingehst, die im Laufe der Zeit noch vertieft wird.

Kunden anzuziehen gehorcht den gleichen Gesetzen wie die Entstehung einer Freundschaft oder einer Liebesbeziehung. Der Anfang besteht darin, eine Person zu suchen, die sich gut als Freund oder Beziehungspartner eignen könnte.

Wenn wir der Metapher weiter folgen, würdest du ungefähr so vorgehen: Du begegnest jemandem, von dem du dich angezogen fühlst, stellst dich vor und plauderst ein wenig mit ihm, um herauszufinden, ob Gemeinsamkeiten bestehen. Ihr erfahrt mehr übereinander und möchtet dann vielleicht den nächsten Schritt wagen und einen Kaffee miteinander trinken, zusammen Essen oder in eine Bar gehen.

Bei euren Gesprächen entdeckt ihr vielleicht gemeinsame Interessen. Du bemerkst, dass du dich in Gesellschaft deines Gegenübers wohlfühlst, und willst mehr Zeit mit ihm oder ihr verbringen. Vielleicht geht ihr zusammen ins Kino oder in ein Museum. Und langsam, aber sicher entwickelt sich eine richtige Beziehung, die vielleicht in einer Ehe mündet.

Auch wenn es dir vielleicht noch nicht aufgefallen ist: Kunden suchen Anbieter von spirituellen Dienstleistungen nach demselben Prinzip aus. Betrachten wir die Sache einmal aus ihrer Sichtweise. Als Kunde sucht man nach einem Dienstleister, zu dem man sich hingezogen fühlt, nach jemandem, der die Dinge anbietet, für die man sich interessiert, und der sie in einer Weise anbietet, mit der man sich wohlfühlt.

Der Kunde stellt Nachforschungen an und stößt auf Marketingmaterial, vielleicht in Form einer Webseite oder einer Broschüre. Er will mehr herausfinden und besucht eine kostenlose Unterrichtsstunde oder Erstberatung oder liest ein Buch oder einen Artikel des Praktizierenden. Es entsteht eine Beziehung zu dieser Person – vielleicht diskutiert der potenzielle Kunde nach dem Unterricht kurz mit dem Praktizierenden oder hört sich einen Vortrag an.

Man fühlt sich wohl, man ist angetan von dem, was man sieht und hört, und deshalb geht man den nächsten Schritt und erwirbt das Produkt oder nimmt die Dienstleistung in Anspruch. Anfangs will man noch kein Risiko eingehen und entscheidet sich für eine kleinere Variante. Aber wenn spontan eine starke Resonanz mit dem Praktizierenden entsteht, fasst man vielleicht Mut und entscheidet sich für ein größeres Paket. Das entspricht in etwa der »Liebe auf den ersten Blick«.

Man nimmt immer größere Dienstleistungen in Anspruch oder kauft teurere Produkte. Die Beziehung wächst, und man wird zum Stammkunden, der immer wiederkommt. Nun ist eine »feste Beziehung« entstanden – im Unternehmerjargon bezeichnet man das als Kundentreue.

Diese Schritte lassen sich in drei Abschnitte unterteilen: Anziehung, Resonanz und Synergie. 1. Ziehe potenzielle Kunden an, indem du dich vorstellst und sie auf dich aufmerksam machst. 2. Finde heraus, ob zwischen dir, deiner Arbeit und dem potenziellen Kunden Resonanz entsteht, indem du ihr oder ihm die Möglichkeit bietest, deine Dienstleistung oder deine Produkte auszuprobieren. Und schließlich 3. erzeuge Synergieeffekte zwischen deinem Angebot und den Wünschen und Bedürfnissen des Kunden, denn dadurch entsteht Kundentreue. Entsprechend können wir spirituelles Marketing herunterbrechen auf: Anziehung, Resonanz, Synergie.

---

**Tipp # 15 für dein spirituelles Unternehmen**

Spirituelles Marketing kann auf drei Bereiche heruntergebrochen werden: Anziehung, Resonanz und Synergie.

---

**CINDY** Fast jeder, der ein spirituelles Unternehmen gründet, hat damit angefangen, dass er selbst Interesse an spirituellen Dienstleistungen hatte. Mach dir klar, dass Marketing keine Zumutung und kein unerwünschtes Eindringen ist, sondern eine Möglichkeit, auf ein vorhandenes Bedürfnis zu reagieren.

Warum sollte etwas Schlechtes oder Aufdringliches daran sein, die Menschen wissen zu lassen, dass du genau das anbietest, was du selbst früher einmal gesucht hast oder vielleicht sogar immer noch suchst? Ich gehe davon aus, dass jeder, der dieses Buch liest, begeistert wäre, wenn er wüsste, wann ein kostenloser Vortrag zu dem Thema stattfindet, das ihn interessiert, oder eine kostenlose Probestunde gebucht werden kann.

Scheu dich also nicht, Informationen darüber zu verbreiten, was du zu bieten hast. Stell dir gutes Marketing als einen Zusatzservice vor, den du im Angebot hast.

## Das spirituelle Gesetz der Anziehung im Marketing – wie man dich kennenlernt

### Anziehung und Vermarktung – wofür?

**LISA** Eigentlich ist es ganz einfach: Wenn du dein Unternehmen nicht vermarktest und dadurch potenzielle Kunden auf dich aufmerksam machst, können diese nicht wissen, dass es dich gibt, was du anbietest und wie sie von deinem Unternehmen profitieren können. Außerdem hilft Marketing dir dabei, das Gesetz der Anziehung zu aktivieren, indem du deine Intentionen entsprechend ausrichtest. Um anderen erfolgreich dabei zu helfen, dein spirituelles Unternehmen zu finden, musst du die Verantwortung dafür übernehmen, auf sie zuzugehen und sie wissen zu lassen, dass du und deine Dienstleistungen existieren!

Das spirituelle Gesetz der Anziehung ist deine Möglichkeit, eine Verbindung zu potenziellen Kunden aufzubauen und auf sie zuzugehen. Dieses Gesetz besagt, dass das, womit du dich gedanklich auseinandersetzt, seinen Weg zu dir findet. Wenn du das Ziel hast, Kunden anzuziehen, die auf der Suche nach den von dir angebotenen Dienstleistungen sind, sorgen deine entsprechenden Gedanken energetisch dafür, dass die Kunden auch kommen.

In gewisser Weise kann man es sich so vorstellen, dass deine Kunden energetisch bereits auf dich warten und Marketing ihnen dabei hilft, dich auch zu finden. Durch Marketing setzt du das spirituelle Gesetz der Anziehung in Kraft, so dass du eine Beziehung zu deinem Kunden aufbauen kannst, indem du die dafür nötige Arbeit leistest.

Dies sind die Hauptschritte, um das Gesetz der Anziehung zu aktivieren:

- Richte deine Intention aus: Sei dir im Klaren darüber, was du willst, und betrachte es als bereits realisiert.
- Handle – arbeite aktiv auf dein Ziel hin.
- Lass los – das Universum erfüllt dein Ziel.

Dein Unternehmen zu vermarkten bedeutet, dass du aktive Maßnahmen ergreifst, um die Menschen darauf aufmerksam zu machen, wer du bist und was du tust – und zwar so, dass die Kunden dich auch finden können! *Anziehung* ist der erste Schritt im Marketingprozess aus Anziehung, Resonanz und Synergie. Es gibt viele traditionelle und auch aufregende neue Methoden, diese Anziehung zu bewirken und Kunden zu finden, die zu deiner Arbeit passen. Im Folgenden werden wir sie alle kennenlernen.

**CINDY** Wenn du das Gesetz der Anziehung nutzt, solltest du dir bewusst sein, dass deine emotionalen und geistigen Zustände die zu ihnen passende Energie anziehen. Wenn du beispielsweise niedergeschlagen oder frustriert bist, weil dein Unternehmen nicht in die Gänge kommt, kann es passieren, dass du Klienten mit denselben Problemen anziehst. Es ist ratsam, die Energie der Kunden, die du anziehst, im Auge zu behalten, um sicherzugehen, dass du selbst die bestmögliche Energie hervorbringst.

Manchmal ist eine Rose einfach eine Rose und du hast einen übellaunigen Kunden, aber wenn dieser Kundentyp so häufig bei dir auftaucht, dass du ein Muster ausmachen kannst, solltest du dich mit dir selbst auseinandersetzen. Ich weiß, dass ich weniger Kunden habe, wenn ich gerade eine schwierige Lebensphase durchlaufe. Es scheint, als wollte das Universum nicht, dass ich mit Menschen arbeite, wenn ich mich nicht in einem positiven Gemütszustand befinde. Energiesensible Klienten spüren deine energetische Unausgeglichenheit und kommen vielleicht einfach nicht. Du führst ein spirituelles Unternehmen und wirst vermutlich Kunden haben, die sich deiner Energie möglicherweise nicht offen bewusst sind, aber spüren können, ob du positive und gesunde Schwingungen verbreitest.

Ich habe außerdem festgestellt, dass Kunden, die ich als wandelnde Brieftasche betrachtet habe, nicht zurückgekehrt sind. Ich glaube, dass Kunden es spüren, wenn deine tieferliegende Motivation nicht gut für sie, sondern nur für dein Bankkonto sind. Deshalb ist es so wichtig, ein zweites Einkommen zu haben, bis sich dein Unternehmen mindestens ein Jahr lang selbst tragen konnte. So verbreitest du nämlich keine Energie, die einem »Armutsbewusstsein« entspringt. Kunden stört es nicht, wenn du Geld verdienst, aber sie könnten die »Armutsenergie« spüren, die du verbreitest, und auf diese reagieren.

**LISA** Ich sehe das genauso. Als ich einmal beschloss, dass ich nur noch Schüler anziehen wollte, die bereit waren, Stunden zu buchen, für die ich mehr verlangte, konnte ich meine teureren Kurse durchaus füllen. Aber ich verlor damals sogar Schüler in den Kursen, die fast nichts kosteten.

## Was soll vermarktet werden?

**LISA** Jetzt fragst du dich vielleicht, was du überhaupt vermarkten sollst. Die Antwort lautet: dich selbst! Das Wichtigste in jedem Kleinunternehmen ist es, sich selbst als Anbieter oder Anbieterin eines Produkts oder einer Dienstleistung zu vermarkten.

Deine potenziellen Kunden wollen wissen, warum sie ausgerechnet zu dir kommen sollen. Sie wollen sehen, wodurch du dich von anderen unterscheidest.

Die Leute interessiert es, wessen Hilfe sie da in Anspruch nehmen, und deshalb ist es wichtig, dass du zeigst, warum du genau die richtige Person bist, um ihnen zu helfen. In dieser Hinsicht ist Authentizität von großer Wichtigkeit, nicht nur bei der Ausübung deiner Dienstleistung selbst, sondern auch beim Marketing. Die

Leute wollen dich so sehen, wie du bist, und nicht jemanden, der du glaubst, sein zu müssen.

**CINDY** Mir ist aufgefallen, dass sich viele Klienten eine Meinung über mich bilden, nachdem sie ein Bild von mir gesehen haben – natürlich geht es dabei nicht darum, ob ich dick oder dünn bin, sondern darum, ob ich nahbar und herzlich wirke. Außerdem scheint es ihnen zu gefallen, dass ich sie auf meiner Webseite auf eine vertrauliche und lockere Weise anspreche. Ich achte beim Marketing sehr darauf, nicht zu umgangssprachlich oder unprofessionell zu klingen, gleichzeitig will ich aber, dass die Leser an meinem Tonfall erkennen können, wer ich bin.

Auf meiner Webseite finden sich auch Reiseaufnahmen von mir, damit die Klienten einen Eindruck von meinen Lebenserfahrungen und Interessen gewinnen. Wenn du die Leute in dein Leben hereinbittest, werden sie auch eintreten.

**LISA** Rücke bei deinem Marketing die Ergebnisse deiner Arbeit und nicht die Einzelheiten deiner Dienstleistung oder deines Produkts in den Vordergrund. Es ist wichtig, dass die Menschen durch dein Marketing erfahren, in welcher Form du ihnen bei der Transformierung ihres Lebens helfen kannst. Es geht also nicht darum, was genau du tust oder deinen Kunden gibst, sondern darum, wie deine Kunden ganz direkt von deinem Angebot profitieren.

Ein Beispiel: Ein spirituelles Unternehmen, das Menschen dabei hilft, Stress zu reduzieren und durch Meditation innere Klarheit zu erlangen, transformiert Menschen, die ängstlich, gestresst und gehetzt sind, in ruhigere, ausgeglichene und effektivere Personen, was mehr Glück und Leistungsfähigkeit bedeuten kann.

**CINDY** Den Punkt, den Lisa gerade hervorgehoben hat, vergesse ich häufig. Ich schreibe zu viel über meine Vorgehensweise und zu wenig über den Nutzen, den meine Kunden daraus ziehen! Ich sehe aber, wie viel besser die Effekte sind, wenn wir uns weniger auf den Prozess und mehr auf die Ergebnisse konzentrieren. Wenn Kunden einschätzen können, wie sie von dir profitieren, kannst du nicht nur eine Verbindung zwischen deinem Angebot und den Bedürfnissen deiner Kunden herstellen, sondern auch deinen eigenen Fokus und deine Stärken besser verstehen.

## Wie du durch Marketing ANZIEHUNG ausüben kannst

**LISA** Der erste Schritt in Sachen Anziehung besteht darin, sich ein Ziel zu setzen, also deine Intentionen auszurichten und deinen Wunsch zu formulieren. Bei der Anziehung geht es nicht darum, den Kunden einzuwickeln und zu manipulieren, auch wenn das häufig mit Verkauf assoziiert wird. Tatsächlich geht es beim Verkaufen einfach nur darum, jemanden über die Vorteile von etwas aufzuklären. Dein Wunsch besteht darin, dich mit Menschen zu verbinden, die Dienstleistungen oder Produkte haben möchten, die ihnen dabei helfen, ihr Leben oder zumindest einen Teil davon zu transformieren. Du kannst deinen Wunsch also folgendermaßen ausdrücken: *»Ich sehe die perfekten Kunden und Klienten, die meine Dienstleistungen/Produkte wollen, jetzt vor mir und ziehe sie an.«*

Der zweite Schritt besteht darin, deiner Intention Handlungen folgen zu lassen. Es gibt eine Geschichte, in der ein Mann Gott fragt: »Ich bete jeden Abend darum, dass ich im Lotto gewinne, aber ich habe immer noch nicht gewonnen. Warum erhörst du meine Gebete nicht?« Und Gott antwortet: »Komm schon, hilf mir ein Bisschen, kauf dir ein Los.« Du musst handeln, damit das Universum dir deinen Wunsch erfüllen kann.

Deiner Intention kannst du dadurch Handlungen folgen lassen, dass du die Menschen wissen lässt, was du anbietest und wo sie dich finden können. Und genau das ist Werbung. Werbung ist eine tolle Möglichkeit, aktiv zu werden, und dank des Internet-Marketings kann man sich heutzutage auch für wenig Geld hocheffektive Werbung leisten.

Aber ganz gleich, ob du das Internet nun nutzt oder nicht: Am besten wirbst du zunächst auf lokaler Ebene, also dort, wo du wohnst oder wo dein Unternehmen angesiedelt ist. Du kannst auf vier verschiedene Arten werben: durch persönliche Auftritte, durch Printanzeigen, in Radio und Fernsehen (jeweils traditionell oder im Internet) und durch Partnerschaften.

Du brauchst nicht alles davon umzusetzen – such dir eine oder zwei Möglichkeiten aus, die dir zusagen. Wir werden jede von ihnen einzeln durchsprechen, damit du herausfindest, worum es dabei geht und was am Effektivsten ist.

## Wie du durch Werbung mehr Menschen erreichst, auf die du ANZIEHUNG ausüben kannst

---

**Tipp #16 für dein spirituelles Unternehmen**

Im Internet kannst du für wenig Geld Werbung machen und eine eng zugeschnittene Zielgruppe erreichen.

---

**LISA** Werbung ist eine großartige Möglichkeit, auf ganz einfache Weise viele Menschen zu erreichen. Durch das Internet kannst du für wenig Geld Werbung schalten, mit der du eine Zielgruppe erreichst, die genau zu deinem Angebot passt. Auch traditionelle Werbung, beispielsweise in Printmedien, ist effektiv und kann sich auf lange Sicht auszahlen.

Dabei ist es aber wichtig, immer im Auge zu behalten, dass Werbung dazu dient, für deine Kunden oder potenziellen Kunden sichtbar zu bleiben. Es geht also darum, sie daran daran zu erinnern, dass es dich gibt und dass du aktiv bist.

Oft muss ein Kunde eine Werbung viele Male sehen, ehe er tatsächlich zum Telefon greift, um einen Termin zu vereinbaren, oder in deinem Laden vorbeischaut. Sicher fallen dir viele Beispiele ein, bei denen es dir selbst genauso ergangen ist! Je häufiger wir mit einem Namen konfrontiert werden, desto wahrscheinlicher ist es, dass wir mit dieser Person Geschäfte machen wollen.

Eine der schönsten Äußerungen, die ich jemals bei meinen Veranstaltungen zu hören bekam, stammte von einer Klientin, die mir sagte, sie hätte meinen Namen überall gesehen. So wusste ich, dass mein Marketing funktionierte. Du solltest außerdem darauf achten, dass dein Budget für Werbung in einem Rahmen liegt, den du aufrechterhalten kannst.

Denk darüber hinaus daran, dass jede Form von Unterricht, jede Anwendung deiner Dienstleistungen und jeder öffentliche Vortrag eine Form der Werbung ist. Mir ist aufgefallen, dass mich ungewöhnlich viele Menschen fragen, was ich sonst noch im Angebot habe, nachdem ich verstärkt Veranstaltungen abgehalten oder als Rednerin besucht habe.

Auf Veranstaltungen und dergleichen solltest du immer auch Material über andere Dienstleistungen, Produkte oder Gegenstände auf Lager haben, selbst wenn es vielleicht gerade um ein anderes Thema geht. So kannst du eventuelle Interessenten mit zusätzlichen Informationen versorgen, und wenn dich niemand direkt darauf anspricht, hast du immer noch die Möglichkeit, dein übriges Angebot zumindest zu erwähnen.

## *Wann sich bezahlte Anzeigen lohnen*

**LISA** So groß dein Widerstand gegen Werbung auch sein mag – gib ihn auf. Werbung führt tatsächlich zu Umsatz, auch wenn du das vielleicht noch nicht einsehen möchtest. Außerdem ist Online-Werbung viel billiger als Printwerbung, und du kannst Menschen auf der ganzen Welt erreichen. Auf Facebook beispielsweise kannst du schon für ein bis zwei Euro pro Tag werben – auch wenn die Spanne bis zu Tausenden von Euro am Tag reicht!

Du kannst außerdem so genau bestimmen, wer deine Werbung überhaupt sieht, wie es bei Printwerbung niemals möglich wäre, und das erhöht die Chancen, dass deine Anzeige einen Kunden zu dir führt, natürlich immens. Im Internet kannst du ganz einfach auf Social-Media-Plattformen werben und so Tausende von Menschen erreichen, an die du mit Printwerbung niemals herankämst, ohne dich zu ruinieren. Ich habe beispielsweise früher zwischen vier- und fünfhundert Dollar für eine monatliche Anzeige in einer kostenlosen regionalen Zeitschrift bezahlt, die sich an meine Zielgruppe richtete.

Inzwischen habe ich festgestellt, dass Facebook viel effektiver ist, um Interessenten auf meine Webseite aufmerksam zu machen, wo sie am Ende meine Produkte kaufen. Diese Anzeigen zielen nämlich genau auf diejenigen potenziellen Kunden ab, die Interesse an meinen Dienstleistungen und Produkten haben.

**CINDY** Werbung kann sehr teuer sein, und ein zukünftiger Kunde muss eine Anzeige etwa sechs Mal hintereinander sehen, bevor er tatsächlich bei dir kauft. Eine Anzeige, die du nur einmal schaltest, ist reine Geldverschwendung. Investier dein Werbebudget klug. Setz die Werbekosten ins Verhältnis zu den Produkten oder Dienstleistungen, die du verkaufen müsstest, um die Ausgaben für die Anzeige wieder hereinzubekommen. Im Augenblick werbe ich in einem lokalen Monatsmagazin für spirituelle und ganzheitliche Themen. Die Anzeige kostet mich 25 Dollar im Monat – das sind dreihundert Dollar im Jahr. Wenn ich mit meinem derzeit günstigsten Beratungstermin rechne, muss ich sieben Verkäufe tätigen, um die Ausgabe wieder hereinzubekommen.

Wenn ein Kunde eine längere Sitzung bucht, muss ich weniger Sitzungen verkaufen, um die Anzeige finanzieren zu können. Da ich meist längere Sitzungen durchführe, sind also schätzungsweise vier Verkäufe pro Jahr nötig, um die Anzeige zu finanzieren. Meistens bringt mir die Anzeige mehr Sitzungen ein als diese vier, aber die Zahlen schwanken. Rechne deshalb nicht mit kurzen Zeiträumen wie einem Monat, sondern betrachte die Einnahmen, die du durch eine Anzeige erzielst, längerfristig, also beispielsweise auf ein ganzes Jahr gerechnet.

## ANZIEHUNG – online durch soziale Medien und Netzwerken

**LISA** Fast alle haben heutzutage irgendein Gerät, mit dem sie online gehen können, sei es ein Smartphone, ein Tablet oder ein Computer. Die Leute sind süchtig nach ihren Geräten und nutzen sie ständig. Deshalb ist es heute im Internet-Zeitalter auch viel einfacher, sich mit potenziellen Kunden zu verbinden und eine Beziehung zu ihnen aufzubauen. Durch die sozialen Medien, in denen Menschen »zusammenkommen« – beispielsweise Facebook oder LinkedIn – kannst du mithilfe von Onlinemarketing ganz einfach Kunden anziehen.

Es tauchen ständig neue Social Networking-Seiten auf, während andere an Bedeutung und Beliebtheit verlieren. Du musst also diesbezüglich immer auf dem neuesten Stand bleiben.

**CINDY** Bei jeder Form von sozialem Netzwerken ist es wichtig, dass deine »Seite« aktiv bleibt. Selbst wenn du nur ein hübsches Bild mit einem spirituellen Sprichwort darauf postest, ist das besser als eine stagnierende Seite. Wenn du es nicht schaffst, mindestens alle paar Tage einen Beitrag zu posten, solltest du die Seite lieber schließen. Die Menschen wollen sehen, dass du engagiert und aktiv bist – und stagnierende Seiten zeigen das genaue Gegenteil, auch wenn das in Wahrheit vielleicht gar nicht der Fall ist und du gerade einfach nur furchtbar viel zu tun hast. Versuch deshalb auf jeden Fall, immer ein wenig Zeit für die Betreuung deiner Seite(n) einzuplanen.

Auf Facebook ist es inzwischen – auch via Hootsuite – beispielsweise möglich, den Erscheinungstermin eines Beitrags zu planen. Du schreibst also etwas, lässt es aber automatisch zu einem späteren Zeitpunkt online stellen. So kannst du alle Beiträge für die nächste Woche auf einen Schlag vorbereiten und sie so erscheinen lassen, als hättest du deine Seite täglich betreut.

Genauso wichtig ist es aber, nicht zu viel zu posten. Wenn einem Abonnenten deine Beiträge zu viel werden, könnte er dich nämlich blocken. Ich selbst habe schon einige User geblockt, die alle zehn Minuten etwas posten. Wenn du viel Aufregendes zu erzählen hast, solltest du die Planungsfunktion nutzen und deine Beiträge auf einen größeren Zeitraum verteilen.

In sozialen Netzwerken solltest du außerdem darauf achten, dass deine Beiträge nicht nur für deine Freunde, sondern öffentlich sichtbar sind. Du willst ja, dass deine Abonnenten deine Beiträge liken und reposten können, und wenn deine Sicherheitseinstellungen zu streng sind, kann dein Post niemals viral werden! Achte aber darauf, deine Worte und Bilder mit Bedacht zu wählen, wenn alle Inhalte öffentlich sind. Politische Aussagen, Tiraden und private Themen solltest du lieber in eMails verschicken oder nur für eine bestimmte Personengruppe sichtbar machen.

**LISA** Soziale Medien wie Facebook, YouTube, Twitter oder LinkedIn sind beliebte Werbeflächen, da sie günstig sind und ein großes Publikum erreichen.

Du kannst kostenlos eine Facebook-Seite einrichten, die als gratis Unternehmensprofil fungiert und etwas anders aussieht und funktioniert als eine normale »private« Facebook-Seite. Dann erstellst du Facebook-Werbung für diese Seite oder deine Webseite. Auf deinem privaten Facebook-Profil kannst du keine Werbung schalten. Auf Facebook zu werben, um mehr »Likes« für deine Seite zu bekommen, ist ein mächtiges Werbeinstrument. Je mehr du postest, desto enger werden sich deine »Follower« an dich binden. Durch Facebook eine Kundenbindung aufzubauen, ist ebenfalls eine Form des Onlinemarketings.

Facebook-Werbung ist günstig und extrem wirksam. Das Beste an Facebook ist, dass du deine Werbung genau auf bestimmte Zielgruppen »loslassen« kannst. Wenn du beispielsweise nur Frauen zwischen 35 und 65 Jahre erreichen willst, die sich für Yoga und Pilates interessieren und in München leben, kannst du deine Facebook-Werbung so einrichten, dass sie nur Mitgliedern gezeigt wird, die diese Kriterien erfüllen. Mit Printwerbung lässt sich dieser Effekt nur schwer erzielen.

**CINDY** Es ist eine frustrierende Tatsache, dass nicht alle deine Facebooks-Posts im Feed aller deiner Freunde und Follower auftauchen. Was man auf seiner Facebook-Seite sieht, hängt davon ab, mit welchen Posts man auf welche Weise durch »Gefällt mir«-Angaben oder »Teilen« interagiert. Wenn du die Posts von einer bestimmten Seite nie markierst, werden sie dir irgendwann gar nicht mehr angezeigt.

Deshalb solltest du ab und zu eine Kampagne fahren, bei der deine Follower etwas dafür bekommen, wenn sie deinen Post mit »Gefällt mir« markieren oder teilen – beispielsweise kannst du einen kostenlosen Termin verlosen. Es spielt keine Rolle, was du verschenkst, wichtig ist nur, dass es wertvoll genug ist, um einen Anreiz zu schaffen. So stellst du nicht nur sicher, dass deine Follower deine Posts auch weiterhin sehen, sondern wirst auch für die Freunde deiner Follower sichtbar.

Ich habe diese Taktik angewendet, als *Meditieren leicht gemacht* erschien. Zu gewinnen gab es fünf signierte Ausgaben, und wenn man den Post, in dem es natürlich um das Buch ging, teilte, nahm man automatisch an der Verlosung teil. So bekamen wir eine Menge kostenlose Werbung für das Buch – und investieren mussten wir nur fünf Exemplare und das Porto.

Eine Unternehmensseite auf Facebook, die ein Interessent nur liken muss, und eine persönliche Facebook-Seite, auf der du dich mit deinen Followern anfreunden musst, haben jeweils Vor- und Nachteile. Wenn du gerne Events veranstaltest, empfiehlt sich beispielsweise eine persönliche Facebook-Seite, denn du kannst die Leute, die deine öffentliche Seite geliked haben, nicht zu Veranstaltungen einladen. Seit Veranstaltungen zu einem immer beliebteren und erfolgreicheren Marketingwerkzeug geworden sind, hat sich das zu einem regelrechten Problem entwickelt.

Ich habe zwei Facebook-Seiten und alle Follower meiner Unternehmensseite auf Facebook auch als Freunde auf meine persönliche Seite eingeladen – um den Preis, dass ich jetzt etwas vorsichtiger mit dem sein muss, was ich auf meiner persönlichen Seite poste. Aber es kam schon vor, dass mir Follower sagten, es würde ihnen Spaß machen, mich bei meinen Reisen um die Welt zu »begleiten« und dass sie sich richtig auf meine privaten Posts freuen.

Was ich damit sagen will: Sogar meine privaten Ferien haben sich als hervorragendes Marketingwerkzeug entpuppt! Ich achte darauf, auf beiden Seiten Inhalte zu publizieren, und hier kommt Hootsuite ins Spiel, ein Programm, mit dem du Social-Media-Inhalte verwalten kannst. Ich achte darauf, nicht auf beiden Seiten dieselben Posts zu publizieren, da sich die Abonnenten überschneiden.

Noch ein Wort zu Facebook und anderen sozialen Netzwerken: Sorge dafür, dass deine Posts eine positive Schwingung verbreiten! Ja, dein Tag mag hart gewesen sein und du würdest jetzt gerne stöhnen und jammern, aber statt deine Kunden etwas davon spüren zu lassen, solltest du lieber mit einem Freund sprechen. Bitte außerdem Verwandte und Bekannte, dich nicht auf peinlichen, politischen oder sonstwie kritischen Beiträgen zu taggen, die du nicht mit der Öffentlichkeit teilen möchtest.

Das empfiehlt sich zwar auch dann, wenn du nicht in der Öffentlichkeit stehst, ist für einen Praktizierenden im spirituellen Bereich aber besonders wichtig. Unterm Strich gilt: Wenn du einen Post verbreiten willst, nutze eine Unternehmens-Facebook-Seite. Wenn du zu einer Veranstaltung einladen willst, eignet sich eine persönliche Seite besser. Deshalb nutze ich beides.

**LISA** Auf YouTube kannst du Links in deine Videos einbauen, mit denen du die User auf eine beliebige Webseite führen kannst. Im Augenblick ist dieser Service noch kostenlos. Du darfst auf YouTube zwar keine reinen Werbevideos posten, aber es ist möglich, ein Video hochzuladen, in dem du deine Webseite verlinkst. Außerdem kannst du in der Beschreibung des Videos mit deiner Webseite verlinken oder eine bezahlte YouTube-Anzeige schalten. Auch auf YouTube lässt sich die Zielgruppe recht genau einkreisen, beispielsweise kannst du Geschlecht, Altersgruppen und Wohngegenden festlegen und sogar Videos vorschlagen, in denen du deine Anzeige gerne zeigen möchtest. Während du auf Facebook meist per Text oder Bild mit einem Link zu einem Video oder einer Webseite wirbst, nutzt du auf YouTube ein Video mit Links.

Auch Twitter kann nützlich sein. Dort darfst du allerdings nicht mehr als 140 Zeichen verwenden, mit denen du aber gut eine kleine Werbebotschaft mit einem Link zu deiner Webseite oder deinem Blog unterbringen kannst.

**CINDY** Twitter eignet sich hervorragend zu Marketingzwecken. Du kannst hier Links, Bilder und Inhalte posten. Zugegeben, es kostet einige Mühe, Follower zu gewinnen. Mein Mann David Bennett hat beispielsweise an die 45.000 Follower, und seine Tweets sind zu einem starken Marketinginstrument geworden.

Dabei postet er nur selten werbliche Tweets. Man glaubt es kaum, doch mithilfe eines Social-Media-Verwaltungsprogramms tweetet er jeden Tag an die zwanzig Mal, meistens das, was er als »Reflektionen« bezeichnet, spirituelle Gedanken, die ihm beim Meditieren gekommen sind. Vielleicht ein Zehntel seiner Einträge haben einen direkt werblichen Inhalt.

Wenn du Twitter ausschließlich zu Marketingzwecken nutzt, wirst du kaum Follower finden. Nutze Twitter lieber, um den Menschen ein Gefühl dafür zu geben, wer du bist. Twittere Inhalte, die man lesen oder sehen will! Ein Tweet hat eine »Haltbarkeit« von etwa zwanzig Minuten. Danach ist er im Feed so weit nach unten gerutscht, dass er kaum noch gesehen wird, außer jemand sucht konkret nach ihm. Deshalb twittert Dave zwanzig Mal am Tag. Facebook-Posts haben eine längere Haltbarkeit, aber mit Twitter lassen sich mehr Follower gewinnen.

**LISA** LinkedIn ist eine Plattform für Berufsprofile, die sich sehr gut dafür eignet, deinen beruflichen Hintergrund und Lebenslauf zu präsentieren. Inzwischen dient die Seite als beliebtes Netzwerk für berufliche Zwecke.

Ein LinkedIn-Profil zu erstellen ist kostenlos, und es gibt hier Netzwerkgruppen und du kannst ähnlich wie auf Facebook Updates über deinen Arbeitsstatus posten.

So schnell, wie sich das Internet entwickelt, wird es mehr und mehr Möglichkeiten geben, mit Texten, Videos, Links und Audioformaten Werbung im Internet zu machen, und Plattformen wie Facebook, Twitter und YouTube werden sich in ihren Werbemöglichkeiten zunehmend erweitern und überlappen.

## Webseiten – globale Werbung und die Nummer 1 im Internet-Marketing

---

**Tipp #17 für dein spirituelles Unternehmen**

Deine Webseite muss nicht aufwendig sein, aber sie sollte Informationen über dich und deine Dienstleistungen oder Produkte enthalten.

---

**LISA** In den alten Zeiten hängte man über seinem Ladeneingang einfach ein Schild auf, durch das man sein Geschäft für Passanten erkennbar machte. Jahre später konnte man sein Unternehmen in die Gelben Seiten eintragen lassen, so dass jeder potenzielle Kunde aus der Stadt oder Gegend einen finden konnte – der Radius wurde also etwas größer.

Heute ist deine Webseite dein »Ladenschild«. Eine Webseite ist für jede Art von Unternehmen ein Muss, da die Leute daran gewöhnt sind, im Internet mehr über einen Anbieter herauszufinden.

Eine Webseite zu erstellen, ist inzwischen sehr günstig oder sogar kostenlos und ganz einfach. Und du kannst dort viel mehr Informationen über dich und dein Unternehmen unterbringen als im Telefonbuch oder auf einem Schild!

---

**Tipp #18 für dein spirituelles Unternehmen**

Eine Webseite ist für jedes Unternehmen ein Muss.

---

**LISA** Mit einer Webseite kannst du Menschen weltweit erreichen und effektiver als jemals zuvor über deine Dienstleistungen und Produkte informieren. Ich habe Kunden aus der ganzen Welt, auf jedem Kontinent, und meine Schüler reisen durchs ganze Land und aus anderen Ländern an, um Unterricht bei mir zu nehmen. Es überrascht mich immer wieder, wie das Internet uns helfen kann, einander kennenzulernen und uns einander nahe zu fühlen, obwohl uns Tausende von Kilometern trennen.

Mach dir keine Sorgen, wenn du kein Techniktyp bist. Wer eine eMail schreiben kann, kann auch eine Webseite erstellen – es ist ganz einfach. Und falls du das wirklich nicht selbst in die Hand nehmen willst, gibt es zahlreiche Dienstleister, die diese Arbeit für dich übernehmen können. Es wird noch lange Webseiten geben, und sie werden sich weiterentwickeln, bis sie noch leichter zu erstellen und noch hübscher anzusehen sind. Es lohnt sich, in diese Möglichkeit zu investieren, und du brauchst dazu nicht einmal viel Geld.

---

**Tipp #19 für dein spirituelles Unternehmen**

Eine stagnierende Webseite ist unsichtbar. Du musst sie regelmäßig updaten.

---

**LISA** Nehmen wir an, du bist bereit, deine Webseite zu erstellen, oder hast jemanden gefunden, der das für dich übernimmt. Nun gibt es gute und schlechte Webseiten. Was ist wichtig, damit eine Webseite Kunden anlockt? Da die Webseite deine »Heimat« ist, sollte man dich dort wirklich kennenlernen können.

Es gibt drei wichtige Informationen, die du auf ihr zur Verfügung stellen musst: 1. eine Beschreibung davon, was du tust, um Menschen durch deine Dienstleistungen oder Produkte zu transformieren, 2. wer du bist und warum du diesen Beruf gewählt hast und 3. wie man dich erreichen kann.

Sehen wir uns zunächst an, wie man eine Webseite erstellt, die potenzielle Kunden anlockt. Es sollte für deine Besucher möglichst einfach sein, die Informationen zu finden, nach denen sie suchen. Du solltest dich als Person und Anbieter authentisch und nahbar präsentieren.

Das sollte dir leicht fallen, da du als Inhaber oder Inhaberin eines spirituellen Unternehmens einfach nur dich selbst in all deiner Herzlichkeit zu zeigen brauchst.

In deiner Selbst- und Unternehmensbeschreibung sollten Offenheit und Authentizität durchschimmern. Deine Mission besteht darin, anderen offenen Herzens zu helfen. Die Menschen werden sich automatisch von dir angezogen fühlen, da ein offenes Herz immer anziehend ist! Behalte das im Hinterkopf, wenn du Inhalte für deine Webseite erstellst. Lass den Kunden wissen, wer du bist und wie du Menschen transformierst.

Die Transformation des Lebens deiner Kunden ist das Ergebnis deiner Dienstleistung, worin auch immer sie bestehen mag. Die Leute wollen wissen, was du für sie tust und inwiefern sich ihr Leben dadurch verändern oder verbessern wird. Beschreibe nicht, was genau du im Detail machst und wie du dabei vorgehst, sondern was du und dein Angebot für andere bewirken können. Wenn du Bohreinsätze verkaufen würdest, wollten die Leute schließlich auch nicht wissen, aus was diese Bohreinsätze bestehen, sondern was für tolle Löcher man damit bohren kann!

Beschreib auf deiner Homepage deine Dienstleistungen oder Produkte, indem du erklärst, was deine Kunden davon haben. Wie genau du bei deiner Arbeit vorgehst oder wie dein Produkt funktioniert, kannst du später noch erklären, denn diese Informationen sind zweitrangig. Auf der Homepage, also der Startseite deiner Webseite, sollte dagegen erklärt werden, wie du Menschen dabei hilfst, ihr Leben zu transformieren.

Außerdem sollte deine Webseite Informationen über dich selbst enthalten. Das muss kein langer Text sein, eine knappe Vorstellung reicht. Du kannst diese Kurzinformation auf deiner Homepage oder auf einer separaten »Über mich«-Seite unterbringen. In jedem Fall solltest du darauf achten, dass die Menschen sich schnell mit dir identifizieren können und sich mit dir wohlfühlen. Hier beginnst du, eine Beziehung aufzubauen – hier beginnt die »Anziehung«.

Über sich selbst schreibt man am besten in der ersten Person, besonders bei spirituellen Unternehmen, da es hier besonders wichtig ist, dass man sich mit dir identifizieren kann. Niemand will es mit einer gesichtslosen Person oder einem reinen Geschäftsbetrieb zu tun haben. Es ist sehr wichtig, sich sympathisch und nahbar zu zeigen.

An diesem Aspekt musste ich persönlich arbeiten, und dir wird es vielleicht ähnlich gehen, wenn du aus der akademischen oder traditionellen Unternehmenswelt kommst.

Ich war es zum Beispiel gewöhnt, in der dritten Person zu schreiben und dabei möglichst offiziell und unpersönlich zu klingen. Dieser Ansatz kommt bei den Leuten aber nicht wirklich gut an und wirkt auch nicht sonderlich anziehend. Erzählst du hingegen in der ersten Person von dir, meint man, du würdest direkt zu einem Publikum sprechen.

Hier ein Beispiel aus dem »Über mich«-Bereich auf meiner Webseite, den ich in der ersten Person formuliert habe:

*»Ich bin Lisa K., Gründerin von* Developing Your Intuition, *einem System, mit dem Menschen ihre Intuition meistern können, damit sie diese jederzeit bewusst nutzen können, um detaillierte Informationen über jedes beliebige Thema zu erhalten. Vielen meiner Schüler ist es gelungen, ihre Intuition erfolgreich einzusetzen, sei es für Alltagsentscheidungen, sei es, um mehr Überfluss und innere Weisheit zu erlangen.*

*Ich habe meine eigene Intuition so weit entwickelt, dass sie mir bereits in den erstaunlichsten Situationen geholfen hat – unter anderem rettete sie mir schon das Leben. Es ist mir stets ein großer Trost, mich auf meine innere Stimme verlassen zu können, da ich weiß, wie sie funktioniert und wie ich sie jederzeit und in jeder Hinsicht auf Wunsch anzapfen kann. Meine öffentlichen Veranstaltungen rund um das Thema Intuitionsberatung sind häufig ausverkauft.«*

**CINDY** Ich möchte dir ein Beispiel dafür geben, wie wichtig Webseiten für jede Art von Unternehmen heutzutage sind. Als wir einen Bauunternehmer suchten, wendeten wir uns an die Webseite der lokalen Bauunternehmervereinigung, um eine Empfehlung einzuholen. Wer keine Webseite hatte, kam nicht einmal in Betracht. Wir entschieden uns für unseren Bauunternehmer, weil uns seine Webseite Einblick in seine Person und seine Projekte gewährte. Wir konnten also eine Verbindung zu ihm aufbauen, ehe wir ihm den Auftrag gaben, und deshalb kamen wir ins Geschäft. Damit stehen wir sicher nicht alleine da.

Seitdem sind wir treue Kunden. Diese Erfahrung hat mir gezeigt, wie unerlässlich es für einen Unternehmer ist, beim Marketing Einblick zu gewähren.

**LISA** Cindys Beispiel zeigt sehr schön, dass es ohne Webseite heute eigentlich gar nicht mehr geht. Die Menschen ziehen immer seltener ein Telefonbuch zurate – viele sogar überhaupt nicht mehr. Es muss keine komplexe Webseite sein, eine einzige Seite ist schon ein guter Anfang. Bringe dort genügend Informationen darüber unter, wer du bist, was du tust und wie man dich kontaktieren kann. Mehr braucht es erst einmal nicht.

Je mehr sich die Technik weiterentwickelt, desto leichter wird es werden, eine Webseite zu erstellen oder seine »Onlinepräsenz« zu verbessern. Selbst wenn Technik dir nicht liegt, ist es ganz einfach, dich im Internet zu präsentieren.

## ANZIEHUNG – traditionell

### Persönliche Auftritte

---

**Tipp #20 für dein spirituelles Unternehmen**

Persönliche Auftritte sind eine effiziente Möglichkeit, anderen die Gelegenheit zu bieten, dich kennenzulernen.

---

**LISA** Persönliche Auftritte sind eine äußerst effiziente Möglichkeit, Menschen zu erreichen und ihnen die Möglichkeit zu bieten, dich kennenzulernen. Seit Jahren bedienen sich kleine Unternehmen und Praktizierende dieser traditionellen Möglichkeit, ihren Namen unter die Leute zu bringen. Du kannst, um nur einige Beispiele zu nennen, Vorlesungen oder Seminare anbieten oder bei Veranstaltungen Kostproben deiner Dienstleistungen und Produkte anbieten.

Deine Vorträge kannst du in Esoterikläden, auf Gesundheits- und Wellness-Messen oder bei anderen privaten und öffentlichen Veranstaltungen halten. Wenn du dich unwohl damit fühlst, Vorträge zu halten, kannst du auch einfach nur deine Dienstleistungen vorführen. Wenn du beispielsweise Intuitionsberaterin bist, hast du die Möglichkeit, bei einer Veranstaltung vergünstigte Sitzungen anzubieten.

So erhalten die Leute eine Kostprobe deines Könnens zu einem niedrigen Preis und können herausfinden, ob ihnen deine Arbeit zusagt. Stell dabei klar, dass es sich um ein Sonderangebot handelt. Du kannst auch Rabattmarken für eine Folgesitzung verteilen. In Esoterikläden, auf Gesundheits- und Wellness-Messen oder bei ähnlichen Veranstaltungen hat man häufig die Möglichkeit, Unterricht zu geben oder einen Vortrag zu halten. Du kannst dich mit einem Esoterikladen oder einem ganzheitlichen Wellness-Zentrum zusammentun und dort Unterricht anbieten und dafür einen Prozentsatz deiner Einnahmen als Miete und für die Werbung, die man dort für dich macht, abgeben. Auf diese Weise erweiterst du ganz nebenbei deine Kundenliste und erreichst Menschen, die auf der Suche nach deiner Art von Dienstleistung sind. Meistens verfügen solche Einrichtungen auch über eine Liste von Kunden, bei denen sie Werbung machen. Allein der Zugang zu dieser Liste ist es schon wert, einen Teil deiner Einnahmen abzugeben.

**CINDY** Der Prozentsatz, den man abgeben muss, variiert. Meistens bewegt er sich zwischen zwanzig und vierzig Prozent deiner Einnahmen. Manchmal zahlt man auch einfach eine Pauschale für die Raummiete. Erkundige dich, was für Werbung man für dich machen wird und was man von dir erwartet. Verlass dich nicht darauf, dass der Vermieter das Publikum heranschafft. Es ist ein Geben und Nehmen, denn auch der Laden oder das Zentrum will durch dich neue Kunden gewinnen!

**LISA** Expos sind eine tolle Möglichkeit, neue Kunden zu gewinnen. Sie finden über das Jahr verteilt immer wieder am selben Ort statt und ziehen oft große Menschenmengen an – und zwar Menschen, die genau deiner Zielgruppe entsprechen!

Bei solchen Veranstaltungen gibt es zwei Bereiche, einen für Vortragende und Lehrende und einen für Aussteller. Es gibt spezialisierte Expos mit einem zusätzlichen Bereich für Intuitionsberater und/oder Heiler. Wie auch bei Esoterikzentren wird hier ein Anteil an deinen Einnahmen als »Miete« abgezweigt, und wenn du einen Vortrag halten möchtest, musst du dafür meist einen Unkostenbeitrag bezahlen. Auch ein Ausstellungstand kostet hier Geld, oft wird dann aber in Broschüren oder dem Internet für dich geworben und du bekommst zusätzlich die Möglichkeit, einen Vortrag zu halten.

Wenn es auf einer Expo keinen abgetrennten Bereich für Beratungen gibt, kannst du an deinem Ausstellungsstand arbeiten. Das hat Vor- und Nachteile. Der Vorteil besteht darin, dass du auf dem Tisch noch weitere Produkte ausstellen kannst und sehr sichtbar bist. Der Nachteil besteht darin, dass es in der Ausstellerhalle meist laut zugeht.

**CINDY** Es stimmt, dass es in dieser Umgebung oft laut ist, und man muss dem Veranstalter Gebühren oder einen Prozentsatz der Einnahmen bezahlen. Dennoch kann man nirgendwo so gut wie auf Expos und Messen eine spezielle Zielgruppe erreichen. Sprich mit dem Veranstalter darüber, was für Arten von Ständen es gibt, was für Gebühren anfallen und welche Marketingtechniken möglich sind. Die Regeln können je nach Veranstalter ganz unterschiedlich ausfallen und sollten im Vorfeld unbedingt abgesprochen werden.

## *Ganzheitliche und spirituelle Zeitschriften*

**CINDY** Es ist sinnvoll, in ganzheitlichen oder spirituellen Zeitschriften eine Anzeige zu schalten, wenn du dort gleichzeitig einen Artikel publizierst. Ich habe herausgefunden, dass das Preis-Leistungs-Verhältnis bei Lokalzeitschriften am besten ist.

Außerdem wirkt man professioneller und versierter in seiner Thematik, wenn man einen Artikel geschrieben hat, der auch wirklich publiziert wurde!

**LISA** Ich stimme Cindy zu, dass ganzheitliche und spirituelle Magazine zu den besten Orten für eine Anzeige zählen. Die Leserschaft entspricht der Zielgruppe von spirituellen Unternehmen und interessiert sich entsprechend für dein Angebot. Wenn du in thematisch allgemeineren Zeitschriften oder Zeitungen annoncieren würdest, hättest du es größtenteils mit Lesern zu tun, die sich gar nicht für deine Produkte interessieren.

Wenn du in einer Fachzeitschrift inserierst, kannst du dort meist auch einen Artikel publizieren. Diese sind in der Regel als »Kurznachricht« abgefasst und eher informativ als werblich. Letztlich dienen sie dazu, Neuigkeiten zu verbreiten. Der große Vorteil solcher »Kurznachrichten« besteht darin, dass du so indirektes Marketing betreiben kannst.

Denk daran, dass du Leute erreichen willst, die sich besonders für deine Art von Angebot interessieren, und dass du diese Menschen wissen lassen willst, dass es dich gibt. Wenn du nicht viel Geld für eine große Anzeige in einer Zeitschrift ausgeben möchtest, kannst du einfach kostenlos oder für wenig Geld eine deiner Veranstaltungen in den dortigen Kalender aufnehmen lassen.

Viele ganzheitliche und spirituelle Zeitschriften und Zeitungen erscheinen inzwischen auch oder ausschließlich online. Dort findest du dieselben Artikel, Werbeanzeigen und Informationen wie in der Druckausgabe. Oft ist eine Anzeige online kostengünstiger als in der Printversion und gerade für Dienstleistungen, bei denen der Kunde nicht körperlich anwesend sein muss, besonders vorteilhaft. In dieser Art von Zeitschriften und Zeitungen kannst du also für wenig Geld Werbung schalten und ein neues Publikum erreichen.

**CINDY** Bei Online-Zeitschriften weißt du als Autor meistens nicht, wie viele Leute die Artikel tatsächlich lesen. Manchmal erhält man im »Daten«-Bereich der Werbekundenmappe der Webseite aber Zahlen. Es gibt Online-Zeitschriften mit einer großen Leserschaft, doch besonders häufig kommt das nicht vor. Wie viele Menschen eine Zeitschrift lesen, ist im Grunde allerdings nicht so wichtig, denn wenn du die sozialen Netzwerke nutzt, kannst du den Link zu deinem Artikel dort auf diese Weise verbreiten.

Das Schreiben von Artikeln befördert dich in deiner Branche und im Ansehen deiner Kunden auf eine neue Stufe. Sorg dafür, dass deine Artikel interessant, informativ, inspirierend und nicht werblich sind. Du solltest qualitativ hochwertige, echte Informationen präsentieren. Bitte stets jemanden aus deinem Bekanntenkreis, den Artikel vorher gegenzulesen. Tippfehler können auch die interessantesten Informationen ruinieren, denn sie lassen dich unaufmerksam und unkonzentriert wirken.

## *Werbung im Telefonbuch*

**CINDY** Werbung im Telefonbuch gehört der Vergangenheit an. Ich hatte über zwanzig Jahre eine Anzeige in meinem lokalen Telefonbuch, aber mit einer guten Internetpräsenz ist das inzwischen überflüssig geworden. Außerdem bist du mit einer solchen Anzeige an einen einjährigen Vertrag gebunden. Solltest du dich trotzdem dafür entscheiden, versuch auf jeden Fall, spätestens nach ein paar Jahren den Preis neu zu verhandeln.

### *Zeitungsanzeigen*

**CINDY** Zeitungsanzeigen sind oft teuer, aber wenn es in deiner Gegend einen Lokalanzeiger gibt und du hin und wieder eine Anzeige schaltest, ist die Redaktion vermutlich eher bereit, einen Artikel von dir zu veröffentlichen.

Solltest du das Glück haben, dass eine Reihe mit Unternehmensprofilen gedruckt wird und man dich aufnimmt und über dich, dein Unternehmen und deine Leistungen berichtet, solltest du in dieser und den darauffolgenden Wochen in eine größere Anzeige in dieser Zeitung investieren.

Vergiss nicht, dass es sich nicht lohnt, nur ein einziges Mal in einer Zeitung zu annoncieren. Wenn dein Name den Leuten nicht schon bekannt ist, müssen sie ihn mindestens sechs Mal sehen, um zur Tat zu schreiten und Kontakt zu dir aufzunehmen.

## Radio und Fernsehen/Video – traditionell und online

**LISA** Früher warb man traditionell in Radio und Fernsehen für Unternehmen. Wenn du deinen Laden oder deine Praxis eröffnest, kannst du vielleicht das Interesse eines Lokalsenders wecken, der dann einen Beitrag über dich bringt, meist in Form eines Interviews.

Dank des Internets sind viele Online-Radiosendungen und Videokanäle aus dem Boden geschossen. Vielleicht interessiert sich ein Moderator einer Online-Videosendung ja dafür, dich als Gast einzuladen! Es gibt Tausende von Amateuren und Profis in diesem Bereich, die stets auf der Suche nach interessanten Themen sind. Such dir eine Sendung aus, die gut zu deiner Art von Unternehmen passt. Einige der beliebtesten Seiten, auf denen Moderatoren ihre Beiträge präsentieren, sind YouTube und Vimeo.

Moderatoren suchen nach Gästen, die mit ihren Themen zum Denken anregen und interessant für Zuschauer und Zuhörer sind. Es ist wichtig, sich einige Ausgaben anzusehen, um herauszufinden, ob du als Gast überhaupt in die Sendung passt. Vergiss nicht, dass die Moderatoren viele Anfragen von Menschen wie dir bekommen und du dich deshalb von der Masse abheben musst.

Am besten kannst du dich abheben, indem du dich vorbereitest und erklären kannst, warum dein Thema gut in die Sendung passt und wie das Publikum von einem Beitrag über dich profitieren kann. Cindy und ich moderieren schon seit Jahren eigene Radiosendungen. Als Erstes erzähle ich Bewerbern stets, dass die Show nicht als einstündige Werbesendung für ihr Produkt gedacht ist. Unsere Sendung soll bilden, unterhalten und nützliche Informationen bieten. Und du kannst davon ausgehen, dass es anderen Moderatoren ähnlich geht!

**CINDY** Denk daran, dass du den Link zu der Radio- oder Videosendung auf deinen Seiten in verschiedenen sozialen Netzwerken posten kannst. Deshalb ist es nicht wichtig, ob die Sendungen ein großes Publikum haben.

Es kam schon vor, dass der Moderator den Faden verloren hat oder zu viele Werbepausen den Gesprächsfluss unterbrochen haben. Deshalb schneide ich meine Interviews oft zusammen, ehe ich sie poste. Du kannst in den sozialen Medien wahlweise auch nur kleine Zwei-Minuten-Versionen der Videos oder Radiosendungen verbreiten, da viele User bloß kurz hineinhören, weil sie keine Zeit für eine einstündige Sendung haben.

Auf meinen Mac schneide ich das Material mit iMovie und GarageBand. Danach benutze ich die kostenlose Software PodSnack, die ich online gefunden habe, um meine kurzen Audiosegmente in einen Link umzuwandeln, den ich auf meiner Webseite einbetten oder in meinen sozialen Netzwerken posten kann. Es gibt ständig neue kostenlose Software, such also einfach nach »HTML Audio Player«, um etwas Aktuelles zu finden.

**LISA** Eines der beliebtesten kostenlosen Programme für Audioaufnahmen und -bearbeitung auf PC und Mac ist Audacity. Es hat viele Möglichkeiten und ist ziemlich einfach zu bedienen. Audacity gibt es schon seit über zehn Jahren, und es zählt zu den am häufigsten downgeloadeten kostenlosen Programmen überhaupt.

Nun, wo du potenzielle Kunden angezogen und für dein Angebot interessiert hast, können wir herausfinden, wie du Resonanz bei ihnen erzeugen kannst, damit sie langfristig mit dir arbeiten und all deine Dienstleistungen und Produkte kennenlernen wollen.

# Spiritueller Vertrieb und der Aufbau deines Kundenstamms: RESONANZ

## Einen Kundenstamm aufbauen

---

**Tipp #21 für dein spirituelles Unternehmen**

Herrscht Resonanz zwischen deinen Kunden und deinem Angebot, verbringen deine Kunden mehr Zeit mit dir.

---

**LISA** Wenn du den Laden am Laufen halten willst, ist es wichtig, dass du dir eine Anhängerschaft aus treuen Fans und Kunden aufbaust. Denn das sind die Kunden, die zurückkommen und weitererzählen, dass es dein Unternehmen gibt.

Kunden, die länger mit dir und deiner Arbeit vertraut sind, werden außerdem keine Mühen scheuen, um weiter mit dir arbeiten zu können, und sie binden sich fester an dich.

Das macht es wahrscheinlicher, dass sie beispielsweise ein Seminar bei dir buchen, das ein ganzes Wochenende oder sogar noch länger dauert, dass sie mehr für personalisierte Dienstleistungen bezahlen und dass sie mehr von dem in Anspruch nehmen wollen, was du im Angebot hast. Wenn die Leute Resonanz zu dir und deiner Tätigkeit entwickeln, verbringen sie mehr Zeit mit dir. Sie werden zu deinem Kunden*stamm* im wahrsten Sinne des Wortes, zu deinen treuesten Stammkunden. Aber wie bringst du Menschen, die sich von deinem Unternehmen angezogen fühlen, dazu,

Stammkunden zu werden? Ganz einfach: Indem du ihnen die Möglichkeit gibst, Resonanz zu dir zu entwickeln.

Nehmen wir an, du hast eine neue Personengruppe zu deinem Unternehmen angezogen, die gerade beginnt, sich für dich zu interessieren, aber noch nichts oder vielleicht nur eine Kleinigkeit von dir gekauft hat. Du hast es also mit einer wunderbaren Gruppe hochinteressierter potenzieller Kunden zu tun. Etwas in ihnen schwingt bereits mit dir und deinem Unternehmen mit – es entwickelt sich Resonanz.

Nachdem du einen neuen oder wenigstens potenziellen neuen Kunden angezogen hast, musst du auf dieser Beziehung aufbauen, damit er wiederkommt und den nächsten Schritt wagt, also etwas kauft. Da die moderne Technik es so einfach macht, sich auch weltweit zu verbinden, gibt es unzählige Möglichkeiten, die Resonanz zu steigern und eine Kundenbindung aufzubauen. So wie es auch bei jeder privaten Form von Kennenlernen der Fall ist, müsst ihr zunächst vertrauter miteinander werden: Habt ihr dieselben Interessen? Machen euch dieselben Dinge Spaß? Mit anderen Worten: Besteht zwischen euch Resonanz?

## Wie du RESONANZ zu deinen Kunden aufbaust – was will dein Kundenstamm?

---

**Tipp #22 für dein spirituelles Unternehmen**

Es ist deine Aufgabe als Unternehmer oder Unternehmerin, es dem Kunden leicht zu machen, dich kennenzulernen.

---

**LISA** Was bedeutet gegenseitige Resonanz eigentlich? Oft herrscht Resonanz zwischen Menschen, die ähnliche Erfahrungen gesammelt oder eine ähnliche Persönlichkeit haben. Vielleicht fühlt man sich von dieser Person verstanden oder sie hat eine Lösung für genau das Problem, mit dem man sich gerade herumschlägt. Vielleicht teilt man eine ähnliche Weltsicht. Wenn Resonanz zwischen dir und einer anderen Person besteht, fühlst du dich von dieser Person auf eine tiefgreifende Weise verstanden.

Manchmal empfindet man tiefe Verbundenheit, und oft empfinden wir Resonanz zu Menschen, die uns an uns selbst erinnern, aber etwas erreicht, getan oder gelernt haben, das wir eigentlich selbst brauchen oder haben wollen.

Indem du zeigst, wer du bist, und über deine Arbeit sprichst, bietest du deinen potenziellen Kunden die Möglichkeit, Resonanz zu dir aufzubauen. Überleg einmal, warum du selbst Resonanz zu bestimmten Menschen empfindest, selbst wenn du sie vielleicht gar nicht persönlich kennst, beispielsweise zu Lehrern, Schriftstellern oder einer Fernsehpersönlichkeit. Vielleicht sprechen diese Menschen »deine Sprache« oder wirken bodenständig, zugänglich und vernünftig auf dich. Behalte das im Hinterkopf, wenn du selbst Resonanz zu anderen Personen aufbauen willst.

Lass uns einen genaueren Blick auf die Möglichkeiten werfen, Resonanz zu dir und deinem Unternehmen herbeizuführen.

**Eine gemeinsame Lebenssituation:** Deine Lebenssituation ist zwar einzigartig, weist aber auch Elemente auf, mit denen sich andere Menschen identifizieren können. Beispielsweise bist du vielleicht von einem chronischen Leiden wie einer Allergie genesen, und andere wollen das auch. Vielleicht hattest du ein gesundheitliches Problem, das die westliche Medizin nicht lösen konnte, und bist auf eine homöopathische Behandlung gestoßen, die auf fast magische Weise gewirkt hat. Oder du hast einen spirituellen Ansatz entdeckt, der dir geholfen hat, in deinem Leben mehr Glück und Zufriedenheit zu manifestieren.

**Ein Problem lösen:** Du hast – entweder für dich oder für andere – ein Problem gelöst. Ich wollte beispielsweise in unternehmerischer Hinsicht intuitiver werden und mehr Kontrolle über meine Intuition gewinnen. Alle Lehrer, Bücher, Berater oder Kurse, bei denen ich Hilfe suchte, konnten mir aber keine konkreten

Schritte oder den Prozess zeigen, durch den wir unsere Intuition verbessern, kontrollieren und verlässlicher machen können. Die Informationen waren vage und nebulös, überall erfuhr ich, ich solle auf mein Herz hören oder »würde es schon merken, wenn es geschieht« und so weiter.

Durch Recherchen, Experimentieren und Lernen entwickelte ich meine Intuition aus dem Nichts heraus. Ich entdeckte die genauen Schritte und den Prozess, um seine intuitiven Fähigkeiten zu schulen, sowie die Übungen, durch die ich zum Medium wurde. Wegen meines Hintergrunds in Psychophysiologie beschäftigte ich mich mit der Psychobiologie und den metaphysischen Energiemechanismen, die hinter der Intuition stecken, und kombinierte dieses Wissen.

Inzwischen kann ich dieses Wissen mit anderen teilen, um ihnen dabei zu helfen, ihre Intuition so stark und kontrollierbar zu machen, wie es mir selbst gelungen ist – nur dass meine Klienten sich all die Nachforschungen und Dutzende von Kursen sparen können, die ich dafür besuchen musset.

Überleg dir, welches Problem deiner Klienten dein Unternehmen lösen kann.

**Bodenständigkeit und Zugänglichkeit:** Die Menschen können sich mit Leuten identifizieren, mit denen sie sich wohlfühlen. Wenn man sich und sein Unternehmen als groß und distanziert darstellt, ist es viel schwerer, sich damit zu identifizieren. Ich komme aus der Welt der Unternehmen und der Wissenschaft, weshalb ich häufig in der dritten Person schrieb und sprach. Ich nutzte große Worte und Phrasen, durch die ich schlau und gelehrt klang. Es war schwer, sich mit meinem Schreibstil zu identifizieren. Also änderte ich meinen Tonfall und die Wortwahl hin zu einem eher lockeren Stil.

Es war meine Radiosendung, die mich dazu zwang. Ich schrieb das Skript für jede Sendung vorher herunter, und es musste natürlich so klingen, als würde ich spontan sprechen. Deshalb musste ich so schreiben, als würde ich mich mit jemandem unterhalten.

Auf diese Weise hat sich mein Schreibstil von Grund auf geändert! Zudem ist meine Radiosendung viel interessanter geworden, weil es jetzt so klingt, als würde ich direkt mit dem Zuhörer sprechen. Inzwischen lese ich gerne, was ich selbst geschrieben habe, und höre mir auch gerne zu.

**Bleib zugänglich – trotz deiner transformierenden Erfahrung:** Häufig gründet man ein spirituelles Unternehmen, weil man ein spirituell transformierendes Erlebnis hatte, dass das eigene Leben verändert hat, beispielsweise eine Offenbarung beim Meditieren oder etwas Ausgefalleneres wie ein Nahtoderlebnis.

Die Menschen können zu Personen, die so ein außergewöhnliches Erlebnis hatten, Resonanz empfinden, weil sie das Gefühl haben: »Wenn es ganz normalen Leuten passieren kann, dann kann es auch mir passieren.« Die Leute glauben an dich, wenn sie sich mit dir und deinem Erlebnis identifizieren können.

**Sei du selbst:** Verteile Kostproben von dem, was du tust oder verkaufst. Am besten können die Menschen Resonanz zu dir aufbauen, wenn sie die Möglichkeit haben, dein Angebot kostenlos auszuprobieren. Die meisten Kunden kaufen nicht die Katze im Sack und wollen das, wofür sie sich interessieren, ausprobieren oder zumindest verstehen, worum genau es geht.

Du willst vermutlich doch auch eine Probefahrt machen, ehe du ein neues Auto kaufst! So können potenzielle Kunden sichergehen, dass ihnen das Angebot auch wirklich zusagt und – noch wichtiger – dass sie Resonanz zu dir und/oder deinem Produkt empfinden.

Wenn du das Internet nutzt, um mehr Menschen anzusprechen, kann man leichter etwas über dich, deine Dienstleistung und dein Produkt herausfinden. Und je mehr die Interessenten darüber wissen, desto leichter können sie Resonanz zu dir aufbauen. Je leichter man dich – beispielsweise durchs Internet – kennenlernen kann, desto stärker wird diese Resonanz ausfallen.

Da mittlerweile so viele Menschen Internetzugang haben, ist es möglich, dort auf unzählige Weisen billig und einfach Informationen zu verbreiten. Vieles von dem, worüber wir bereits gesprochen haben, kann im Internet ganz leicht und effektiv umgesetzt werden.

Es ist überraschend, wie viele spirituelle Unternehmer es den Leuten schwer machen, Informationen über ihr Unternehmen zu finden! Wir werden dir einige einfache Möglichkeiten zeigen, wie du eine Beziehung zu deinen zukünftigen Kunden aufbauen kannst.

**CINDY** Was Lisa geschrieben hat, steht ganz und gar nicht im Widerspruch zu meinem Rat, dass du keine kostenlosen Behandlungen oder Sitzungen anbieten solltest. Kostenlose oder vergünstigte Einsteigerangebote sind eine besondere Technik, um Resonanz zu erzeugen. Es ist aber wichtig, den Wert dessen, was der Kunde erhält, hervorzuheben und auch zu betonen, dass solche Vergünstigungen eine Grenze haben.

## Menschen erreichen, Menschen berühren

**LISA** Nun kennst du die wichtigsten Elemente, um anderen dabei zu helfen, Resonanz zu dir aufzubauen. Aber wie sollst du dein Wissen praktisch anwenden, um in Berührung mit anderen zu kommen? Du hast deine persönliche Geschichte, du hast Hindernisse überwunden, du hast deine Fähigkeiten eingesetzt, um Lösungen für Probleme zu finden, und du hast die Authentizität, du selbst zu sein. Wie kannst du all das anderen nahebringen, um Resonanz zu erzeugen?

Es gibt verschiedene Möglichkeiten, deine Fähigkeiten und deine Geschichte »an den Mann zu bringen« und anderen mitzuteilen. Wir werden diese Möglichkeiten nacheinander durchgehen und anschließend genauer darauf eingehen, wie du diese Methoden im direkten Kontakt oder durch neue Technologien wie die sozialen Medien, Internet-Marketing und Online-Ressourcen einsetzen kannst.

**Video:** Mach mit dem Handy, einer Kamera oder dem Laptop ein Video von dir – so leicht wie heute war das noch nie. Selbst mit dem iPhone kann man Videos von hoher Qualität aufnehmen. Es mag dir – so wie vielen Leuten – unangenehm sein, auf Video festgehalten zu werden, aber es hat die größte Wirkung, wenn du der Welt mitteilen willst, wer du bist und was du tust, um dadurch Resonanz zu erzeugen.

Überleg doch einmal, was dir selbst lieber wäre: Kannst du dich nicht auch leichter mit jemandem identifizieren, den du sehen und hören kannst, als mit jemandem, über den du nur etwas liest oder den du nur hörst? Du kannst deine gesamte Geschichte, deine Problemlösungsansätze und Informationen über deine Produkte und Dienstleistungen auf Video aufzeichnen.

Videos müssen nicht aufwendig sein, und am Anfang kannst du einfach das Aufnahmegerät verwenden, das dir gerade zur Verfügung steht. Die Schlüsselzutaten für ein gelungenes Video sind Klangqualität und Beleuchtung, dass man dich also klar und deutlich verstehen und gut erkennen kann.

**CINDY** Videos müssen kurz sein. Die meisten Zuschauer werden nach ein oder zwei Minuten abschalten, wenn sie dann nicht bereits Resonanz zu dir aufgebaut haben und deine Inhalte mögen. Wenn du dich per Video vorstellen möchtest, sollte dieses höchstens eine Minute lang sein. Wenn du deinen Unterricht aufgezeichnet hast, empfehle ich, das Video nicht am Stück, sondern in kürzeren Teilen online zu stellen.

---

**Tipp #23 für dein spirituelles Unternehmen**

Audioaufnahmen, in denen du deine Geschichte erzählst, sind eine wunderbare Möglichkeit für andere, Resonanz zu dir aufzubauen.

---

**LISA** **Audio:** Nimm eine Audiodatei auf, in der du von dir und deiner Geschichte erzählst. Damit bietest du deinen potenziellen Kunden eine dynamische Möglichkeit, Resonanz mit dir aufzubauen. Eine beliebte Möglichkeit, solche Audiodateien der Öffentlichkeit zugänglich zu machen, ist das Internetradio. Viele Webseiten ermöglichen es dir, eine kostenlose eigene Radiosendung zu veröffentlichen. Du brauchst nichts weiter als einen Computer und ein Mikrofon, und schon kannst du deine Sendungen aufzeichnen.

**Schreiben:** Schreib über deine Erfahrungen, deine Geschichte und dein Unternehmen. Du kannst Artikel für Online- und Printzeitschriften, einen eigenen Blog oder Beiträge für deine Webseite oder ein Buch schreiben und dieses selbst publizieren. Bücher werden immer noch gelesen!

Ich schreibe ziemlich regelmäßig für verschiedene Online-Zeitschriften. Such dir ein oder zwei Online-Zeitschriften heraus, die zu deiner Zielgruppe passen und für die du schreiben kannst.

**Sprechen:** Eine der besten Möglichkeiten, sich der Welt zu zeigen, sind öffentliche Vorträge. Ähnlich wie bei Videos fühlen sich viele Menschen dabei unwohl. Falls das bei dir der Fall ist, wende dich doch einfach an Toastmasters International, eine gemeinnützige Organisation, die Rhetorikseminare und Ähnliches anbietet! So kannst du mehr Selbstvertrauen aufbauen und dich darin üben, frei zu sprechen.

Wenn du keine Angst vor Vorträgen hast und nach Gelegenheiten für Auftritte suchst, solltest du es als Erstes auf Gesundheits- und Wellness-Messen in deiner Gegend versuchen. Häufig kann man dort gegen ein Entgelt Vorträge halten. Auch in ganzheitlichen Zentren besteht die Möglichkeit, kleine Kurse oder Vorlesungen abzuhalten.

**Handeln:** Gib anderen die Chance, deine Dienstleistungen und Produkte kennenzulernen. Es gibt keine bessere Alternative, um Resonanz aufzubauen, als die direkte Erfahrung. Biete kostenlose oder sehr stark vergünstigte Mini-Kostproben an.

## Der Schlüssel zu stetigem Umsatz – der Vertriebstrichter

**LISA** Wie genau hilft es dir denn nun, wenn deine Kunden Resonanz zu dir empfinden? Wo führt es hin und wie bewegt diese Resonanz einen Interessenten zum Kauf? Potenzielle Kunden, die Resonanz zu uns aufbauen, durchlaufen den »Vertriebstrichter«.

Der Vertriebstrichter ist der Prozess, durch den dich potenzielle Kunden kennenlernen: Erst fühlen sie sich angezogen, dann lernen sie dich, deine Dienstleistungen und Produkte besser kennen, und dann wollen sie bei dir kaufen.

Die Metapher des Trichters wird verwendet, weil dich viele potenzielle Kunden kennenlernen (also von dir und deinem Angebot erfahren) müssen, damit am Ende einige übrig bleiben, die das Angebot auch wirklich in Anspruch nehmen wollen.

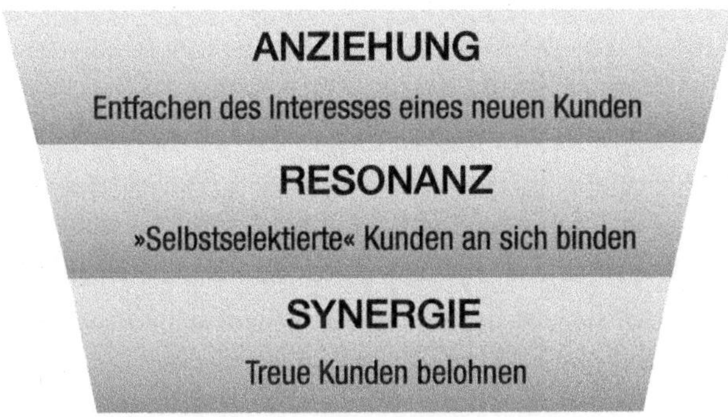


Der neue Vertriebstrichter

Unterhalten wir uns ein wenig darüber, was ein »Vertriebstrichter« eigentlich ist. Traditionell bestand er in dem Prozess, einen Verkauf abzuschließen, indem man jemanden davon überzeugte zu kaufen. Dabei wurden Personen aus der Zielgruppe zu potenziellen »Leads« erklärt, und sobald diese Interesse an dir oder deinem Unternehmen hatten, bezeichnete man sie als »Interessenten«. Wenn sie Interesse daran zeigten, mehr über dich und dein Unternehmen zu erfahren, wurden sie zu »qualifizierten Interessenten«, und wenn sie das Angebot tatsächlich in Anspruch nahmen, zu »Kunden«.

Dieser inzwischen nicht mehr ganz aktuelle Prozess setzte sich aus Verkaufsschritten zusammen, die häufig dazu führten, dass potenzielle Kunden die Beine in die Hand nahmen, weil sie das Gefühl hatten, sie würden in eine aggressive Verkaufsstrategie verwickelt. Dennoch funktioniert dieser Prozess nach wie vor, und er hat viele hilfreiche Aspekte – immerhin wollen die Menschen ja immer noch Dienstleistungen und Produkte erwerben. Die Frage ist, wie es dir gelingen kann, Menschen ohne eine aggressive Verkaufsstrategie zum Kauf zu bewegen.

Überleg dir, wie du selbst zum treuen Kunden geworden bist, und vielleicht wirst du es ganz von selbst verstehen. Du hast damit angefangen, das Unternehmen erst einmal kennenzulernen, und schließlich eifrig dessen Produkte gekauft – du hast also den Vertriebstrichter durchlaufen.

Sagen wir beispielsweise, in deiner Gegend hat eine neue Eisdiele eröffnet und man hat dir im Vorbeigehen gratis eine Kostprobe in die Hand gedrückt. Zu deiner Freude stellst du fest, dass das Eis toll schmeckt und du lange nichts so Gutes mehr gegessen hast. Jedenfalls ist es mit Sicherheit besser als das, was du im Supermarkt kaufen kannst. Also beschließt du, einen großen Becher zu kaufen und deiner Familie mitzubringen. Deine Familie ist auch begeistert, alle wollen mehr, und deshalb kaufst du bei deinem nächsten Eisdielenbesuch einen noch größeren Becher derselben Sorte und noch ein paar kleinere mit anderen Sorten, die lecker klingen.

Alle lieben das neue Eis, und deshalb nimmst du bei deinem nächsten Besuch gleich noch ein paar Visitenkarten aus der Eisdiele mit, um sie in deinem Freundeskreis zu verteilen. Dann gehst du mit einer Freundin in die Eisdiele und findest dabei heraus, dass hier auch Eistorten hergestellt werden und man Catering für Kindergeburtstage bestellen kann.

Das merkst du dir und nimmst den Service beim nächsten Geburtstag eines deiner Kinder in Anspruch. Und auf einmal ist diese Eisdiele die einzige geworden, in die du jemals gehen würdest.

Du bist zur Stammkundin geworden und hast den Vertriebstrichter durchlaufen!

In letzter Zeit ist der Begriff aber zu einer Metapher nicht nur für den Prozess hin zum Stammkundendasein geworden, sondern auch für den Prozess, den man durchläuft, wenn man ein Produkt kennenlernt und es schließlich zum ersten Mal kauft.

Solche zukünftigen Kunden lernen das Produkt zunächst vielleicht durch eine kostenlose Probe oder eine vergünstigte Version kennen. Dadurch kommen viele Menschen in Kontakt mit einem Angebot, aber mit hoher Wahrscheinlichkeit werden nur wenige von ihnen auch tatsächlich etwas kaufen. Das liegt nicht am Anbieter – es ist einfach nur eine Frage des Geschmacks und/oder der Kaufkraft. Nicht alle mögen alles, und nicht jeder, der etwas kaufen möchte, kann es sich in diesem Moment auch leisten.

Einfach ausgedrückt musst du eine große Anzahl von Menschen erreichen, um einige davon zum Kauf zu bewegen, und eine große Anzahl von Käufern wird eine kleine Anzahl an Stammkunden hervorbringen, die dein Angebot lieben, regelmäßig kaufen und dich ihren Freunden empfehlen. Wer kein Interesse hat, deinen Vertriebstrichter zu durchlaufen, fällt heraus, kauft also nicht oder kommt nicht wieder. Man bezeichnet das auch als »undichten Trichter«. Solche »Lecks« sind kein Problem – es kommt einfach darauf an, genügend Personen durch den Trichter zu schicken, so dass am Ende immer noch einige Stammkunden übrigbleiben.

## Der neue Vertriebstrichter – leichter, schneller, überzeugender

---

**Tipp #24 für dein spirituelles Unternehmen**

Der neue Vertriebstrichter ermöglicht es deinem potenziellen Kunden, deine Dienstleistungen und Produkte kostenlos oder vergünstigt kennenzulernen.

---

**LISA** Der neue Trichter ähnelt dem alten, besteht im Gegensatz zu diesem aber nicht aus Verkaufen, Verkaufen, Verkaufen, sondern ermöglicht es deinen potenziellen Kunden, deine Dienstleistungen oder Produkte vorher kennenzulernen und auszuprobieren, was viel effektiver ist als ein bloßes Verkaufsgespräch, in dem du den Kunden davon überzeugen willst, wie toll dein Angebot ist.

Bei diesem neuen Ansatz interagierst du mit dem potenziellen Kunden, bindest ihn ein und ermöglichst es ihm, dich wirklich kennenzulernen, und zwar, indem du ihm wertvolle Inhalte oder Produkte gibst, und das nicht nur als einmalige Probe, sondern über einen längeren Zeitraum hinweg.

Während deine potenziellen Kunden den Trichter durchlaufen, bietest du ihnen immer und immer »wertvollere« Dinge. Sie kennen dein Produkt oder deine Dienstleistung und haben eine starke Resonanz entwickelt. Kunden, die kein Interesse haben, fallen aus dem Trichter, alle übrigen haben sich »selbst selektiert«: Sie folgen dir weiter und bringen sich ein, weil sie Interesse haben.

Du hast es jetzt mit einer hochengagierten, hochinteressierten und kaufbereiten Personengruppe zu tun. Diese Kunden sind eher bereit, auch teure Produkte zu erwerben, weil sie viel Erfahrung mit dir haben und stärkere Resonanz zu dir aufgebaut haben als ein Kunde, der nur eine kleine Kostprobe bekommen hat.

Diese stark engagierten und interessierten Personen sollten jetzt auf deiner eMail-Liste stehen, damit du direkt mit ihnen in Kontakt treten und ihnen deine Dienstleistungen und Produkte anbieten kannst.

Und hier liegt der große Vorteil dieses neuen Ansatzes: Es ist bekannt, dass ein Kunde, der schon einmal bei dir gekauft hat, mit hoher Wahrscheinlichkeit noch einmal bei dir kaufen wird. Indem du den neuen Trichter nutzt, kannst du Personen dazu bewegen, mit dir zu interagieren und dein Angebot kennenzulernen, ohne gleich Geld ausgeben zu müssen. Es ist viel wahrscheinlicher, dass sie auf diese Weise zu echten Stammkunden werden.

Hier kommen einige Beispiele, wie du mit diesem neuen Trichter Menschen dazu bringen kannst, sich mit deinem Angebot zu befassen. Wenn du Intuitionsberater bist, kannst du 15-minütige Mini-Readings kostenlos oder zu einem besonders günstigen Preis anbieten. Lass die Kunden aber unbedingt wissen, dass dieser Rabatt eine kurzfristige Ausnahme ist!

Ich biete den Zuhörern meiner Radiosendung außerdem die Möglichkeit, mir während der Livesendung kostenlos eine einzige Frage zu stellen. Ein Kräuterkenner kann kleine Kostproben seiner Heilmittel anbieten. Wenn du Lehrerin bist, kannst du ein Video von einem Vortrag gratis zur Verfügung stellen. Außerdem kannst du kostenlose Probestunden in ganzheitlichen Zentren oder an anderen Orten abhalten.

## RESONANZ – online durch Internet-Marketing

### Die Macht der Technologie nutzen – eMail-Marketing, Blogs, Video, Podcasts und mehr

---

**Tipp #25 für dein spirituelles Unternehmen**

Durch die moderne Technik können auch kleine Unternehmen wie ein Großkonzern geführt werden.

---

**LISA** Die Technik macht es uns möglich, uns mit Kunden zu verbinden, indem wir eine Beziehung zu ihnen aufbauen, die durch traditionelle Printmedien so nicht zustande kommen würde.

Es ist wirklich erstaunlich. Du kannst viel leichter und schneller eine tiefere und bedeutsamere Beziehung zu anderen aufbauen. Du kannst die Probleme deiner potenziellen Kunden kennenlernen und Lösungen anbieten, indem du einfach etwas auf einem deiner Social-Media-Accounts postest oder eine eMail versendest und sofort Reaktionen bekommst.

Gehst du auf die Bedürfnisse und Wünsche (potenzieller) Kunden ein, kannst du dein Unternehmen und Angebot kontinuierlich ausbauen. Berührst du andere mit deinen Gedanken und Sorgen, verstärkt sich deine Verbindung mit diesen Menschen und sie fühlen sich wohler damit, mit dir zusammenzuarbeiten. In dieser Hinsicht hat sich die Welt für Menschen wie dich und mich, die aus dem Nichts ein Unternehmen aufbauen wollen, sehr verändert.

**CINDY** Ja, das Internet ist die beste Möglichkeit, um deinen zukünftigen Kunden die Chance zu bieten, dich kennenzulernen. Mit den Jahren habe ich immer mehr und immer erfolgreicher Internet-Marketing betrieben. Als ich anfing, lief mein gesamtes Marketing noch über den Postverkehr und Zeitungsannoncen. Letztere habe ich (abgesehen von gelegentlichen Anzeigen in einem Esoterikmagazin) inzwischen völlig aufgegeben, weil es sich zur Geldverschwendung entwickelt hat.

Ich gab damals viel von meinem Marketing-Budget für Briefmarken und Druckkosten aus. Ehe ich meinen Blog einrichtete, kostete mich die Versendung jedes Newsletters ein kleines Vermögen! Ich bin so was von froh, dass es jetzt das Internet gibt! In der Vergangenheit hat es mich auch viel mehr Zeit gekostet, meinen Namen zu verbreiten, indem ich Broschüren und Kursankündigungen verschickte. Heute kann man sich auf meiner Seite einfach mein digitales Presse-Kit herunterladen, es gibt die »Über mich«-Seite und einen Kalender, auf dem meine Autogrammstunden, Kurse und Messeauftritte angekündigt werden.

## *eMail-Listen*

**LISA** Das A und O für das Überleben deines Unternehmens ist eine eMail-Liste! Sie hilft dir dabei, dein Unternehmen zu vergrößern und mehr Kunden zu gewinnen.

Das gilt für alle Unternehmen, ob du nun einen Baumarkt führst, Einzelunternehmerin bist oder ein Kleinunternehmen gründest. Deine eMail-Liste besteht aus den eMail-Adressen und bestenfalls noch den Vor- und Nachnamen der Personen, die Interesse an deinem Unternehmen zeigen.

---

**Tipp #26 für dein spirituelles Unternehmen**

Das A und O für das Überleben deines Unternehmens ist eine eMail-Liste!

---

**LISA** Wenn du möchtest, dass sich mehr Personen in deine eMail-Liste eintragen, solltest du nicht zu viele Informationen einfordern. Die Leute geben nur zögerlich mehr als ihre eMail-Adresse und vielleicht noch ihren Namen preis. eMails sind mittlerweile für fast alle zum wichtigsten Kommunikationsmittel geworden und das effektivste Mittel, um Kontakt zu potenziellen Kunden zu halten.

Auf dem College hatten wir bereits alle eMail-Adressen. Zu der Zeit benutzte die Durchschnittsbevölkerung noch keine eMails, und als ich meinen Abschluss in der Tasche hatte, fühlte ich mich isoliert und handlungsunfähig, weil ich nicht mehr so schnell und leicht mit meinen Freunden und Kollegen kommunizieren konnte.

Ich war neidisch auf alle, die Zugang zu einem eMail-Programm hatten. Heutzutage kann das fast jeder verstehen. Wie viele von uns schnappen sich morgens als Erstes ihr Smartphone und checken ihre Mails! Wenn du eine eMail-Liste von potenziellen Kunden hast, die sich für deine Angebote interessieren, erreichst du sie oft also bereits, bevor sie in ihren Briefkasten gesehen haben.

Wenn du deine eMail-Liste richtig aufbaust, verfügst du über eine effektive Möglichkeit, Menschen zu erreichen, die sich bereits »selbstselektiert« dafür entschieden haben, Resonanz zu dir aufzubauen. Der Schlüssel liegt aber darin, diese Liste auf die richtige Weise zu pflegen.

**Tipp #27 für dein spirituelles Unternehmen**

Die beste Position für die Anmeldefunktion für deine eMail-Liste ist die obere rechte Ecke deiner Homepage.

**LISA** Am besten bauen du deine Liste auf, indem du jenen Menschen die Möglichkeit bietest, sich dafür anzumelden, *die sich bereits für dein Unternehmen interessieren.* Das geht am leichtesten in Form eines Anmeldeformulars auf deiner Webseite, in das man seinen Namen und seine Mailadresse eintragen kann. Und dieses Anmeldeformular bringst du möglichst in der oberen rechten Ecke deiner Homepage unter, wo es sich nicht übersehen lässt.

Wenn du potenziellen Kunden die Möglichkeit bietest, sich freiwillig für deinen Newsletter oder deine eMail-Versendungen anzumelden, haben diese Personen sich selbst dafür entschieden, mehr über dich herauszufinden. Sie sind bereits »qualifiziert« als Personen, die glauben, dass Resonanz zwischen euch herrscht. Für dich ist das von unschätzbarem Vorteil, weil du es nun mit Menschen zu tun hast, die mehr über dich und dein Unternehmen wissen *wollen.* Jetzt brauchst du nur noch zu wissen, was in deinen Mails stehen sollte, damit die Leute sie auch tatsächlich öffnen. Dazu kommen wir im nächsten Schritt.

**Eine Warnung:** Kauf niemals eMail-Adressen! Du weißt nie, wo diese Adressen herkommen, und es ist illegal, Personen anzuschreiben, die nicht explizit darum gebeten haben! Wir alle kennen Spam-Mails – und wir alle hassen sie. Spam-Mails sind unangeforderte eMails, und es ist illegal, sie zu verschicken. Das könnte Ärger geben, den du dir ersparen solltest.

Auch wenn du bei Veranstaltungen Visitenkarten sammelst oder eMail-Adressen im Internet heraussuchst und diese Personen anschreibst, gilt das als Spamming. Es spielt keine Rolle, was für eine Art von eMail du verschickst – wenn die Person, der du schreibst, sich nicht in deine Liste eingetragen hat, gilt deine Mail als Spam.

Laut Anti-Spam-Gesetz musst du am Fuß deiner Mails eine Unternehmensadresse angeben und dem Empfänger die Möglichkeit geben, sich von deinem Newsletter abzumelden. Wenn du nicht deine Privatadresse angeben willst, kann auch ein Postfach genannt werden. Die Kosten für ein Postfach sind gering, und aus meiner Sicht ist diese Investition jeden Cent wert.

eMail-Listen sind deshalb ein so mächtiges Instrument, weil du Menschen auf diesem Weg direkt und regelmäßig zu sehr geringen Kosten erreichen kannst. Außerdem bieten sie dir die Möglichkeit zu erfahren, wer deine Mails auch tatsächlich öffnet und liest, da du nachvollziehen kannst, wer auf die Links in der Mail klickt. Du kannst sogar herausfinden, woher die Empfänger stammen und wie oft sie deine Mails öffnen.

Ich weiß beispielsweise, dass die meisten Personen, die meine Mails öffnen, in New York, New Jersey und Connecticut wohnen, was vermutlich daran liegt, dass ich hier am häufigsten *in persona* arbeite. Etwa 87 % der Mails, die geöffnet werden, wurden an Personen aus den USA verschickt, die übrigen verteilen sich auf die ganze Welt. Ich habe eine Öffnungsquote von 30 %, der Durchschnitt in der Unternehmenswelt liegt bei 18 %.

Ich kann auch nachvollziehen, wie viele Personen auf die Links in meinen Mails klicken. Das ist sehr nützlich, weil es zeigt, dass die Leute meine Inhalte interessant finden. Wenn ich eine regionale Veranstaltung anbiete, kann ich eMails an Gruppen aus meiner Liste schicken, beispielsweise nur an Abonnenten, die sich für meine Seminare über Intuition und die Weiterentwicklung medialer Fähigkeiten interessieren.

Am besten kannst du eMails nutzen, um Resonanz zu deinen (potenziellen) Kunden aufzubauen, indem du ihnen Inhalte schickst, die einen Mehrwert für sie haben.

Was bedeutet das? Verschicke Tipps und Informationen, die bedeutsam für deine Tätigkeit sind. Ich versende beispielsweise jeden Monat Tipps, wie man seine intuitiven Fähigkeiten verbessern kann, so dass meine Abonnenten selbständig an sich arbeiten können. Ich achte auch darauf, dass meine eMails immer interessant und unterhaltsam sind und hübsch aussehen. Es macht mir Spaß, meine Mails zu entwerfen, selbst wenn es häufig einige Zeit in Anspruch nimmt. Mit am meisten gefällt mir daran übrigens, dass ich meine rechte Gehirnhälfte trainieren kann, also die intuitive Seite, da ich meine visuelle Kreativität einsetze.

Es macht mir Spaß, Grafiken und Bilder für meine Newsletter herauszusuchen. Mir haben schon einige Leute gesagt, dass es sie immer freut, meine Newsletter zu lesen, und dass diese schön anzusehen sind. Natürlich musst du mit deinem Newsletter nicht so weit gehen, und manche Profis sind der Meinung, dass eine einfache Text-eMail mehr Wirkung zeigt als eine aufwendig gestaltete. Der Theorie nach lesen die Leute gerne Mails von ihren Freunden, aber nicht von großen Unternehmen mit schickem Kopf und großer Werbung. Unterm Strich kann man aber sagen, dass die Kommunikation per eMail funktioniert, egal ob aufwendig gestaltet oder nicht.

---

**Tipp #28 für dein spirituelles Unternehmen**

Niemand möchte eine eMail bekommen, die nur aus Werbung besteht.

---

**LISA** Gute Inhalte, die nützlich und interessant für den Leser sind, sind wichtig. Als Engelberaterin kann ich beispielsweise Engelgebete für verschiedene Situationen verschicken. Man kann solche Mails einmal im Monat aussenden. Vielleicht willst du aber auch eMails verschicken, in denen du häufig gestellte Fragen beantwortest.

Solche Mails eignen sich am besten, weil sie nicht nur interessante Inhalte bieten, sondern auch genau die Art von Themen abdecken, für die sich deine Kunden interessieren – sie haben ja schließlich darum gebeten.

**CINDY** Mir ging es genauso wie Lisa: Meine Mails werden viel häufiger geöffnet, wenn sie mehr Inhalte und weniger Marketing enthalten. Allerdings kannst du natürlich ein bisschen Marketingmaterial oder deine nächsten Veranstaltungstermine ans Ende der Mail packen. Denk aber daran, dass der Inhalt im Mittelpunkt stehen sollte. Marketing ist hier zweitrangig.

## *eMail-Marketing*

---

**Tipp #29 für dein spirituelles Unternehmen**

Nichts baut dein Unternehmen so effektiv auf wie eine eMail-Liste.

---

**LISA** Was ist eMail-Marketing? eMail-Marketing ist Direktmarketing an potenzielle Kunden durch eMails in Form von Newslettern, Angeboten oder Unterhaltungsmaterial. Du brauchst keinen besonderen Service, um eMail-Marketing zu betreiben, allerdings hat sich die Methode bewährt, Provider für eMail-Marketing zu nutzen, da diese über die nötige Infrastruktur verfügen, um große Mengen von eMails zu bewältigen. Außerdem können sie dir dabei helfen können, das Anti-Spam-Gesetz einzuhalten.

eMail-Marketing ist einer der effektivsten und einfachsten Wege, in Kontakt mit (potenziellen) Kunden zu bleiben. eMails an die Mitglieder deiner Liste bringen meistens bessere Ergebnisse als Briefe und sind günstiger.

Wenn du eine eMail-Liste deiner Kunden aufbaust, brauchst du einen Speicherort, an dem du die Liste leicht pflegen kannst. Provider wie Constant Contact, MailChimp, Aweber und iContact bieten Formulare, die man auf seiner Webseite einbauen kann, so dass sich deine Kunden problemlos in die Liste eintragen können. Die eMail-Adressen werden dann beim Provider gespeichert, und du kannst schöne eMails in professionell wirkenden Vorlagen erstellen und verschicken.

Die Vorteile solcher eMail-Marketing-Provider bestehen darin, dass sie keine Beschränkung bezüglich der Anzahl der eMails haben, die du auf einmal verschickst, die Vorlagen nach dem Anti-Spam-Gesetz gestaltet sind und Internet Service Provider (ISPs) genutzt werden, damit die eMails auch wirklich ihr Ziel erreichen. Wenn du mithilfe eines solchen Providers eine eMail erstellst, geht das meist ganz ähnlich vonstatten, als würdest du ein einfaches Schreibprogramm verwenden. Manche stellen auch Bilder zur Verfügung, die du nutzen kannst, ohne einen Gedanken an das Urheberrecht vergeuden zu müssen. Zusätzlich bieten viele von ihnen auch die Möglichkeit, einen Link einzubauen, damit man auf deine Webseite gelangen kann.

Durch eMails lassen sich wertvolle Informationen über deine Angebote kommunizieren. Du kannst Informationen wie Tipps und Nutzungsmöglichkeiten und Vorteile deiner Produkte verbreiten, Informationen über Angebote versenden und kommunizieren, wie man dich am besten erreichen kann.

Niemand will eMails voller Werbung bekommen. Wenn du in deinen Nachrichten ausschließlich wirbst, werden sich viele (potenzielle) Kunden wieder aus der Liste austragen. Achte doch selbst einmal darauf, was für eMails du täglich bekommst und welche davon du liest oder löscht. So kannst du herausfinden, was du bei deinen eigenen Mails berücksichtigen und vermeiden solltest.

---

**Tipp #30 für dein spirituelles Unternehmen**

Einen eMail-Service-Provider zu nutzen spart Zeit und Ärger.

---

**CINDY** Ich nutze meinen eMail-Management-Service-Provider vor allem deshalb, weil er sich automatisch um die lästigen Fälle kümmert, in denen sich jemand von meinem Newsletter abmeldet. Das spart viel Zeit, und so vermeide ich das Risiko, jemandem weiterhin Mails zu schicken, obwohl er sich bereits abgemeldet hat. Wichtig ist bei eMails auch das Thema Häufigkeit.

Wenn ich jemanden nach seiner eMail-Adresse frage, sage ich dazu, dass ich nicht regelmäßig schreibe, da ich selbst nicht gerne viele eMails von Unternehmen bekomme. Diesem Versprechen muss man natürlich auch nachkommen. Zu viele eMails und eMails, die rein dem Verkauf gelten, sind eine todsichere Methode, um Abonnenten loszuwerden. Ich sage auch immer dazu, dass man sich am eMail-Fuß – auch Footer genannt – problemlos abmelden kann, wenn man keine Informationen mehr erhalten will.

Diese Möglichkeit, sich vom Newsletter abzumelden, ist durch das Anti-Spam-Gesetz vorgeschrieben. Um sicherzugehen, dass deine eMails den Anforderungen entsprechen, solltest du dir das Gesetz gründlich durchlesen.

Wenn du zu häufig mailst, wirst du feststellen, dass zahlreiche Abonnenten die eMails einfach löschen. Denk daran, dass es besser ist, eine kleine Liste mit interessierten Kunden zu haben als eine große, deren Mitglieder deine Mails aber sofort löschen. Wenn mir jemand jede Woche eine Mail schickt, höre ich auch auf, sie zu lesen. Wenn ich sogar noch häufiger Mails bekomme, melde ich mich gleich ganz vom Newsletter ab.

Ein weiterer Vorteil von eMail-Services besteht darin, dass du deine Liste sogar in nach Interessen sortierte Gruppen aufteilen kannst. Wenn du beispielsweise an einer ganzheitlichen Messe in einer bestimmten Region teilnimmst, hat es schließlich keinen Sinn, eine Info-Mail über die Veranstaltung an Leute zu schicken, die am anderen Ende des Landes wohnen! Deshalb solltest du auch immer wissen, aus welcher Gegend die Mitglieder deiner Liste kommen.

Viele dieser Programme ermöglichen es dir, in der eMail den Vornamen des Kunden zu nutzen. Ich finde diese Möglichkeit toll, weil du dem Leser damit das Gefühl gibst, ihn persönlich anzusprechen, wodurch du mehr Aufmerksamkeit erregst.

Bei der Nutzung von eMails ist Folgendes wichtig:

- Versende mit deinem Marketing immer auch qualitativ hochwertige Inhalte wie Tipps oder interessante Informationen.
- Verschicke deine eMails in vernünftigen Abständen und

nicht zu häufig. Bediene dich dabei eines eMail-Marketing-Services.

- Gestalte deine Mails leicht lesbar und wenn möglich mit Grafiken.
- Personalisiere deine eMails, so dass sie zu den Interessen des Kunden passen.

**LISA** Eine der Schlüsselkomponenten beim eMail-Marketing besteht darin, auf deiner Liste so viele Menschen wie möglich zu haben, die sich von deinem Unternehmen angezogen fühlen.

Wer nicht auf deiner Liste steht, zu dem kannst du nämlich keine Beziehung aufbauen, und auch eine regelmäßige Kommunikation ist auf anderem Weg kaum möglich. Deshalb ist die eMail-Liste das Wichtigste, wenn du dein Unternehmen ausbauen willst. Sie ist ein zentraler Bestandteil des Internet-Marketings und ein wichtiger Schritt während der Resonanzphase des Marketings. Wenn du deine eMail-Liste mithilfe der Technik so anlegst, dass sie automatisch wächst, katapultierst du dein Unternehmen damit schneller auf die nächste Stufe.

Du brauchst keine große Liste, um effektiv Kunden zu gewinnen. Wenn du gerade erst anfängst, wird deine Liste noch klein sein. Vielleicht beginnst du mit einigen wenigen Kunden und Verwandten und Freunden.

Die Menschen auf deiner Liste müssen nicht zwangsläufig Kunden sein – es kann sich auch um deinen Anwalt handeln! Wenn diese Menschen wissen, was du tust, und regelmäßig über deine Angebote und Veranstaltungen informiert werden, können sie Mundpropaganda für dich betreiben.

Am Anfang brauchst du keinen großen Aufwand zu betreiben oder umgehend dein eMail-Marketing-System zu integrieren. Fang einfach mit einem Anmeldeformular auf deiner Webseite an und arbeite dich von da aus voran. So habe ich es gemacht. Es hat eine Weile gedauert, bis alles automatisch lief.

Denk einfach daran, bei jeder Gelegenheit – bei Verkäufen, auf Workshops und Messen oder bei Vorträgen – Adressen für deine

Liste zu sammeln. All das sind perfekte Gelegenheiten, um Menschen zu begegnen, die sich für dein Angebot interessieren.

Am einfachsten kannst du andere dazu bewegen, sich für deinen Newsletter anzumelden, indem du ein Anmeldeformular in deine Webseite integrierst. Achte dabei darauf, nicht zu viele Informationen einzufordern. Wie gesagt: Die Leute geben nicht gerne viel von sich preis, (Vor-)Name und eMail-Adresse reichen also. Ein Name ist allerdings wichtig, damit du die eMails auch personalisieren kannst. Aber sei auf keinen Fall zu gierig nach Informationen! Je weniger du wissen willst, desto mehr Interessenten werden sich anmelden.

Nach dem Wohnort brauchst du übrigens nicht zu fragen, da er sich automatisch im eMail-System zeigt, wenn der Leser die Nachricht öffnet – ein weiterer Vorteil dieser Technik!

**CINDY** Denk daran, niemals eine eMail-Adresse in deine Liste aufzunehmen, ohne um Erlaubnis gefragt zu haben. Es mag verlockend sein, sich Adressen aus Anzeigen und von Webseiten zusammenzusuchen, aber du brichst damit ein Gesetz, und *wenn du zu oft wegen Spamming gemeldet wirst, setzt man dich auf die Schwarze Liste!*

---

**Tipp #31 für dein spirituelles Unternehmen**

Eine kleine Liste ist besser als eine große, deren Mitglieder deine eMails einfach löschen.

---

**LISA** Ich finde es besonders unhöflich, bei öffentlichen Veranstaltungen Visitenkarten zu sammeln und die eMail-Adressen darauf einfach in seine Liste einzutragen, ohne vorher zu fragen. Mir ist das mehrfach selbst passiert, und abgesehen davon, dass es einen Verstoß gegen das Anti-Spam-Gesetz bedeutet, hat es mich auch sehr verärgert.

**CINDY** Es gibt viele legale und anerkannte Möglichkeiten, deine eMail-Liste aufzubauen. Hier einige Vorschläge:

- Leg auf Veranstaltungen und bei Vorträgen eine Liste aus, in die sich Interessenten eintragen können.
- Sorge dafür, dass du immer die Möglichkeit hast, dir schriftlich oder elektronisch Notizen zu machen, falls sich jemand persönlich für deinen Newsletter anmelden möchte.
- Frag jeden neuen Kunden, ob er deinen Newsletter abonnieren möchte.

## *Online schreiben – Blogs und Internetmagazine*

**LISA** Schreiben ist eine tolle Gelegenheit, Resonanz zu erzeugen. Du musst nicht perfekt schreiben können und brauchst auch kein schriftstellerisches Talent. Beispielsweise kannst du über folgende Themen schreiben:

- Worum geht es bei deinem Unternehmen?
- Was ist deine Unternehmensphilosophie?
- Tipps für ein glückliches Leben
- Was hast du mit deinem Unternehmen noch vor?
- Was sind die Vorteile deines Unternehmens?
- Was hast du durch deine Arbeit gelernt?

Sagen wir beispielsweise, du bist Massagetherapeut. Nun kannst du über verschiedene Massagetechniken und ihre Vorteile schreiben. Wenn du dich mit deinem Unternehmen für eine bestimmte Behandlungsform entschieden hast, solltest du eine Fülle von Informationen darüber parat haben. Als Energieheilerin mit Schwerpunkt Reiki könntest du möglicherweise einmal erklären, was Reiki eigentlich ist und was es bewirkt.

Deine Texte kannst du in einem Blog publizieren. Ein Blog ist wie ein Online-Tagebuch, das aus einzelnen Einträgen besteht, die auf der Webseite untereinander dargestellt werden, wobei sie nach Datum oder thematisch organisiert werden können.

---

**Tipp #32 für dein spirituelles Unternehmen**

Ein Blogbeitrag oder Artikel sollte zwischen 400 und 1.000 Worte lang sein.

---

Der unschlagbare Vorteil von Blogs ist, dass man sie online auf vielen Seiten kostenlos erstellen kann. Im Augenblick ist www.WordPress.com das beliebteste kostenlose Blogging-Tool. Such doch selbst einmal im Internet, was dir am besten gefällt!

Eine Alternative ist www.Blogger.com von Google, das den großen Vorteil mitbringt, dass Google die hier erstellten Blogs besonders genau durchsucht. Ich habe für meine Tipps rund um das Thema Entwicklung medialer Fähigkeiten bei ihnen einen Blog erstellt, der ziemlich viel Traffic generiert.

Sobald du einen Blog erstellt hast, kannst du dort Einträge zu jedem Thema hochladen, das dir gefällt. Du kannst die Webadresse deines Blogs verbreiten, so dass jeder deine Beiträge lesen kann, indem du beispielsweise den Link zu deinem Blog per eMail verschickst, wenn du einen neuen Artikel geschrieben hast, und diesen Link auch in deinen Newslettern unterbringst. Um die Besucherzahl zu steigern, kannst du außerdem Visiten- oder Postkarten mit der Adresse deines Blogs drucken lassen.

Eine Alternative, deine geschriebenen Beiträge sichtbar zu machen, sind Online-Magazine. Sie sind teilweise bereits äußerst beliebt und verbreitet. Selbst Printzeitschriften bieten meistens schon eine Onlineversion an. Such dir eine Zeitschrift aus, deren Abonnenten deiner Zielgruppe entsprechen.

Ich schreibe seit drei Jahren für das *Om Times Magazine,* da es dieselbe Zielgruppe hat wie ich und entsprechend viele potenzielle Kunden erreicht, die sich für meine Tätigkeiten interessieren könnten. Meistens haben diese Zeitschriften Lektoren, die eingesandte Beiträge sichten und gegenlesen. Häufig gibt es Vorgaben, wie lang die Artikel minimal und maximal sein sollten und welche Themen infrage kommen.

Ehe du einen Artikel einsendest, solltest du dir genau ansehen, ob das Online-Magazin auch tatsächlich zu deinem Thema und Schreibstil passt. Lass deinen Text unbedingt gegenlesen und reiche nur Arbeiten von guter Qualität ein. Überprüfe auch die Geschäftsbedingungen, um herauszufinden, was das Magazin mit deinem Artikel alles anstellen darf, wenn es ihn herausbringen sollte.

Einige Magazine erlauben beispielsweise nicht, dass derselbe Artikel noch an anderer Stelle publiziert wird, andere erlauben nur, dass man ihn auf seiner eigenen Webseite, nicht aber in weiteren Zeitschriften herausbringt.

Online-Magazine haben meist ausführliche Statistiken über ihre Abonnenten, aus denen hervorgeht, wie viele Klicks ihre Seiten bekommen und wie lange die Leser auf welcher Seite bleiben. Solche Digitalanalysen können demografische Angaben zu den Besuchern einer Webseite machen und sogar nachvollziehen, von welcher anderen Seite ein Besucher kam, um einen bestimmten Artikel zu lesen.

Derartige Informationen lassen sich durch Google Analytics und andere auf Analysen spezialisierte Unternehmen gewinnen. Die Magazine wissen, welche Art von Konsumenten ihre Artikel lesen. Geh das Werbemedien-Kit des Magazins durch, wo solche Statistiken häufig aufgeführt werden. So kannst du herausfinden, welche Online-Magazine deine Zielgruppe abdecken. Such dazu einfach auf der Webseite des Magazins nach Informationen zum Thema Werbung.

Artikel für Online-Zeitschriften zu schreiben hat den großen Vorteil, dass du deine Beiträge ganz leicht über die sozialen Medien teilen kannst. Solche »Shares« und »Likes« werden oft schon auf der Artikelseite selbst ermöglicht und mit Zahlen versehen. So kannst du herausfinden, welche Art von Artikeln in einem bestimmten Online-Magazin besonders oft gelesen wird, und deine eigenen Artikel an diesen Vorlagen orientieren.

Natürlich kannst du auch Artikel für deinen Newsletter schreiben. Aber nicht vergessen: Du solltest in deinem Newsletter interessante Artikel mit wertvollen Inhalten versenden. So bietest du den Lesern die Möglichkeit, Resonanz zu dir aufzubauen. Auch hier gilt: Du brauchst keine Romane zu schreiben, da die Artikel nur 400 bis 1.000 Wörter lang sein sollten.

### *Videos & Vlogs*

**LISA** Videos zu erstellen, in denen du dein Unternehmen und/oder deine Tätigkeit vorstellst, ist sehr effektiv, um Resonanz zu potenziellen Kunden zu erzeugen. Vielleicht bist du ja – wie so viele Leute – etwas kamerascheu. Ich war es anfangs auch. Aber die Leute können sich leichter mit etwas identifizieren, das sie sehen und hören, als mit etwas, über das sie nur lesen.

Wir Menschen sind visuelle Geschöpfe und sehen gerne die Person, über die wir etwas herausfinden möchten. Wir *wollen* dein Video sehen! Es gibt viele Möglichkeiten, ein Video aufzunehmen. Die meisten Smartphones sind mit einem Videorekorder ausgestattet, und auch in viele Computer ist bereits eine Kamera eingebaut.

Dein Video muss nicht die höchste Auflösung haben, aber du solltest darauf achten, dass das Licht gut ist und die Kamera direkt vor dir positioniert ist. Du solltest weder nach oben noch nach unten gucken müssen, sondern den Blick direkt geradeaus richten können.

Stell außerdem sicher, dass du von vorne beleuchtet wirst. Kommt das Licht von hinten, liegt dein Gesicht im Schatten.

Viele Camcorder, Smartphones, Tablets und Laptops bieten die Möglichkeit, das fertige Video ganz einfach auf sozialen Netzwerken hochzuladen. Such im Internet nach Informationen und lies im jeweiligen »Hilfe«-Bereich der Webseiten nach, wie solche Online-Tools zum Publizieren von Videos funktionieren. Inzwischen gibt es für so gut wie alles großartige Anleitungsvideos!

Die meisten Leute nutzen inzwischen Google als Suchmaschine – aber auch die Suchfunktion von YouTube ist groß und wird stark nachgefragt, obwohl das vielen Usern gar nicht klar ist. Vermutlich hat Google YouTube auch deshalb gekauft.

YouTube wird regelmäßig als Suchmaschine genutzt und kann dir helfen, bei potenziellen Kunden Bekanntheit zu erlangen. Nur um dir zu zeigen, wie mächtig YouTube ist, hier ein kleines Beispiel, wie ein YouTube-Video Traffic auf deiner Webseite erzeugt und damit potenzielle Kunden anziehen kann:

Vor einiger Zeit habe ich auf YouTube ein Video meines Vortrags »The 10 Key Secrets to Intuition« (dt. *Die 10 größten Geheimnisse der Intuition*) samt einem Link auf meine Webseite hochgeladen. Ich postete es nur aus einer Laune heraus, weil ich sehen wollte, wie ich meinen Vortragsstil verbessern könnte. Inzwischen ist das Video über 18.000 Mal angesehen worden. Am meisten erstaunte mich, dass auch Leute aus Kanada und Kalifornien das Video sahen und danach extra nach New York reisten, um meine Kurse zu besuchen!

Wenn es dir Spaß macht, Videos zu erstellen, kannst du auch einen Vlog ins Leben rufen, also einen Video-Blog. Auf YouTube ist das ganz leicht, weil du dort einfach einen eigenen »Kanal« gründen kannst, eine Seite, auf der all deine Videos gepostet werden. Man kann deinen YouTube-Kanal (also Vlog) abonnieren und wird dann informiert, sobald du neue Inhalte postest. Durch Videos lässt sich deine Botschaft sehr effektiv verbreiten, deine potenziellen Kunden erhalten haufenweise Informationen und können Resonanz zu dir aufbauen.

Es ist viel leichter, Resonanz zu jemandem aufzubauen, den man sehen und hören kann, als zu jemandem, den man nur hört oder über den man vielleicht sogar nur liest.

## *Internetradio und Audio-Podcasts*

**LISA** Trotzdem können Audiodateien wunderbare Resonanz erzeugen, weil man Audiosendungen und Podcasts hören kann, während man andere Dinge tut, zum Beispiel zur Arbeit fährt oder abwäscht.

Audioaufzeichnungen sind so effektiv, weil man sie jederzeit anhören kann. Du kannst einen Minikurs, einen Vortrag, eine Meditation oder eine Lesung deiner geschriebenen Texte aufnehmen.

Eine der Möglichkeiten, deine Audiodateien zu verbreiten, ist eine Internet-Radiosendung. So eine Sendung wird genau wie eine traditionelle Radiosendung live gesendet, nur eben übers Internet, so dass die Leute dir vom Computer aus zuhören.

Ich moderiere eine Talkshow im Internetradio mit dem Titel »Between Heaven and Earth« (dt. *Zwischen Himmel und Erde*), und seit 2008 gibt es monatlich eine Sendung. Jedes Mal haben wir Tausende von Zuhörern, und die meisten von ihnen hören sich auch die Archivaufnahmen an. Schon viele Kunden haben mir erzählt, dass sie seit Jahren unsere Sendung hören.

So eine Radiosendung lässt sich ganz einfach erstellen und ist inzwischen eine ausgesprochen beliebte Möglichkeit, um Resonanz zu potenziellen Kunden herbeizuführen. Cindy wird euch mehr über ihre Erfahrungen mit Radiosendungen erzählen.

**CINDY** Dave und ich haben die Internet-Radiosendung »Spiritual Simplicity« (dt. *Spirituelle Einfachheit*) ins Leben gerufen. Damals verfügten wir noch nicht über Lisas Marketing-Wissen, und Internetradio war kaum etabliert. Wir mussten für unsere Sendezeit bezahlen, und es war ein ziemlich teurer Spaß, das Programm auf die Beine zu stellen, ohne dass sofort etwas zurückkam. Jetzt fragst du dich vielleicht, ob es das wert war.

Die Sendung hat mir nicht einen einzigen Beratungstermin eingebracht, aber trotzdem hatte ich dadurch beträchtlichen Nutzen. Es geht nämlich nicht immer darum, wie viele Kunden du durch deine Marketing-Maßnahmen gewinnst. Wir haben zum Beispiel viele Verbindungen geknüpft, die Früchte trugen, als wir unser erstes Buch herausbrachten. Wenn wir gewollt hätten, hätten wir außerdem die Möglichkeit gehabt, die Aufnahmen unserer Sendung zu vermarkten. Und inzwischen kann man, wie Lisa schon erwähnte, für wenig Geld oder kostenlos eine Internet-Radiosendung erstellen.

## Der Schlüssel zum Online-Erfolg – kommuniziere regelmäßig und konsequent!

---

**Tipp #33 für dein spirituelles Unternehmen**

Um Resonanz zu deinen potenziellen Kunden herzustellen, ist nichts so wichtig wie Konsequenz. Versende deine Newsletter und eMails regelmäßig.

---

**LISA** Wenn du Resonanz zu deinen potenziellen Kunden erzeugen willst, ist nichts so wichtig wie Konsequenz. Sei konsequent! Das bedeutet, dass du regelmäßig einen Newsletter oder eine eMail versenden solltest. Ich versuche, meinen Newsletter wenigstens einmal im Monat herauszubringen. Manche Leute empfehlen sogar, ihn einmal wöchentlich zu verschicken. Ich versuche, für ein ausgewogenes Verhältnis zu sorgen, weil ich das Postfach meiner Abonnenten nicht überschwemmen will.

Das Schöne am Internet-Marketing ist vor allem, dass es die ganze Zeit über auf sämtlichen Ebenen des Vertriebstrichters arbeitet. Mithilfe von Internet-Marketing kannst du deine Kunden anziehen, Resonanz zu ihnen schaffen und – wie du noch sehen wirst – Synergieeffekte herbeiführen.

Viele Leute empfinden es eher als Last, sich in Sachen soziale Medien ständig auf dem Laufenden zu halten. So könnte man auf den Gedanken kommen, diese Aufgabe auszulagern. Ich kann dir aber nur davon abraten, deine Posts von jemand anderem erstellen zu lassen, da du ja schließlich Resonanz zu deinen potenziellen Kunden erzeugen willst, und wenn du deinen Posts eine persönliche Note verleihst, spüren die Leser, dass das wirklich *du* bist.

Wenn du einen Blogpost, ein Kurzvideo oder eine Radiosendung erstellst, solltest du konsequent sein und auch regelmäßig neue Inhalte publizieren. Das Minimum ist ein Beitrag pro Monat. Du musst ja nicht gleich auf allen Wegen kommunizieren – such dir einfach eine Möglichkeit heraus und pflege sie konsequent.

Fang mit der eMail-Liste an und verschicke interessante Inhalte an die Empfänger deines Newsletters.

**CINDY** Ich bin ganz Lisas Meinung, dass man in den sozialen Medien seine eigenen Posts schreiben sollte. Die persönliche Note ist sehr wichtig und meiner Meinung nach einer der Hauptgründe dafür, dass soziale Netzwerke so erfolgreich sind. Allerdings kenne ich auch einen sehr erfolgreichen und vielbeschäftigten spirituellen Lehrer, der jemand anderen regelmäßig »Weisheitshäppchen« aus seinem Buch veröffentlichen lässt. Er selbst postet dann eine etwas persönlichere Botschaft, wenn er Zeit hat – eine gute Mischung aus Inhalt und Personalisierung.

## Was kommt zuerst? Wo fange ich an?

---

**Tipp #34 für dein spirituelles Unternehmen**

Wenn du nicht weißt, womit du anfangen sollst, ist Facebook besser als Twitter.

---

**LISA** Wenn du dich fragst, mit was du anfangen sollst, dann plädiere ich für die eMail-Liste. Newsletter-eMails sind viel effektiver als soziale Medien wie Facebook oder Twitter. Selbst wenn du gerade erst loslegst und noch gar keine Liste hast, kannst du Bekannte und Verwandte fragen, ob sie sich eintragen möchten, und dann von dort ausgehend weiter an der Liste arbeiten.

Die Personen auf deiner Liste sind selbstselektiert und interessieren sich dafür, mehr über dich zu erfahren. Das Problem mit den meisten sozialen Medien besteht darin, dass nicht alle deine Posts sehen können, da diese eine zeitlich begrenzte Lebensdauer haben. Falls du dich jetzt fragst, mit welcher Social-Media-Plattform du arbeiten solltest: Ich rate dir eher zu Facebook als zu Twitter. Wenn du Artikel schreiben willst, eignet sich ein Blog, um sie langfristig zur Verfügung zu stellen, weil der Blog dauerhaft online bleiben kann.

Für ein Online-Magazin zu schreiben ist besser als ein Blog, weil Magazine meistens ein größeres Publikum haben. Aber auch dein Blog hat seinen Wert. Wenn möglich solltest du also für beides schreiben. Ich habe vor Jahren Blogposts verfasst, die bis heute gelesen werden, und häufig tragen sich die Leser nachher für meinen Newsletter ein.

Video ist besser als Audio, weil Videos meistens mehr zum Aufbau einer Beziehung beitragen können. Aber du solltest mit dem anfangen, womit du dich am wohlsten fühlst! Versuch gar nicht erst, alles auf einmal zu machen. All diese Dinge brauchen ihre Zeit, und es ist wichtig, dass du dir genügend Zeit nimmst, um konsequent daran zu arbeiten und hochwertige Inhalte zu erstellen.

## RESONANZ – persönlich durch direkte Begegnung

### Wo du persönlichen Kontakt aufnehmen kannst

#### *Die Bücherei*

**CINDY** Kostenlose Vorträge sind eine Möglichkeit, Bildung zu vermitteln und deiner Gemeinschaft etwas zurückzugeben. Büchereien sind der perfekte Ort, um zukünftigen Kunden Wissen darüber zu vermitteln, worum es sich bei deiner Behandlungsmethode oder deinem Produkt genau handelt und welchen Nutzen dein Angebot hat. Allerdings darf man in Büchereien meist keinen Eintritt verlangen.

Deine Rede sollte mehr sein als nur ein langes Verkaufsgespräch. Auch hier ist es wichtig, dass du echte und wertvolle Informationen verbreitest und nur ein klein wenig deiner Redezeit tatsächlicher Werbung widmest.

Denke aber darin, eine Anmeldeliste für deinen Newsletter herumzureichen, Broschüren und Flyer für anstehende Veranstaltungen und vielleicht auch Rabattgutscheine für eine Erstbehandlung oder den ersten Einkauf zu verteilen.

## *Messen für Medialität, Esoterik-Expos und Gesundheitsmessen*

**CINDY** Messen für Medialität, Expos und andere ganzheitliche Veranstaltungen sind eine tolle Möglichkeit, um mit anderen Praktizierenden zu netzwerken und sich potenziellen Kunden zu präsentieren. Abhängig von der Veranstaltung finden sich hier meist Praktizierende aus den Bereichen Reiki, Massagen, Chiropraktik, Spiritismus und Verkäufer verschiedenster Produkte.

Messen und Expos können ein teurer Spaß sein, und wenn du dich nicht professionell präsentierst, sitzt du vielleicht den ganzen Tag alleine herum, statt zu arbeiten und zu netzwerken. Verkaufsstände sind häufig günstiger als Stände für Praktizierende.

Ehe du dich auf einer Messe anmeldest, solltest du selbst einige besucht haben. Beobachte, wie die Schilder und Auslagen der Aussteller aussehen, bei denen großer Andrang herrscht. Ich habe schon oft beobachtet, wie ein neues Medium oder ein anderer Praktizierender viel Geld für einen Stand hinblätterte und dann mit einem handgemalten Schild ankam, ein Stück Stoff auf den Tisch legte und am Ende die gesamte Messe über stirnrunzelnd und mit verschränkten Armen auf seinem Stuhl saß und rätselte, warum sich niemand für sein Angebot interessierte.

Verschwende kein Geld für eine Veranstaltung, solange du nicht recherchiert hast und bereit bist, dich dort stark und selbstbewusst zu präsentieren.

Du kannst Werbung bei deiner bereits vorhandenen Klientel für die Veranstaltung machen, indem du eMails und/oder Postkarten mit allen Daten und einer Info, was du dort tun wirst, verschickst.

Wenn ich einen Vortrag halte, versuche ich, die Uhrzeit anzugeben, allerdings erfahre ich sie selbst oft erst kurz vorher. Deshalb verschicke ich eine erste Information drei Wochen vor der Veranstaltung und eine zweite Erinnerung nur wenige Tage vorher. Natürlich kannst du auch auf deinen Social-Media-Accounts verbreiten, dass du anwesend sein wirst!

Wenn ich obendrein Beratungen abhalte, erstelle ich in meinen sozialen Netzwerken eine Veranstaltungsseite. Ich biete allen Kunden, die im Voraus eine Beratung buchen, einen Rabatt von fünf Dollar. Wie du persönlich im Vorfeld Marketing betreibst, hängt aber natürlich jeweils davon ab, um was für eine Art von Veranstaltung es sich handelt und was du dort anbietest.

Ein professionell wirkendes Schild und ein ausgedrucktes Preisschild sind ein Muss. Viele Copy-Shops bieten solche Schilder zu fairen Preisen an und haben sogar vorgefertigte Designs, in die du nur noch deinen Text eingeben musst. Vermeide dabei allzu naheliegende Designs, da sie vielleicht hübsch sind, aber vermutlich auch auf den Schildern von drei anderen Ständen auftauchen werden! Such lieber nach einem Design, dass für deine Energie und die Besonderheit deines Unternehmens spricht.

Wenn du dich gerade inspiriert fühlst, kannst du ja auch dein eigenes Design erstellen! Drucke Preisschilder und Flyer auf deinem Computer aus. Sorge dafür, dass das Preisschild leicht lesbar und groß gedruckt ist, da die meisten Leute nicht direkt an deinen Tisch kommen. Ich habe digitale Bilderrahmen als Preisschilder gekauft, da die bewegten Bilder darauf Aufmerksamkeit erregen. Da du deine Schilder nirgendwo festnageln kannst, solltest du außerdem in Aufsteller investieren.

Nachdem du ein paar Veranstaltungen besucht hast, weißt du ja bereits, welche Stände dir gefallen haben und welche nicht. Dein Stand sollte Energie widerspiegeln. Halte ihn nicht zu spartanisch, überlade ihn aber auch nicht so sehr, dass es zu viel auf einmal zu sehen gibt. Achte auf Farben und stimme alles aufeinander ab – das Tischtuch sollte beispielsweise zum Vorhang oder deiner Kleidung passen.

Ich verwende auf meinem Auslagetisch und meinem Beratungstisch denselben Stoff als Tischtuch. Vergiss außerdem nicht, einen kleinen Teller mit Süßigkeiten hinzustellen – und sei hier nicht geizig! Niemand bleibt für ein paar billige Pfefferminzbonbons stehen. Natürlich werden ein paar Leute etwas zu beherzt zugreifen, aber ein Seitenblick genügt meistens, um zu verhindern, dass sie ein fünftes Mal vorbeikommen, um sich zu bedienen. Wenn du deinen Tisch verlässt, solltest du den Knabberteller aber besser wegstellen, weil er sonst leer ist, wenn du wiederkommst.

Ein Korb oder eine Schale mit einem Preis, der unter allen verlost wird, die sich für deinen Newsletter eintragen, ist ein tolles Plus für deinen Tisch und eine Möglichkeit, neue Adressen zu erhalten. Ich biete als Preis ein Exemplar meines neuesten Buches oder eine viertelstündige Telefonlesung an. Ich frage nach der Post- und der eMail-Adresse und versende gleich nach der Veranstaltung an die neuen Mitglieder meiner Liste einen Brief mit meiner Broschüre und später eine eMail.

Wer nichts gewinnt, bekommt einen Brief, in dem ich ihm mitteile, dass er nicht gewonnen hat. Oft lege ich noch einen Fünf-Dollar-Gutschein dazu. Ich frage in dem Formular, in das sich die Teilnehmer eintragen, auch nach, ob sie sich für andere Messen in der Gegend, für Esoterikbücher und Unterricht interessieren. Niemand bekommt gerne Junk-Mails, und so weiß ich gleich, wem ich welche eMails schicken sollte und wem nicht.

Du solltest außerdem eine Mappe mit Informationen über dich und dein Unternehmen auslegen. In meiner befinden sich Artikel von mir und über mich, Informationen über meine Dienstleistungen, Bilder und meine Zertifikate. Ich war überrascht, wie gerne die Leute die Bilder ansehen, die mich auf meinen Reisen zeigen.

Die meisten Leute ignorieren die Artikel über mich und blättern gleich zu den Fotos weiter, weshalb sich in meiner Mappe inzwischen vor allem Bilder befinden – und ja, viele zeigen nichts weiter als mich im Urlaub! Einer der Favoriten ist ein Foto mit einem Delfin, das meine Schwester während meines Australien-Urlaubs aufnahm. Ich weiß gar nicht mehr, wie viele Leute schon gesagt haben: »Ich liebe Delfine! Ich muss unbedingt einen Termin bei Ihnen vereinbaren.«

Die Fotos in deiner Mappe brechen das Eis: Häufig haben die Leute auf Messen Angst, dass man sie »beschwatzt«, aber wenn man unverfänglich über eine Reise oder Delfine plaudert, kann man sich kennenlernen, ohne dass es gleich zu einem Verkaufsgespräch kommt. Sie sehen mich als echten Menschen, nicht als »das Medium«, das etwas verkaufen will.

Wenn man wieder auf eine Messe oder Expo eingeladen werden will, muss man eine gewisse Etikette einhalten. Auch deshalb solltest du vorher schon einige Veranstaltungen besucht haben, denn so kannst du herausfinden, welche Werbemaßnahmen akzeptiert werden und welche nicht. Auf der Veranstaltung, die ich am häufigsten besuche, gilt es beispielsweise als unhöflich, hinter seinem Tisch zu *stehen* oder ihn zu verlassen. Bei einer anderen, die nicht weit entfernt stattfindet, gilt es dagegen als unhöflich, wenn man sich hinter seinen Tisch *setzt!* Niemals in Ordnung ist es, Leute anzusprechen, ehe sie an den Tisch gekommen sind. Du solltest niemanden mit kostenlosen Behandlungen locken, Messegäste beschwatzen oder schlecht über andere Aussteller reden. Zu aggressives Marketing wird nicht gern gesehen, und wenn du in der Branche überleben willst, solltest du das respektieren.

Achte auch auf deine Körpersprache. Wenn du die Arme verschränkst oder ein Buch liest, wirkst du automatisch unnahbar. Großgewachsene Männer sollten besonders auf ihre Körpersprache achten. Mein Mann bucht meine Lesungen für mich, und er ist mit seinen gut Einsachtzig recht groß. Er versucht, so wenig wie möglich zu stehen, und wenn, dann verschränkt er die Hände hinter dem Rücken, um offen und unbedrohlich zu wirken. Wenn dir jemand an deinem Stand assistiert, solltest du darauf achten, dass es sich um eine Person mit offener, freundlicher Ausstrahlung handelt.

Sag deinen Helfern vorher Bescheid, dass es dir unlieb ist, wenn sie am Tisch ihr Handy benutzen, und erkläre ihnen, wie Körpersprache funktioniert. Im Stehen ist es eben ratsam, die Hände hinter dem Rücken zu verschränken. Energetisch zeigst du damit nämlich, dass dein Herzzentrum offen ist. Im Sitzen und Stehen solltest du es gleichermaßen vermeiden, die Arme zu verschränken.

Wenn bei der Veranstaltung die Möglichkeit besteht, Vorträge zu halten, solltest du einen Themenvorschlag einreichen. Vorträge sind eine sehr gute Werbung, denn so erscheint dein Name gleich zwei Mal im Programmheft! Außerdem kannst du dabei einem Publikum, das deiner Zielgruppe entspricht, Werbematerial aushändigen.

Ich verschicke nach jeder Veranstaltung Briefe und Mails, danke allen Kunden, die eine Lesung bei mir gebucht haben, und verbreite die Ergebnisse des Wettbewerbs per Brief. In diesem Fall ist mir die gute, alte Post am Liebsten, weil ich beispielsweise eine Broschüre und vielleicht auch einen Rabattgutschein oder Werbung für mein neuestes Buch beilegen kann.

---

**Tipp # 35 für dein spirituelles Unternehmen**

Vorträge bei ganzheitlichen Veranstaltungen sind wirksame Möglichkeiten, neue Kunden zu gewinnen.

---

**LISA** Ich habe schon viele Vorträge auf derartigen Veranstaltungen gehalten und festgestellt, dass sie eine effektive Möglichkeit darstellen, gesehen zu werden und neue Kunden zu gewinnen. Früher hielt ich bei öffentlichen Veranstaltungen immer Engelberatungen ab und bat alle, die einen Termin buchten, sich in meine Verteilerliste einzutragen.

Dadurch gewann ich pro Tag so viele neue Kunden, wie ich Beratungen abhalten konnte, also ungefähr zwanzig, wenn mein Terminkalender voll war. Mit einem einzigen dreiviertelstündigen Vortrag kann man leicht vierzig bis fünfzig potenzielle neue Kunden für seine Liste gewinnen!

Um einen Vortrag halten zu dürfen, muss man meist einen Ausstellungsstand anmieten. Manchmal reicht es aber auch, Werbung in der Veranstaltungsbroschüre zu schalten.

Man kann darum bitten, einen Vortragstermin an einem bestimmten Tag und zu einer bestimmten Uhrzeit zu bekommen, aber meistens hat man nicht viel Auswahl und der Termin wird einem einfach zugeteilt.

Manchmal gibt es zwischen den Vorträgen eine fünf- bis zehnminütige Pause, damit sich der nächste Redner vorbereiten kann, aber es kommt auch vor, dass die Vorträge direkt aneinander anschließen. Wenn man bei seinem Vortrag Material benötigt, kann es hier zu zeitlichen Problemen kommen.

Am besten, man geht einfach davon aus, dass die Pause sehr kurz oder nicht vorhanden ist, und nimmt einen Helfer mit, damit man das Material, das man benötigt oder verteilen will, nicht selbst organisieren muss. Bei einigen Veranstaltungen wird es nicht gern gesehen, dass man Vorträge nutzt, um etwas zu verkaufen – es wird erwartet, dass nur gelehrt wird und der Inhalt des Vortrags rein informativ ist. Manchmal kann man für ein wenig Geld auch Geräte mieten oder seine eigenen mitbringen. Ich empfehle ein Mikrofon und ein Lautsprechersystem, denn sonst ist es manchmal schwierig, den Vortragenden zu verstehen.

Ich habe eine kleine tragbare Lautsprecheranlage mit drahtlosem Mikro. Das ist zwar schon eine etwas teurere Anschaffung, aber wenn du häufiger Vorträge hältst, lohnt sich die Investition. Einmal musste ich sie sogar bei einem kleinen Vortrag in einem Restaurant benutzen, damit man mich verstehen konnte!

Halte deinen Vortrag kurz. Vielleicht kommen dir fünfundvierzig Minuten nicht sehr lang vor, aber die Wahrheit sieht anders aus, vor allem, wenn du auch Fragen beantworten willst. In einer kleineren Gruppe ist es wichtig, das Publikum zu integrieren und zur Teilnahme zu ermutigen. So können die Leute leichter Resonanz zu dir aufbauen und bringen sich mehr ein. Anfangs ist das Publikum meist zurückhaltend, doch sobald sich ein paar Leute beteiligen, finden immer mehr den Mut, Fragen zu stellen.

Das Geheimnis, wie man Leute anzieht und einen Saal füllt, besteht aus zwei Teilen: dem Titel des Vortrags und dem Thema. Versetze dich in die Lage des Publikums und überlege, was dich selbst interessieren würde. Wenn du einen Titel wählst, der speziell ist und verrät, was für einen Mehrwert der Vortrag hat, ziehst du mehr Leute an als mit einem vagen Larifari-Titel.

Nehmen wir beispielsweise einen Vortrag mit dem Titel »Wahrheit befreit«. Ich kann mir darunter nicht viel vorstellen, meine Aufmerksamkeit wird nicht geweckt. Einer meiner Vorträge heißt »10 Key Secrets to Intuition«, also *Die 10 wichtigsten Geheimnisse der Intuition*. Als ich ihn zum ersten Mal hielt, war der Raum brechend voll mit 50 Zuhörern, einige mussten sogar stehen. Ich schätze, vielleicht vier der Zuhörer standen auf meiner Kundenliste. Alle anderen waren Messebesucher.

Bring deine Broschüren, Postkarten und Visitenkarten mit und verteile sie. Du solltest alle Informationen darüber bereithalten, wo man deine Produkte oder Dienstleistungen kaufen und weitere Veranstaltungen von dir besuchen kann. Bei Vorträgen wirst du fast immer auf Menschen stoßen, die mehr über dich und dein Unternehmen erfahren möchten.

Visitenkarten sollten eine besondere Note haben. Denk daran, sie immer bei dir zu haben, wenn du eine Veranstaltung besuchst, auf der du anderen Menschen begegnest – was heißt, dass du sie so gut wie immer bei dir haben solltest. Eine Visitenkarte ist eine schnelle, bequeme Möglichkeit, den Leuten zu helfen, dich nicht zu vergessen. Sie ist wie ein Lesezeichen, das man auf eine Webseite setzt.

Die Leute, die dir auf einer Veranstaltung begegnen, wollen sich an dich erinnern, später mehr über dich herausfinden und Kontakt halten. Ganz gleich, ob du etwas praktizierst, Vorträge hältst, Autor oder selbst noch Schüler bist – vergiss niemals deine Visitenkarten!

Während meiner Vorträge veranstalte ich häufig eine Verlosung unter allen, die sich in meine Liste eintragen. Der Gewinner erhält eine kostenlose Engelberatung und wird in einer eMail genannt, die ich nach der Veranstaltung verschicke – meistens handelt es sich dabei um meinen Newsletter. Die Verlosung ist häufig eine weitere Motivation, sich deinen Vortrag anzuhören.

## *Buchhandlungen und Esoterikläden*

**CINDY** Ganz gleich, ob du spiritueller Berater, Engelberaterin, Channelmedium oder Massagetherapeut bist: Esoterik-Buchhandlungen und -läden sowie alle anderen Geschäfte, die ein ganzheitliches Publikum bedienen, eignen sich perfekt als Startrampe für dein Unternehmen.

Du kannst dort Vorträge oder Lesungen anbieten oder einfach nur da sein und Menschen kennenlernen. Wenn du Unterricht gibst oder einen Tag lang Sitzungen anbietest, ist es eine nette Geste, auch etwas Kleines aus dem Laden zu kaufen. Wenn wir die Esoterikgeschäfte in unserer Umgebung nicht unterstützen, verlieren wir sie und vermutlich auch unser eigenes Unternehmen. Hier kommen einige Punkte, die du berücksichtigen solltest, wenn du in diesem Umfeld arbeitest: Zum Einen ist der Laden nicht dafür verantwortlich, Kunden für dich heranzuschaffen – du musst selbst Werbung für dich machen! Soziales Netzwerken bildet hier einen guten Anfang. Gründe eine Veranstaltungsseite, wenn du Unterricht gibst, oder schreibe einen Post darüber, wo du auftreten wirst.

Verschicke eMails an alle auf deiner Liste mit einem Link zur Webseite des Ladens. Lass den Laden wissen, dass du auch Werbung für ihn machst, denn dann ist es wahrscheinlicher, dass man dort hinter dir steht und dich weiterempfiehlt.

Versuche, die Kontaktdaten oder wenigstens Vornamen und eMail-Adresse jedes potenziellen Kunden zu bekommen, dem du begegnest. Dabei geht es nicht darum, dem Laden Kunden zu klauen, sondern darum, diese neuen Kunden wissen zu lassen, was du im Angebot hast und wann du zurückkehrst. *In der spirituellen Branche sind moralische Grundsätze wichtig, denn sonst ist dein Unternehmen gar nicht spirituell.*

Das bedeutet, dass es in Ordnung ist, deine neuen Kontakte zu informieren, wenn du wieder in der Gegend bist, aber du solltest sie nicht nutzen, wenn du selbst einen ähnlichen Laden eröffnen willst.

Ich verwende ein Datenbankformular, in dem die Kunden nach ihrem Namen, ihrer Anschrift, ihrer eMail-Adresse und ihrem Geburtsdatum gefragt werden – Letzteres, weil ich Numerologin bin und weil ich dadurch Geburtstagskarten mit einem Rabattgutschein verschicken kann. Wenn jemand das Formular nicht ausfüllen will, solltest du keine große Sache daraus machen, aber darauf hinweisen, dass du auf diese Weise Informationen über deine Auftritte und Termine in der Gegend verbreitest.

Wenn jemand dann immer noch nicht seine Kontaktdaten herausgeben will, sage ich, dass man auch den Kalender auf meiner Webseite nutzen kann, um herauszufinden, was für Termine in Zukunft anstehen. Auf dem Formular für meine Verlosungen befinden sich kleine Kästchen, in denen die Teilnehmer ihre Interessen ankreuzen können, damit ich nur Material verschicke, über das die Kunden auch wirklich etwas wissen wollen. Dasselbe lässt sich auf der eMail-Liste durchführen.

Beispielsweise frage ich meine potenziellen Kunden, ob sie sich für Bücher zum Thema Ermächtigung interessieren. Wenn sie hier kein Kreuz setzen, schicke ich ihnen keine Informationen über meine Buchveranstaltungen, sondern nur über meine spiritistischen Sitzungen. Klar, wenn ich ein neues Buch herausbringe, mache ich bei allen Mitgliedern meiner Liste Werbung dafür, aber an Kunden, die sich nicht direkt dafür interessieren, niemals häufiger als ein einziges Mal.

Lass deine Kunden wissen, dass du ihre Daten nie an Dritte preisgeben würdest, dass du sie nicht mit eMails überfluten wirst und sie deine eMails jederzeit abbestellen können. Danach ist es natürlich wichtig, dass du sie *wirklich* nicht mit eMails überflutest!

Der Laden, den du nutzt, wird vermutlich einen Anteil an deinem Umsatz als Miete nehmen. Dieser Anteil ist immer unterschiedlich, also solltest du dich vorher erkundigen. Das habe ich auf einer Lesereise auf die harte Tour lernen müssen. Ich bot von selbst an, einem der Läden vierzig Prozent meines Umsatzes abzutreten, und fand später heraus, dass man dort normalerweise nur dreißig Prozent nimmt!

Außerdem ist der Prozentsatz bei Lesungen oft anders als bei Lehrveranstaltungen, also solltest du außerdem fragen, wie viel du für welche Leistung abtreten musst. Manchmal bezahlt man auch einfach nur eine Pauschale für die Raummiete. Wenn aber ein Anteil meines Umsatzes genommen wird, bitte ich darum, eine Obergrenze festzulegen.

Egal, ob du Lesungen oder Kurse anbietest – es ist immer wichtig, die Umgebung zu respektieren, in der du dich befindest, nach der Veranstaltung aufzuräumen und den Ort selbst durch Werbung und Käufe zu unterstützen.

## Verlosungen und Werbegeschenke

**CINDY** Nichts erzeugt so viel Wohlwollen (und eine so gute Datenbank) wie eine Verlosung. Kostenlose Behandlungen ohne Verlosung sind in Ordnung, solange sie begrenzt sind und nur selten angeboten werden – sonst warten die Kunden einfach nur auf deine nächste Aktion.

Ich organisiere bei jeder Veranstaltung eine Verlosung. Dafür stelle ich ein altmodisches Bonbonglas auf und klebe ein Schild daran, das ich nicht von Hand geschrieben, sondern auf dem Computer ausgedruckt habe und auf dem ich die Regeln erkläre. Die Teilnehmer werfen ihre Formulare dann in das Glas. Verlost wird meist nur ein einziger Preis, sei es mein neues Buch oder eine kostenlose viertelstündige Telefonberatung. Dann bitte ich den Aussteller neben mir oder einen Angestellten, am Tagesende einen Gewinner zu ziehen.

Ich sage den Teilnehmern, dass sie postalisch informiert werden, wenn sie gewinnen, aber auch nur ihre eMail-Adresse angeben können. Ich schicke allen Teilnehmern, die mir ihre Postadresse gegeben haben, einen Brief, damit ich eine Broschüre und vielleicht auch einen Rabattgutschein beilegen kann. Die Leute neigen dazu, Broschüren aufzuheben, eMails dagegen löschen sie eher.

Jetzt hast du schon so viel dafür getan, dass dich deine Klienten kennenlernen und Resonanz zu die aufbauen konnten, dass du natürlich auch willst, dass sie deinem Unternehmen langfristig treu bleiben. Im nächsten Kapitel komplettiert Lisa ihr Marketing-Trio mit Informationen zum Thema Synergie, die dafür sorgt, dass deine Kunden bei dir bleiben und Stammkunden werden.

# Wie du dein Unternehmen ausbaust und erhältst: SYNERGIE

**LISA** Sobald du eine erste Kundengruppe etabliert hast, willst du dein Unternehmen natürlich weiter ausbauen. Das bedeutet, dass du die Beziehung zu deiner Kundengruppe erhalten und erweitern, aber auch, dass du neue Kunden anziehen und Resonanz zu ihnen aufbauen musst. Der Prozess, in dem du es deinen Kunden ermöglichst, dich und deine Arbeit kennenzulernen, und dann eine Beziehung zu ihnen aufbaust und erhältst, ist eine Form der Erzeugung von Synergieeffekten.

Die Erzeugung von Synergieeffekten steht am Ende des Vertriebstrichters. Der Grundgedanke besteht darin, mit vielen Menschen in Kontakt zu kommen, die dich »ausprobieren«, um herauszufinden, ob sie bei dir kaufen wollen. Einige werden Resonanz aufbauen und den ersten Schritt wagen, dein Angebot auszuprobieren, andere nicht.

Einige von denen, die dich und deine Arbeit ausprobieren, bleiben und kaufen noch mehr. Sie durchlaufen den gesamten imaginären Trichter – und werden schließlich deine treuesten Kunden.

---

**Tipp #36 für dein spirituelles Unternehmen**

Der Aufbau und die Erhaltung einer Beziehung zu deinen Kunden ist eine Form der Erzeugung von Synergieeffekten.

---

Um dein Unternehmen auszubauen, ist es natürlich sinnvoll, so viele Kunden wie möglich durch den Trichter zu schicken. Wer nicht gleich etwas kauft, wird vielleicht zu einem späteren Zeitpunkt zuschlagen, also solltest du den Kontakt halten.

Sobald du deine ersten Kunden hast, möchtest du außerdem, dass sie zurückkommen. Aber wie stellt man das an? Indem man Synergieeffekte mit ihnen erzeugt!

## SYNERGIE – was ist das eigentlich?

**LISA** Die Erzeugung von Synergieeffekten läuft in etwa so ab, als würden aus Bekannten Freunde werden und aus diesen Freunden eines Tages vielleicht sogar *gute* Freunde. Hast du schon mal einen Schauspieler, den du magst, so oft im Fernsehen oder Kino gesehen, dass du fast das Gefühl hattest, ihr wärt befreundet? Du hast angefangen, auf diesen Star zu vertrauen, und wolltest immer auf dem Laufenden darüber sein, was er gerade treibt.

Vielleicht holst du dir ja auch jeden Morgen im gleichen Café einen Kaffee und hast den Besitzer, der dort immer hinterm Tresen steht, schon etwas besser kennengelernt. Durch euren regelmäßigen Smalltalk habt ihr mehr übereinander erfahren, und du empfindest ihn als Freund.

Du magst seine Produkte, und er führt deine Lieblingskaffeesorte. Der Besitzer weiß, was du möchtest, und wenn er dich kommen sieht, fängt er schon mit der Zubereitung an.

Dann eröffnet gegenüber ein neues Café, aber du willst es nicht einmal ausprobieren, weil du eine synergetische Beziehung zu deinem Lieblingscafé hast. Du bist auf vielen Ebenen ein treuer Kunde. Solche synergetischen Verbindungen entstehen sogar zwischen Menschen, die sich regelmäßig auf dem Weg zur Arbeit am Bahnhof sehen.

Vielleicht redet man nicht miteinander, aber nach einer Weile erkennt man sich gegenseitig und hat durch die gemeinsame tägliche

Routine eine stillschweigende Verbindung. Und genau so funktioniert Synergie! Man ist auf eine Weise verbunden, die langfristige Auswirkungen hat. Wegen dieser Verbindung wird es wahrscheinlicher, dass man ein treuer Fan, Kunde oder Freund wird!

---

**Tipp #37 für dein spirituelles Unternehmen**

Die Leute wollen Verbindungen eingehen und diese auch erhalten. Deine Aufgabe besteht darin, dafür zu sorgen, dass sie sich mit *dir* verbinden wollen.

---

Als Unternehmer ist es wichtig, enge Beziehungen zu seinen Kunden aufzubauen. Das Schöne ist, dass wir Menschen soziale Wesen sind. Wir sind biologisch darauf programmiert, sozial zu sein und Verbindungen aufzubauen. Unser soziales Wesen ist das, was uns als Spezies so mächtig macht. Die Leute wollen Verbindungen eingehen und diese auch erhalten. Deine Aufgabe besteht darin, dafür zu sorgen, dass sie sich mit *dir* verbinden wollen.

Die Erzeugung von Synergieeffekten ist nicht nur der Schlüssel zur Aufrechterhaltung deiner Kundenbeziehungen, sondern auch wichtig, wenn du dein Unternehmen ausbauen willst.

## Wie du deine Kunden an dich bindest

**LISA** Eine Möglichkeit, den Menschen zu helfen, die eine Verbindung zu dir aufbauen wollen, besteht darin, für sie sichtbar zu bleiben. Sei es durch Werbung, sei es, indem du sie über deine Veranstaltungen informierst, sie deinen Blog lesen oder deinen Podcast anhören – Hauptsache, sie sind sich deiner Anwesenheit stets bewusst. Natürlich bedeutet das erst einmal konsequente Arbeit, aber es ist wichtig!

Ich analysiere das Verhalten meiner Kunden seit Jahren und habe dabei herausgefunden, was auch die meisten Marketingexperten bestätigen werden: Deine besten Kunden sind die, die schon einmal etwas bei dir gekauft haben. Sie sind eher bereit, wieder Geld bei dir auszugeben. Sichtbar zu bleiben ist auf viele Weisen möglich, und vergiss nicht, dass selbst eine Veranstaltung, für die du Eintritt nimmst, eine Form der Werbung ist und Sichtbarkeit erzeugt.

Die kosteneffektivste – manchmal sogar kostenlose – Möglichkeit, Kontakt zu halten, sind Werbung, Social Media oder eMails an die Adressen auf deiner Liste.

---

**Tipp #38 für dein spirituelles Unternehmen**

Deine besten Kunden sind die, die schon einmal etwas bei dir gekauft haben.

---

Jetzt wirst du dich wahrscheinlich fragen, wie oft du sichtbar sein solltest. Das hängt einerseits natürlich von deinem Terminplan ab, aber auch davon, auf welchem Weg du dich an die Leute wendest. Wenn du eMails verschickst, liegt das Minimum bei einmal monatlich.

In den sozialen Medien solltest du wenigstens ein paar Mal die Woche etwas posten, wenn nicht sogar jeden Tag. Inzwischen gibt es so viele Möglichkeiten, für sehr wenig Geld sichtbar zu bleiben, und es geht ganz leicht. Du musst dir einfach nur die Zeit nehmen, es auch wirklich zu tun. Synergieeffekte kannst du online oder persönlich erzielen.

Die Erzeugung von Synergieeffekten ist nicht zuletzt für das Wachstum deines Unternehmens wichtig. Da deine bereits vorhandenen Kunden gleichzeitig die Kunden sind, die am wahrscheinlichsten noch einmal bei dir einkaufen werden, ist es natürlich wichtig, dass du ihnen etwas zu bieten hast, das interessant für sie ist! Du musst also dafür sorgen, dass du mehr Produkte und Dienstleistungen im Angebot hast. Der beste Zeitpunkt, um die nächste Dienstleistungs- oder Produktstufe anzubieten, ist der Moment, in dem dein Kunde gerade etwas von dir gekauft oder deine Dienstleistungen in Anspruch genommen hat – mit anderen Worten: Wenn er gerade in dein Unternehmen eingebunden ist.

Wenn ich beispielsweise meinen zweitägigen Grundkurs in Intuitionsentwicklung anbiete, spreche ich normalerweise nach der Hälfte der Kursdauer mit meinen Schülern über den Mittelstufenkurs und beende den Tag damit, dass ich Werbung für diesen Folgekurs mache, indem ich einen zeitlich limitierten Sonderpreis anbiete, der nur für die Dauer des Kurses gilt.

Sein Unternehmen auszubauen bedeutet, konstant neue Produkte und Dienstleistungen anzubieten, die die Kunden in jeder Phase im Prozess des Beziehungsaufbaus kaufen können. Wenn du dich nur darauf konzentrierst, neue Kunden zu gewinnen, und die ignorierst, die du schon hast, verlierst du eine wichtige Möglichkeit, dein Unternehmen einen Schritt weiter zu bringen.

Du kannst eine neue »Stufe« deiner Dienstleistungen oder Produkte anbieten oder ein Zusatzprodukt auf den Markt bringen, das bereits vorhandene Angebote noch interessanter macht. Man bezeichnet das als »Upsell« oder »Zusatzverkauf«. Weil ein Kunde etwas von dir gekauft hat und bereits mag, was du im Angebot hast, stehen die Chancen gut, dass er wieder bei dir kaufen wird. Upsells können dein Geschäft effektiv vergrößern, ohne dass du noch einmal ganz von vorne anfangen musst.

Du brauchst also etwas, das du als nächste Stufe eines Produkts oder einer Dienstleistung oder als Zusatzangebot verkaufen kannst. Deine Aufgabe besteht entsprechend darin, dir Produkte und Dienstleistungen auszudenken, die man in mehrere Ebenen aufteilen kann. Die Langlebigkeit deines Unternehmens beruht nicht nur auf deiner Fähigkeit, neue Kunden zu gewinnen, sondern auch darauf, bereits existierende Kunden dazu zu bewegen wiederzukommen, weil sie mehr wollen.

Im Folgenden erklären wir, wie du Upsells und stufenförmige Produkte erzeugen kannst, damit dein Unternehmen wächst und deine Kunden treu und zufrieden sind.

## Biete dem Kunden mehr: Produkte und Dienstleistungen

**LISA** Upsells können darin bestehen, dass du eine Ergänzung zu einem existierenden Produkt oder Service anbietest, oder darin, deinen Kunden auf andere Dinge aufmerksam zu machen, die sie kaufen könnten, bislang aber nicht entdeckt haben.

Du kannst auch das, wofür sich dein Kunde bereits interessiert, upgraden. Natürlich brauchst du dafür mehr Produkte und Dienstleistungen – und die musst du erst einmal erschaffen. Hier einige Beispiele für solche Zusatzangebote und Upgrades.

Ein Masseur könnte als Zusatz die Verwendung von Duftölen, Hot-Stone-Massagen oder vielleicht eine Wachsbehandlung mit Feuchtigkeitspflege anbieten. Eine Reiki-Heilerin kann zusätzlich Klangheilung oder Kristallbehandlungen in ihr Portfolio aufnehmen. Ich habe meine Engelberatungen schon häufig in Kombination mit kurzen Energieheilungen angeboten.

Diese Angebote können außerdem das gewisse Extra darstellen, das dich von anderen Anbietern unterscheidet. Wenn du Intuitionsberater bist, könntest du Termine anbieten, die auf einzelne Lebensbereiche wie Berufsleben, Beziehungen oder Kommunikation mit Tieren spezialisiert sind.

Allgemein kannst du verschiedene Stufen deiner Produkte und Dienstleistungen anbieten. Üblich ist die Aufteilung in Anfänger-, Mittel- und Fortgeschrittenenstufe. Auf der Anfängerstufe kannst du auch kostenlose oder fast kostenlose Dienstleistungen anbieten.

Die Produkte und Dienstleistungen der Anfängerebene sind am günstigsten und für deine neuen Kunden am leichtesten zu kaufen. So können sie dein Unternehmen für wenig Geld ausprobieren, vielleicht durch eine Kurzbehandlung oder ein vereinfachtes, kleineres Produkt.

Die Mittelstufe ist das Standbein, die Ebene, auf der die meisten Kunden kaufen werden. Sie ist also zentral für dein Angebot.

Auf der Fortgeschrittenenstufe kannst du Luxusdienstleistungen und -produkte mit allen Vorteilen und Zusätzen anbieten.

Meistens sind diese natürlich teurer. Der Kunde sollte hier allerdings auch mehr für sein Geld bekommen. Bei den Anfängerprodukten ist es wichtig, einiges kostenlos anzubieten, beispielsweise Proben. Diese locken nicht nur neue Kunden an, sondern ermutigen auch bereits existierende Kunden, Neues auszuprobieren und mehr zu kaufen.

Bei deinen Veranstaltungen kannst du außerdem die Möglichkeit nutzen, etwas »im Hinterzimmer« zu verkaufen. Sagen wir, du bietest einen Workshop an oder hältst einen Vortrag und hast ein engagiertes Publikum. Viele dieser Leute werden Interesse daran haben, sofort etwas von dir zu kaufen.

Es ist wichtig, dass du ihnen in genau diesem Augenblick etwas anbieten kannst, denn die Leute neigen dazu, dich schnell wieder zu vergessen, oder ihr Interesse versiegt nach einer Weile.

Wir bilden uns gerne ein, dass wir beim Einkaufen rational vorgehen, aber in Wahrheit kaufen wir meist einem Impuls folgend. Damit soll nicht gesagt sein, dass man sich später nicht über den Kauf freut – es ist einfach nur so, dass wir zuschlagen, wenn wir gerade in der richtigen »Stimmung« sind. Und wenn deine Kunden in dieser Stimmung sind, solltest du bereit sein. Meist entsteht sie direkt nach einem Vortrag oder Workshop.

Wenn du in deinem Unternehmen viele Dinge im Angebot hast, kannst du deine Kunden direkt »abholen«. Vergiss bei solchen Veranstaltungen also nicht, Produkte mitzubringen und dich so vorzubereiten, dass du sofort Termine vereinbaren kannst.

**CINDY** Bei manchen Veranstaltungen ist es verboten, etwas zu verkaufen. In diesem Fall ist es ratsam, immer eine Broschüre mit einer Produkt- und Preisliste dabei zu haben, am besten in Kombination mit einem Rabattgutschein, der schon bald abläuft. So motivierst du die Interessenten, einen Kauf zu tätigen, ehe der Enthusiasmus über die Veranstaltung abebbt.

Ich will damit nicht sagen, dass du kein guter Redner oder keine gute Rednerin bist – aber wie Lisa schon sagte, neigen wir Menschen zu Impulskäufen. Häufig bleibt nach einer Veranstaltung keine Zeit, sich noch lange im »Hinterzimmer« aufzuhalten und zu verkaufen. Wenn der Verkauf von Produkten im Vortragsraum verboten ist oder dir keine Zeit bleibt, überreiche deinen Zuhörern einfach deine Broschüre und verabrede dich mit ihnen auf dem Flur.

Dieser Prozess wird stark vereinfacht, wenn du auf deinem Handy oder Tablet Kreditkartenzahlungen entgegennehmen kannst. Du kannst die Produkte dann per Post verschicken, per eMail Links zu deinen Onlinekursen senden oder – falls du auf einer Messe bist und einen Stand hast – die Produkte dort aushändigen.

## Kundenaufbau und Kundenpflege durch Beziehungsaufbau

**LISA** Als Unternehmer oder Unternehmerin ist es deine Aufgabe, dich auf den Kunden zu konzentrieren, sowohl indem du neue Kunden anlockst, als auch durch die Pflege bereits existierender Kunden. Hier folgen einige Vorschläge, wie du verschiedene Kundengruppen ansprechen kannst.

### *Neukunden*

**LISA** Dein Neukundenstamm ist die aktivste Gruppe. Es handelt sich um Kunden, die dich gerade erst entdeckt haben und überzeugt genug von dir sind, um etwas gekauft zu haben. Sie werden mit höherer Wahrscheinlichkeit noch einmal etwas kaufen als jemand, den du gerade erst kennengelernt hast und der noch nichts gekauft hat.

Es ist ratsam, die aufmerksame Haltung von Neukunden schnell zu nutzen, indem man sie über die nächste Produkt- oder Dienstleistungsstufe informiert. In Kapitel 2 haben wir darüber gesprochen, wie wichtig es ist, sich auf ein Hauptprodukt zu konzentrieren, aber das bedeutet nicht, dass du all die anderen Zusatzangebote einfach vergessen solltest! Jetzt ist der richtige Zeitpunkt gekommen, um deine übrigen Angebote vorzustellen und herauszufinden, was du noch zu deinem Portfolio hinzufügen könntest, um dein Hauptangebot zu verbessern.

Einer meiner Zusatzkurse ist ein Grundkurs in Kristallarbeit, der sehr beliebt ist, weil die Leute Kristalle einfach lieben. Dieses Buch hier ist das Resultat eines meiner Kurse mit dem Titel »How To Start Your Spiritual Business« (dt. *Wie du ein spirituelles Unternehmen gründest*). Ich habe ihn ins Leben gerufen, weil mich so viele Menschen fragten, wie es mir gelungen sei, mein spirituelles Unternehmen sowohl online als auch in der persönlichen Beratung so erfolgreich aufzuziehen, wie ich das Internet für meine Zwecke nutze und wie man ein spirituelles Unternehmen im Internet eigentlich umsetzen kann.

Wenn du gerade erst anfängst, hast du vielleicht noch gar keine Kunden, die dich fragen, was du sonst noch im Angebot hast, aber du kannst trotzdem dein bisheriges Wissen und deine Interessen einsetzen, um zusätzliche Produkte und Dienstleistungen zu erschaffen.

### *Bereits existierende Kunden*

**LISA** Bereits existierende Kunden kannst du belohnen, indem du ihnen Rabatte gewährst und besondere Angebote machst, damit sie zurückkommen und regelmäßige Kunden werden. Sie sind es, für die du so hart gearbeitet hast und arbeitest! Ich versuche, meine bereits vorhandenen Kunden zu belohnen, indem ich sie besonders früh auf neue Veranstaltungen hinweise. Da sie auf meiner Liste stehen, kann ich sie gesondert informieren und ihnen einen Rabatt auf die Kursgebühr gewähren, wenn sie sich bis zu einem bestimmten Datum anmelden. Je mehr man bei mir kauft, desto höher fallen die zukünftigen Rabatte aus.

### *Treue Langzeitkunden*

**LISA** Du wirst ein paar wenige Langzeitkunden haben, die dir absolut treu sind und zu jeder deiner Veranstaltungen kommen oder über einen längeren Zeitraum hinweg all deine Produkte gekauft haben. An diese Kunden verteile ich gerne Werbegeschenke und die größten Rabatte, denn so kann ich sagen: »Danke, ich weiß es sehr zu schätzen, dass Sie bei mir bleiben.«

Diese Art von Belohnung ist auch eine schöne Möglichkeit, deine treuen Kunden einzubinden und für neuere Kunden sichtbar zu werden, wodurch sich wiederum zeigt, dass dein Unternehmen gedeiht. Wenn neue potenzielle Kunden sehen, dass andere dein Unternehmen in Anspruch nehmen, bei dir einkaufen und deine Arbeit oder Produkte mögen, entsteht eine äußerst wirkungsvolle Kaufmotivation, die als »sozialer Beweis« bezeichnet wird.

## *Der soziale Beweis*

**LISA** Beim sozialen Beweis geht es darum, wie unser Verhalten von anderen beeinflusst wird, besonders von einer Personengruppe, die wir als sachkundig empfinden. Unter »Sachkunde« lässt sich hier verstehen, dass jemand eine bestimmte Erfahrung gemacht hat, beispielsweise, indem er einen Laden besuchte und diesen nun anderen empfiehlt. Der soziale Beweis wird auch als »sozialer Einfluss« bezeichnet.

Seine Wirkung können wir vor allem dann beobachten, wenn wir ein Produkt online kaufen, das bereits Kundenbewertungen hat. Wenn es viele positive Rezensionen gibt, wird es mit höherer Wahrscheinlichkeit als kaufenswert eingestuft.

Soziale Beweise sind ein äußerst einflussreiches psychologisches Phänomen, das Menschen zu einem bestimmten Verhalten motiviert. Ist es dir auch schon passiert, dass du dich in einer Warteschlange angestellt hast, obwohl du das gar nicht musstest – nur, weil sie da war? Das sind soziale Beweise: Jeder tut es, also kann oder sollte ich es auch tun. Soziale Beweise lassen sich dazu nutzen, potenzielle Kunden dazu zu ermutigen, bei dir zu kaufen.

**CINDY** Ich kann in meinem Unternehmen ständig soziale Einflüsse beobachten. Wenn ich auf einer Messe oder einer ganzheitlichen

Veranstaltung mediale Beratungen anbiete, buche ich meine ersten Termine gerne schon im Voraus. Wenn die Leute sehen, dass ich von Anfang an viel zu tun habe, nehmen sie an, dass ich beschäftigter bin als andere, weil ich besser bin als diese.

Am Ende bin ich oft bis zum Nachmittag ausgebucht. Das Konzept »ausgebucht = besser« muss natürlich nicht zwingend wahr sein. Ich bin gut, aber die anderen Medien, mit denen ich häufig zusammenarbeite, sind es auch. Es geht einfach nur um die Wahrnehmung, den *sozialen Einfluss*, der die Leute glauben lässt, ein vielbeschäftigtes Medium sei besser. Tatsächlich lässt sich ein gutes Medium aber eher dadurch identifizieren, was die Leute nach der gemeinsamen Sitzung sagen.

---

**Tipp #39 für dein spirituelles Unternehmen**

Erfahrungsberichte bekommst du am leichtesten, indem du einfach um sie bittest.

---

**LISA** Durch Kundenempfehlungen und Erfahrungsberichte erlangst du soziale Beweise für dein Unternehmen. Einen Erfahrungsbericht bekommst du am leichtesten, indem du einfach darum bittest. Wenn dir nach einem Termin beispielsweise ein Kunde erzählt, wie toll er deine Arbeit fand, kannst du ihn fragen, ob du seine Aussage als Erfahrungsbericht verwenden darfst. Es ist mir noch nie passiert, dass jemand Nein gesagt hat!

Besonders angenehm sind solche Erfahrungsberichte natürlich, wenn sie schon in geschriebener Form bei dir ankommen, beispielsweise per eMail oder Brief. Dann kannst du den entsprechenden Absatz einfach herauskopieren. Allerdings solltest du immer um Erlaubnis bitten, den Text öffentlich verwenden zu dürfen. Frage unbedingt auch nach, ob du den Namen des Verfassers nennen darfst.

Viele Leute wollen nicht mit ihrem vollen Namen genannt werden, sind aber einverstanden damit, mit Vornamen und dem Anfangsbuchstaben ihres Nachnamens aufzutreten. Wenn du dich entsprechend vorbereitest, kannst du nach einem Kurs oder einer Veranstaltung auch einen Erfahrungsbericht eines Besuchers auf Video oder Tonband festhalten. Am besten fragst du danach, wenn jemand dir gegenüber gerade von deinen Produkten oder deinen sonstigen Angeboten schwärmt.

Video-Erfahrungsberichte sind aussagekräftiger als geschriebene, und solche mit Namen sind aussagekräftiger als anonym veröffentlichte.

Erfinde niemals einen Erfahrungsbericht, denn das ist gesetzlich verboten. Erkundige dich über die genaue Gesetzeslage!

Am leichtesten kannst du gute Zeugnisse über deine Arbeit via Social Media verbreiten. Je mehr du dort mit deinen treuen Kunden zu tun hast, desto besser – dann sind sie wahrscheinlich eher bereit, selber Gutes über dein Unternehmen zu verbreiten.

**CINDY** Auch ich habe bisher noch nie die Erfahrung gemacht, dass Kunden nicht wollten, dass ich ihr Lob als Erfahrungsbericht verwende. Ist ein Kunde besonders zufrieden mit meiner Leistung, erkläre ich ihm, das schönste Kompliment sei ein Erfahrungsbericht, und bitte den Kunden, mir einen zu mailen. Manchmal tun sie es, manchmal nicht.

Ich habe festgestellt, dass einige Online-Terminplaner die Möglichkeit bieten, nach dem Termin automatisiert um einen Erfahrungsbericht zu bitten, und versuche derzeit mehr darüber herauszufinden. Auch der Bezahldienst Square bietet eine derartige Feedback-Funktion. Nutzt man sie, sollte man allerdings ein dickes Fell haben und auch auf negative Kritiken gefasst sein. Lernen kann man daraus aber genauso gut.

Die Idee von Video-Erfahrungsberichten gefällt mir sehr – was für ein mächtiges Marketing-Tool!

## SYNERGIE – online mit dem Internet

---

**Tipp #40 für dein spirituelles Unternehmen**

Die Erzeugung von Synergieeffekten mit deinen Kunden besteht aus zwei Aufgaben: Bleibe sichtbar und vergrößere dein Angebot.

---

**LISA** Die Erzeugung von Synergieeffekten mit deinen Kunden besteht aus zwei Aufgaben: Bleibe sichtbar und vergrößere dein Angebot.

### Wie du dein Unternehmen mit Online-Produkten und Online-Dienstleistungen ausbauen kannst

**LISA** Synergieeffekte durch das Internet zu schaffen ist leicht, weil man nicht einmal das Haus dafür verlassen muss. Einige Unternehmen können ihre Dienstleistungen und Produkte ganz einfach über das Internet anbieten. Andere Unternehmen aber müssen dem Kunden immer noch persönlich begegnen.

Online kannst du Menschen regelmäßig und zeitlich auf sie abgestimmt erreichen, wo auch immer sie sich gerade aufhalten. Solche Online-Produkte sind ein zusätzliches Plus für deine Kunden, für das sie möglicherweise zu zahlen bereit sind.

Wenn du beispielsweise Akupunktur anbietest und ein Online erhältliches Upsale-Produkt in dein Sortiment aufnehmen willst, könntest du eine schriftliche Anleitung erstellen, welche Nahrungsergänzungsmittel bei bestimmten Leiden helfen, wegen denen Patienten typischerweise einen Akupunkteur aufsuchen.

Hier stellen wir dir jetzt einige Möglichkeiten vor, wie dein spirituelles Unternehmen Online-Produkte und Online-Dienstleistungen anbieten und sich so der Vorteile des Internets bedienen kann. Als Intuitionsberaterin oder Coach kannst du deine Sitzungen beispielsweise online via Skype oder Online-Konferenz anbieten.

In jeder Form von spirituellem Unternehmen bietet es sich an, den Menschen die Möglichkeit zu geben, von dir zu lernen. Die Leute wollen ihr Wissen erweitern, sei es durch Webinare, Podcasts, Audiokurse oder schriftliche Anleitungen – und all das lässt sich problemlos online als Zusatzprodukt zur Verfügung stellen.

Wenn du ein Unternehmen hast, in dem du Beratungen durchführst, kannst du zusätzliche Online-Dienstleistungen anbieten, indem du nach der Beratung Checklisten, schriftliche Anleitungen, Arbeitsblätter oder Video-Tutorials zur Verfügung stellst. Diese kannst du als allgemein gehaltene Materialien oder auf den einzelnen Kunden zugeschnitten als Teil deiner Beratung anfertigen.

Bist du beispielsweise Meditationslehrer, kannst du deine Meditationen aufnehmen und deinen Kunden als Online-Download gegen eine Gebühr zur Verfügung stellen.

Selbst wenn du einen ganz normalen Laden hast, kannst du zusätzlich einen Onlineshop gründen, so dass man deine Produkte auch im Internet bestellen kann, und die Waren dann ganz einfach per Post verschicken.

**CINDY** Online-Upsells sind leicht zu erstellen, besonders im unteren Produktsegment oder wenn sie kostenlos sind. Du kannst PDFs, Anleitungen, Videos und Audiodateien in einem nicht-öffentlichen Bereich deiner Webseite unterbringen und dem Klienten einen Link zu dieser Seite schicken oder einen Mitgliederbereich einrichten, zu dem man nur mit Passwort Zugang hat.

## *Online-Unterricht*

**LISA** Wenn dein Unternehmen von Seminaren, Workshops und Lehre lebt, kannst du all das auch online anbieten. Ich gebe schon seit Jahren Online-Unterricht, aber erst seit Kurzem ist die Technologie so weit, dass dieser auch wirklich nutzerfreundlich und sicher genug ist, um das Material vor Diebstahl zu schützen.

Deshalb war mein letzter Onlinekurs genauso erfolgreich wie mein persönlicher Unterricht. Das Schöne am Online-Unterricht ist, dass auch Menschen von außerhalb, denen es an der Zeit und dem Geld mangelt, extra anzureisen, daran teilnehmen können. Online-Unterricht wird meistens über eine sogenannte Mitgliederseite durchgeführt, auf der sich die Teilnehmer einloggen.

Die Mitgliederseite ist mit einem Online-Warenkorbsystem gekoppelt, über das man Zahlungen entgegennehmen kann. Die Seite kümmert sich um Sicherheit und Zugangsdaten, damit nur Leute teilnehmen können, die auch dafür bezahlt haben.

**CINDY** Ich halte Online-Unterricht für die Antwort unserer Kultur auf unser Bedürfnis nach Bildung. Die Leute haben inzwischen weniger Angst, ihre Kreditkartendaten online zur Verfügung zu stellen, und fühlen sich immer wohler beim Umgang mit der nötigen Technik. Durch Webseiten und die sozialen Medien können potenzielle Kunden aus der ganzen Welt auf Onlinekurse aufmerksam werden und an ihnen teilnehmen. Wir sind in eine Phase der globalen Ökonomie eingetreten.

## *Online-Shops*

**LISA** Inzwischen ist es ganz einfach, einen Online-Shop für Produkte einzurichten, die nur downgeloaded werden müssen. Viele Leute publizieren heutzutage ihre eigenen Bücher und verkaufen sie online als Textdokumente.

Hast du einen Podcast, kannst du beispielsweise die Interviews aus der Sendung zusammenfassen und als Paket anbieten. Denk daran, dass all diese Produkte auch großartige zusätzliche Anreize geben! Du kannst sie als Extra oder als Teil eines größeren Pakets verbreiten, um den Wert deiner Ware zu erhöhen.

## *Webinare, Teleseminare und Telekonferenzen*

**LISA** Durch ein sogenanntes Webinar kannst du deinen Kunden online in einer virtuellen Kursgruppe begegnen. Zu manchen Webinaren kann man auch über einen Konferenzanruf mit dem Telefon Zugang erhalten. Auch hier können die Menschen jederzeit und an jedem Ort teilnehmen, solange sie nur Zugang zu Telefon oder Internet haben. Du kannst auch einen Kurs, den du persönlich hältst, als Internet-Broadcast anbieten und so Menschen daran teilhaben lassen, die nicht vor Ort sein können.

Denk daran, dass alles, was du tust, um dich der Welt zu zeigen und deinen Kunden behilflich zu sein, eine Möglichkeit ist, dich ihnen zu präsentieren, ganz gleich, ob sie etwas kaufen wollen oder nicht oder vielleicht sogar schon etwas von dir gekauft haben. Wenn du deine Produkte und Dienstleistungen erstellst, solltest du dir deshalb die drei Kundenebenen (Neukunden, bereits existierende Kunden und Langzeitkunden) und die drei Upsell-Ebenen (Anfänger, Mittelstufe und Fortgeschrittene) vor Augen halten.

## Bleib sichtbar – Präsenz durch Technologie

**LISA** Synergieeffekte mit anderen zu erzeugen, um für sie sichtbar zu bleiben, ist durch die sozialen Medien inzwischen sehr einfach geworden. Auch wenn solche Aktivitäten im Gegensatz zum Verkauf von Produkten oder Dienstleistungen kein direktes Einkommen produzieren, stellen sie doch eine ziemlich gute Werbemöglichkeit dar.

Noch wichtiger aber ist, dass du sie nutzen kannst, um eine Beziehung zu deinen Kunden aufzubauen, um Vertrauen zu erlangen und dafür zu sorgen, dass dein Unternehmen in ihren Köpfen präsent bleibt. Es ist sehr wichtig, dass du sichtbar bleibst und die Leute einbindest, unabhängig davon, ob sie dabei aktiv teilhaben oder nur passiv sehen, was du mitzuteilen hast.

Manche Leute finden die sozialen Medien frustrierend. Sie haben den Eindruck, dass ihnen niemand zuhört, weil es zu weniger Interaktion kommt als erwartet. Aber denk daran, dass viele Leute bloß passiv teilhaben und lieber einfach nur etwas lesen wollen, als sich aktiv einzubringen. Das ist kein Problem – sie brauchen eben eine Weile, um sich wohl zu fühlen und selbst das Wort zu erheben.

Eine Möglichkeit, mehr Interaktion zu erzeugen, besteht darin, schlichtweg darum zu bitten. Bitte deine Abonnenten oder Follower darum, etwas zu posten oder dir eine Antwort zu schreiben. Niemand will der Erste sein, der etwas sagt, aber wenn jemand anfängt, beteiligen sich plötzlich oft auch noch andere.

Um Synergieeffekte mit deinem Publikum zu erzeugen, kannst du dich auch durch eMails, die sozialen Medien, Texte, Video und Tonaufnahmen – also all den Kommunikationsformen, über die wir in den vergangenen Kapitel gesprochen haben – mit ihm austauschen.

---

**Tipp #41 für dein spirituelles Unternehmen**

Nutze beim Schreiben einen lockeren Tonfall. Er ist leichter verständlich, und die Leser können sich leichter mit dir identifizieren.

---

## SYNERGIE – persönlich und auf die traditionelle Art

**LISA** Manche Leute bauen lieber persönlich als im Internet eine Verbindung auf. Um Synergieeffekte mit diesen Menschen zu erzeugen, musst du Möglichkeiten finden, öffentlich aufzutreten. Persönlich Beziehungen aufzubauen ist noch immer sehr effektiv, weil wir – wie gesagt – soziale Wesen sind. Und es gibt nicht wenige Leute, die aus verschiedenen Gründen keinen Computer haben, vielleicht, weil sie es nicht wollen, vielleicht, weil sie sich der Technik nicht gewachsen fühlen.

Dieser Menschengruppe näherst du dich am besten auf nicht technologisierte Weise. Der Vorteil persönlicher Begegnungen liegt darin, dass die soziale Interaktion oft tiefgehender ist. Der Nachteil besteht darin, dass man nur eine begrenzte Anzahl an Menschen gleichzeitig erreichen kann und dafür möglicherweise reisen und einen Raum anmieten muss. Je mehr Personen du erreichen willst, desto mehr musst du reisen, was ganz schön ins Geld gehen kann.

Wenn du dein Unternehmen persönlich führst, beispielsweise in Form eines Ladens oder einer Praxis, dann ist die direkte Begegnung mit deinen Kunden vermutlich die beste Möglichkeit, für sie sichtbar zu bleiben. Dein Unternehmen wird dann wahrscheinlich regional sein, und es ist ratsam, so viele Menschen wie möglich aus deiner Gegend kennenzulernen.

## Vorträge und Reden

**LISA** Anderen von Angesicht zu Angesicht gegenüberzustehen, ist eine wunderbare Möglichkeit, Synergieeffekte zu erzeugen. Du kannst Menschen durch Workshops, Seminare, Vorlesungen und Vorträge begegnen. Vielen Leuten fällt es allerdings schwer, vor Publikum zu sprechen.

Wie schon erwähnt, kannst du dich in diesem Fall einer Toastmasters-Gruppe anschließen oder Freunde fragen, ob du vor ihnen üben darfst. Wenn du in dieser Hinsicht keine Ängste kennst, sind öffentliche Vorträge eine tolle Möglichkeit, für deine Kunden sichtbar zu bleiben und – wie bereits besprochen – neue Kunden anzulocken.

Du kannst deine Vorträge und Vorlesungen auf Expos, Messen und anderen Großveranstaltungen halten. Bei deinen ersten Vorträgen wirst du vermutlich noch Geld an die Veranstalter abtreten müssen. Aber das wird sich ändern.

Wenn du viel Erfahrung gesammelt hast und außerordentlich gute Vorträge hältst, bezahlt man dich vielleicht sogar dafür! Am leichtesten kannst du natürlich eine größere Menschenmenge anlocken, wenn dein Vortrag kostenlos ist.

Manchmal teilt man sich die Karteneinnahmen für einen Vortrag oder eine Rede auch mit dem Veranstalter, oder – diese Möglichkeit gibt es ebenfalls – man bittet dich, einen unbezahlten Vortrag zu halten, obwohl der Veranstalter Eintritt verlangt. In diesem Fall bekommst du als Gegenleistung vom Veranstalter die Möglichkeit, öffentlich aufzutreten, ein neues Publikum kennenzulernen und so vielleicht neue Kunden zu gewinnen.

## Kurse und Workshops

**LISA** Unabhängig davon, ob Kurse und Workshops einen zentralen Bestandteil deines Unternehmens darstellen, können sie eine sehr gute Möglichkeit darstellen, Synergieeffekte mit deinen Kunden zu erzeugen. Wann immer du einen Kunden über Themen aufklärst, die relevant für dein Unternehmen sind, bietest du ihnen gleichzeitig die Möglichkeit, mehr darüber zu erfahren, wie dein Unternehmen ihnen helfen kann.

Kurse, Seminare und Workshops unterscheiden sich von Vorträgen dadurch, dass Erstere interaktiver sind und du währenddessen Übungen, Handouts und sogar Werbegeschenke verteilen kannst.

Wenn sie ein wichtiger Bestandteil deines Unternehmens sind, kannst du auch bezahlbare Miniklassen und -Workshops auf fortlaufender Basis anbieten.

Kurse, die einmal wöchentlich über einen Zeitraum von mehreren Wochen stattfinden, bieten ebenso gute Möglichkeiten, Synergieeffekte zu erzeugen und können eine schöne Ergänzung zu deiner Produktpalette sein.

**CINDY** Es gibt kaum eine bessere Möglichkeit, Synergieeffekte mit deinen Kunden zu erzeugen, als ihnen kostenlose oder zumindest günstige Informationen in Form eines Kurses oder Workshops anzubieten. Meine kostenlose monatliche Vortragsreihe »Metaphysics Interactive« (dt. *Interaktive Metaphysik*) bot mir nicht nur die Möglichkeit, der Gemeinschaft etwas zurückzugeben. Ich konnte so auch meine Expertise zeigen und einmal im Monat vor meiner Kundschaft stehen. Meine Schüler hatten das Gefühl, kostenlos wertvolle Informationen zu erhalten, und im Gegenzug schenkten sie mir ihre Treue.

## Besondere Gruppenveranstaltungen

**LISA** Du kannst deinen Kunden auch einen Mehrwert bieten und so für dauerhafte Synergieeffekte sorgen, indem du besondere Gruppenveranstaltungen anbietest, zum Beispiel Retreats, Exkursionen oder ein einfaches geselliges Beisammensein. So bleiben deine Kunden mit dir in Kontakt und bewahren das Interesse an deinem Angebot, was eure Beziehung vertieft.

Du kannst ein Retreat in einem spirituellen Zentrum oder einem kleinen Hotel abhalten und deinen Kunden so ein Intensiverlebnis ermöglichen. Das bedeutet für deine Kunden nicht nur ein zusätzliches Angebot, sondern bietet ihnen auch die Möglichkeit, dich eingehender kennenzulernen und Zeit mit dir und deiner Arbeit zu verbringen.

Ich habe ein Retreat mit dem Titel »Sedona's Sacred Places« (dt. *Sedonas heilige Stätten*) angeboten, bei dem ich die Gruppe zu allen berühmten metaphysischen Stätten geführt habe, für die Sedona in Arizona bekannt ist. Ein Retreat anzubieten bedeutet eine Menge Arbeit, aber es ist gleichzeitig auch eine sehr gute Möglichkeit für gegenseitiges Kennenlernen – und man hat einen tollen Grund, zusammenzukommen und Synergieeffekte zu erzeugen.

Eine beliebte Webseite, auf der du ein Treffen eintragen kannst, damit andere sich anmelden können, ist www.Meetup.com. Die meisten Veranstaltungen, die dort eingetragen werden, sind kostenlos, da Meetup dafür gedacht ist, Gleichgesinnte zusammenzubringen, damit sie ihre Interessen teilen können. Ich habe die Seite für die Treffen meines Arbeitskreises zur Intuitionsentwicklung genutzt, die damals noch kostenlos waren. Es kamen über 150 Teilnehmer zusammen.

Auch Exkursionen eignen sich gut, um mit deinen Kunden Synergieeffekte zu erzeugen. Beispielsweise habe ich schon Ausflüge zum St. Padro Pio-Schrein und zur St. Patrick's Cathedral, beide in New York, organisiert. Das macht Spaß, und die Kunden können einem gemeinsamen Interesse nachgehen.

### *Briefsendungen*

---

**Tipp #42 für dein spirituelles Unternehmen**

Briefsendungen sind teuer, und sie sollten sich lohnen. Halte sie kurz, verwende einen leicht lesbaren Schrifttyp und lasse viel Platz frei.

---

**LISA** Wenn eMails für deine weniger technisch interessierten Klienten keine Option darstellen oder du keine Massen-Mails versenden kannst oder willst, gibt es immer noch die Möglichkeit, Briefsendungen effektiv einzusetzen. Cindy hat damit viel mehr Erfahrung als ich und ein paar tolle Tipps auf Lager.

**CINDY** Es ist zwar wichtig, eine gute eMail-Datenbank aufzubauen, ich habe allerdings die Erfahrung gemacht, dass klassische Briefsendungen bei Kunden gut ankommen und die Leute sie auch wirklich lesen. Wie bereits erklärt, haben eMails ihre Berechtigung, Briefsendungen aber genauso.

Je mehr mein Unternehmen wächst und je technik-affiner meine Kunden werden, desto überflüssiger werden Briefsendungen. In einigen Jahren sind sie wahrscheinlich gar nicht mehr nötig. Bis dahin sollten sie sich jedoch bezahlt machen. Es ist verlockend, zu viel in den Umschlag zu stopfen, aber es wichtig, dieser Verlockung nicht nachzugeben.

Halte deine Dokumente kurz und knapp, suche dir einen Schrifttyp, der leicht zu lesen ist, und lasse viel freien Platz auf dem Briefbogen. Meiner Erfahrung nach funktioniert ein kurzes Anschreiben oder ein Flyer in Kombination mit einer professionell aufgemachten Broschüre am besten. So eine Broschüre wird meistens länger aufbewahrt als ein einfacher Brief auf weißem Papier.

## *Wie man eine Liste mit Postanschriften aufbaut*

**CINDY** Ich lasse mir von meinen Klienten die Postanschrift sowie die eMail-Adresse geben. Meine Kunden wechseln häufig ihre Mailadresse oder schreiben sie unleserlich auf, und so kann ich sie stets per Brief informieren, wenn meine eMails zurückkommen. Du solltest aber niemals die Postanschrift von jemandem nutzen, ohne dass er davon weiß. Weder im Briefkasten noch im eMail-Postfach sind Junkmails erwünscht. Wenn du die Adressen erst einmal hast, musst du dir eine gute Kundendatenbank aufbauen.

Für Briefsendungen brauchst du ein System, das Etiketten erstellen kann und sich leicht updaten lässt. Nicht mehr aktuelle Adressen zu nutzen bedeutet, Geld zum Fenster hinauszuwerfen. Ich bin stets auf der Suche nach praktischeren Möglichkeiten, meine Kundendaten auf dem neuesten Stand zu halten. Wettbewerbe, Datenbank- und Anmeldungsformulare sind der beste Weg, an die Adressen heranzukommen.

Briefsendungen brauchst du nicht einmal im Monat zu verschicken. Sie sollten häufig genug erfolgen, damit du deine Adressen auf dem neuesten Stand halten kannst, aber zwei bis vier Mal im Jahr ist mehr als genug. Vielleicht reicht dir sogar eine Postsendung pro Jahr. Wenn ich viele Kurse in meiner Gegend anbiete, verschicke ich manchmal zwei Mal im Jahr eine Postsendung, um meinen Lehrplan für Frühjahr und Herbst zu verbreiten. Meine regionale Zielgruppe ist kleiner, so dass mich die Briefsendung nicht die Welt kostet. Außerdem nutzen viele meiner Kunden keine eMails oder haben mir etwas verschämt gestanden, dass sie nicht allzu oft in ihr Postfach sehen.

Es ist wichtig, dass du ausrechnest, wie viel du verdienen musst, um die Briefsendung zu bezahlen. Sagen wir beispielsweise, ich verschicke Werbung über mein Frühjahrskursprogramm. Auf meiner Liste stehen hundert Personen, und eine Briefmarke kostet mich 70 Cent. Dann möchte ich auch noch eine Schwarzweißbroschüre und einen Rabattgutschein für Dienstleistungen als Medium beilegen.

Mit etwas Glück kostet mich der Ausdruck von hundert doppelseitig bedruckten Flyern bei mir zuhause 8 Euro, dazu kommen 2 Euro für die Gutscheine. Außerdem möchte ich ein Anschreiben mit Tipps für einen energetischen Frühjahrsputz beilegen. Hochwertiges Papier kostet vielleicht 10 Euro, und ich drucke die Anschreiben zu Hause für insgesamt 14 Euro aus. Die Umschläge kosten mich 2 Euro.

Insgesamt macht das vielleicht 110 Euro für die Briefsendung. Wenn mein Kurs 25 Euro pro Schüler kostet, müssen sich fünf Kursteilnehmer anmelden (oder drei, die den Rabattgutschein nutzen und einen Privattermin bei mir buchen), damit sich die Aussendung lohnt. Möglicherweise gewinne ich durch den Brief keine fünf Interessenten, aber ich habe jeden meiner hundert lokalen Kunden daran erinnert, dass ich spirituelle Kurse anbiete, so dass sie mich auch weiterhin als Expertin für spirituelle Entwicklung und als Medium wahrnehmen. Und außerdem haben sie den Rabattcoupon bekommen, so dass sie einen Anreiz haben, meine und nicht die Dienste von jemand anderem in Anspruch zu nehmen!

## *Segne deine Postsendungen*

**CINDY** Jetzt hast du schon so viel Zeit und Geld investiert – was für eine Rolle spielen da schon noch ein paar zusätzliche Minuten, um deine Umschläge oder Postkarten zu segnen, ehe du sie verschickst? Versende sie mit der bestmöglichen Energie und den bestmöglichen Absichten. Wenn ich meine Adressaufkleber anbringe, spreche ich jedes Mal den Namen des Empfängers laut aus und gebe dabei meinen Segen. Ich sage einfach nur: »Sei gesegnet, Sarah« oder wie auch immer die Person heißen mag.

Wenn ich mit allen Umschlägen fertig bin, nehme ich mir noch einige Augenblicke Zeit und versende ein wenig Heilenergie, während ich folgende Segnung ausspreche: »Bitte segne alle, die in Kontakt mit diesem Brief kommen. Lass sie die positive und liebende Intention spüren, mit der diese Briefe versendet werden.«

**LISA** Du kannst auch deine eMails segnen, ehe du auf »Senden« drückst. Energie funktioniert mit allem, und sie folgt stets deinen Absichten.

## Gemeinschaftsprojekte – wie dein Unternehmen durch Teilen um das Zehnfache wachsen kann

**LISA** Wenn du alleine ein kleines Unternehmen führst, kannst du dieses am einfachsten zum Wachsen bringen, indem du Partnerschaften mit anderen Unternehmen eingehst. Das mag auf den ersten Blick so wirken, als würdest du dich an die Konkurrenz verkaufen, aber so ist es nicht. In der Welt der spirituellen Unternehmen sollte Zusammenarbeit ganz natürlich sein, denn wir sind alle eins, und im Geiste dieser Philosophie und Praxis sollten Partnerschaften kein Problem darstellen. Man bezeichnet solche Partnerschaften als *Joint Ventures.* Durch Zusammenarbeit profitieren beide Seiten, es handelt sich also um eine Win-Win-Situation.

Was wir als einzelnes Unternehmen bewältigen können, lässt sich multiplizieren, wenn wir unsere Ressourcen und unsere Arbeitskraft füreinander verdoppeln. Indem zwei Unternehmen ihre Marktbreite und Ressourcen teilen, können beide mehr Kunden erreichen. Viele Unternehmen sind erfolgreich geworden, indem sie Joint Ventures eingegangen sind.

## Teilen – aber mit wem?

---

**Tipp #43 für dein spirituelles Unternehmen**

Tu dich für Gemeinschaftsprojekte mit jemandem zusammen, der dein Unternehmen ergänzt oder den du sonst als Konkurrenten betrachten würdest.

---

**LISA** Tu dich für Gemeinschaftsprojekte mit jemandem zusammen, der dein Unternehmen ergänzt oder den du sonst als Konkurrenten betrachten würdest. Grundsätzlich sucht ihr beide nach derselben Art von Kunden, habt vielleicht auch schon einen Kundenkreis und verdoppelt diesen füreinander, wenn ihr Werbung für das Unternehmen des jeweils anderen macht!

Sagen wir, du bist Chiropraktikerin und gehst eine Partnerschaft mit einer Massagetherapeutin ein. Oder du bist Akupunkteur und schließt dich mit einer Kräuterkundlerin zusammen. Wenn du Intuitionsberater bist, könntest du dich beispielsweise mit einem Geistheiler zusammentun.

Wenn ihr euch beide über das Potenzial bewusst seid, das in einem Zusammenschluss und dem Teilen eurer Ressourcen liegt, sollte es niemals zu Konkurrenzsituationen kommen. In Partnerschaften liegt Macht!

## Teilen – aber wie?

### *Gemeinsame eMail-Versendungen und Werbeanzeigen*

**CINDY** Andere spirituelle Unternehmen sind nicht deine Konkurrenten – sie sind deine Verbündeten! Besonders, wenn du Zeit investiert hast, um deine Beziehungen zu pflegen, kannst du bei der Vermarktung, Weiterbildung und Behandlung deiner Gemeinschaft mit verschiedenen Praktizierenden zusammenarbeiten.

Ich habe beispielsweise in meiner Region auf dem Gebiet spirituelle Entwicklung oft mit anderen Lehrern gemeinsam geworben. Als ich noch häufiger lehrte, verschickte ich zusammen mit einer anderen Lehrerin eMails. So konnten wir doppelt so viele potenzielle Teilnehmer erreichen wie bei getrennten Werbemails. Eben diese Lehrerin führt inzwischen ein eigenes spirituelles Zentrum, in dem ich Unterricht gebe. Weitere Kurse halte ich am anderen Ende der Stadt ab, und meine Kollegin hat ihren Schülern und Klienten beide Kurse weiterempfohlen.

Du wirst feststellen, dass gemeinsame Versendungen und Werbeanzeigen nicht nur finanziell vorteilhaft sind, sondern auch die beste Möglichkeit darstellen, eine große Gruppe interessierter Menschen zu erreichen. Darüber hinaus wirst du merken, dass das daraus resultierende Wohlwollen ein Vorteil mit weitreichenden Konsequenzen ist!

---

**Tipp #44 für dein spirituelles Unternehmen**

Damit dein Unternehmen durch die Decke geht, solltest du Partnerschaften mit anderen Leuten aus deiner Branche eingehen.

---

## *Teile dir die Arbeit*

**LISA** Es gibt viele Möglichkeiten, mit Joint-Venture-Partnern zusammenzuarbeiten, indem ihr euch gegenseitig Arbeit abnehmt. Ihr könnt euch Veranstaltungen, Kurse oder Webinare teilen, indem ihr beide moderiert und vortragt, oder ihr teilt euch die Arbeit nach euren jeweiligen Stärken auf.

Vielleicht liegt einem von euch die Moderation besser, während der andere mehr Organisationstalent hat. Dann kann einer von euch die Kurse abhalten und der andere kümmert sich um all den Papierkram und die sonstige Organisation der Veranstaltung. Tatsächlich ist es oft leichter, eine Partnerschaft mit einer Veranstaltung oder einem Kurs zu beginnen.

Ihr könnt euch auch Webinare oder Teleseminare teilen, was sogar noch leichter ist, weil ihr keinen Raum mieten oder das Haus verlassen müsst. Ihr könnt – so wie Cindy und ich – auch versuchen, euch mit jemandem zusammenzutun, um ein Buch über euren Geschäftsschwerpunkt zu schreiben!

**CINDY** Jeder hat seine eigenen Stärken. Meine aktuelle Joint-Venture-Partnerin Virginia scherzt immer, wie viele Vorteile es für sie hat, dass ich ein Kontrollfreak bin. Wir brainstormen gemeinsam, um Ideen zu finden, und danach erledige ich alles Übrige. Das ist für uns beide eine tolle Lösung.

## *Gemeinsame Wettbewerbe*

**CINDY** Gemeinsame Wettbewerbe erregen viel mehr Aufmerksamkeit als der eines Einzelnen. Je mehr Preise es zu gewinnen gibt, desto interessanter wird der Wettbewerb für die Teilnehmer, und je mehr Teilnehmer, desto größer die Wirkung. Frag ein paar andere Praktizierende, ob sie sich an einem Joint-Venture-Wettbewerb beteiligen und Preise und Werbung beisteuern wollen. Am Ende gewinnen dadurch alle Beteiligten neue Kontakte und Wohlwollen.

Mein Mann und ich sind Mitglieder einer New Yorker Gruppe, die sich der Erforschung des Themas Nahtoderfahrungen widmet. Früher verlosten wir immer nur ein Buch. Dann aber spendeten andere Mitglieder zwei gerahmte Fotos mit gechannelten Sprichwörtern. Es gibt inzwischen also drei Preise, und viel mehr Leute kaufen Lose! Wenn man Wettbewerbe gemeinsam durchführt, steigen die Vorteile exponentiell an.

Wenn dein Unternehmen noch in den Kinderschuhen steckt, kannst du dein Wissen, deine Talente und deine Kundenbasis deutlich vergrößern, indem du mit jemandem lehrst, der mehr Erfahrung hat als du. Du kannst aber auch Veranstaltungen organisieren, auf denen du und andere Anbieter ihre Dienste getrennt voneinander anbieten.

Ich biete beispielsweise in den Ferien Open-House-Veranstaltungen in zwei verschiedenen Esoterikzentren in meiner Gegend an. Wir alle profitieren davon, da wir durch unsere jeweiligen eMail-Listen und durch soziales Netzwerken Werbung füreinander machen. Darüber hinaus entsteht ein Gefühl des Miteinanders und der Kameradschaft. Viele meiner Kunden, die durch Empfehlungen auf mich aufmerksam wurden, kommen von Leuten, mit denen ich innerhalb der spirituellen Gemeinschaft zusammengearbeitet habe. Wenn du mit deinen Kollegen zusammenarbeitest, wird aus Konkurrenz eine Gelegenheit!

**LISA** Cindy hat recht damit, dass es sinnvoll ist, Veranstaltungen gemeinsam durchzuführen und mit Kollegen zusammenzuarbeiten. Vereinte Kräfte erzeugen große Wirkung und Reichweite, auch wenn du deine Partner vielleicht einmal für Konkurrenten gehalten hast. Sie können deine Verbündeten sein, und durch Teamarbeit könnt ihr beide gewinnen und mehr Einkommen füreinander erzeugen, als ihr getrennt voneinander erzielen würdet.

**CINDY** Wenn du Lisas Konzept »Anziehung, Resonanz, Synergie« befolgst, dürfte dein Unternehmen in kurzer Zeit florieren. Aber wir können gar nicht genug betonen, wie wichtig professionelles Werbematerial ist. Im nächsten Kapitel verraten wir dir deshalb unsere Geheimrezepte für wirksames Werbetexten und eine ansprechende Gestaltung deines Materials.

# Wie du ansprechendes Werbematerial entwickelst

---

**Tipp #45 für dein spirituelles Unternehmen**

Werbematerial muss einer Grundregel entsprechen: professionell, professionell, professionell!

---

**LISA** Werbung für dein Unternehmen zählt zu den wichtigsten Dingen, die du tun musst, um es wachsen und gedeihen zu lassen. Eigentlich haben wir in den letzten drei Kapiteln über nichts anderes gesprochen. Für den Fall, dass wir dich immer noch nicht überzeugt haben, wiederhole ich es noch einmal: Ohne Werbung kann dein Unternehmen nicht überleben.

Die meisten von uns wünschen sich ein Produkt, das sich von selbst verkauft – aber so etwas existiert ganz einfach nicht. Du musst also werben, und dazu solltest du möglichst fesselndes Werbematerial erstellen. Erstklassiges Werbematerial besteht aus zwei Komponenten: dem Aussehen und – noch wichtiger – dem Inhalt der Texte.

Wir Menschen sind visuelle Geschöpfe. Deshalb ist die optische Wirkung deiner Grafiken von zentraler Bedeutung, um erste Aufmerksamkeit zu erlangen. Die Worte, mit denen du deine Botschaft verbreitest, arbeiten mit dem zweiten wichtigen Bereich – den menschlichen Emotionen. Was du in deinem Werbematerial schreibst, entscheidet letzten Endes darüber, wie lange du die Aufmerksamkeit der Leser fesseln und ob du diese Leser schließlich vom Kauf überzeugen kannst.

**CINDY** Werbematerial muss einer Grundregel entsprechen: professionell, professionell, professionell! Dein wichtigster Werbegegenstand ist deine Webseite. Es gibt viele verschiedene Möglichkeiten, sie aufzubauen, beispielsweise als traditionelle Webseite oder als Blog. Wichtig ist dabei nur, dass sie professionell wirkt und leicht zu bedienen ist.

Der nächste wichtige Aspekt sind deine »greifbaren« Werbeunterlagen, also Broschüren, Flyer, Postkarten und Visitenkarten. Dank der Online-Druckereien ist es inzwischen leicht und günstig, solche Materialien zu erstellen. Es gibt also keinen Grund, dein Werbematerial schlampig zu gestalten.

## Aufmerksamkeit erregen, Aufmerksamkeit aufrechterhalten

**LISA** Was, wenn ich dir sagen würde, dass bei meinem ersten öffentlichen Vortrag nur noch Stehplätze übrig waren? Möchtest du gerne wissen, wie mir meine intuitiven Kräfte das Leben retteten, nachdem ich meine Intuition aus dem Nichts entwickelt hatte? Möchtest du wissen, wie ich Fremde dazu bewegen konnte, für Tausende von Dollar meinen Kurs zu buchen, nur weil sie meine Onlinevideos gesehen hatten? Na, neugierig geworden?

Alle Antworten auf diese Fragen sind wahr, und hinter allen steckt eine kleine Geschichte. Fesselndes Werbematerial und Marketing fängt damit an, dass wir etwas präsentieren, das andere gerne haben möchten, und dann erzählen wir eine Geschichte, die dazu führt, dass jemand durch dein Unternehmen an dieses Etwas herankommen will.

Dabei geht es auch darum, *wie* du die Geschichte erzählst. Angenommen, ich erkläre dir als Nächstes, dass ich meinen Vortragsraum mit nur fünf Worten füllen konnte! Jetzt ist mir deine Aufmerksamkeit sicher. Warum? Nun, ich gehe davon aus, dass du dieses Buch liest, weil du dein Unternehmen weiterentwickeln willst. Dass du mehr Menschen anziehen und sie dazu bewegen willst, Geld bei dir auszugeben.

Dein Bedürfnis und mein Angebot, dir zu zeigen, wie du bekommen kannst, was du willst, fesseln deine Aufmerksamkeit und bringen dich dazu, mehr hören zu wollen. Indem du das Bedürfnis einer Person ansprichst, weckst du ihre Aufmerksamkeit. Denn du sprichst das Verlangen dieser Person an.

## Die Kunst des Werbetextens

**LISA** Wenn du Werbematerial verfasst, betrittst du das Reich der Werbetextersprache.

Werbetexten ist ein Schreibstil, der wenige Worte benutzt, um Aufmerksamkeit zu erregen, diese zu halten und den Lesenden dazu zu bewegen, Taten folgen zu lassen. Diese Taten können darin bestehen, mehr herauszufinden, auf einen Button zu klicken, um eine Dienstleistung oder ein Produkt zu kaufen, den Hörer in die Hand zu nehmen, um dein Unternehmen anzurufen, oder sich einfach nur in eine eMail-Liste einzutragen, um in Zukunft weitere Informationen zu erhalten.

Es mag zwar so aussehen, als wäre Werbetexten ganz einfach, aber tatsächlich kann in wenigen Worten sehr viel Arbeit stecken. Hilfreich ist es dabei immer, die Bedürfnisse deiner Zielgruppe wirklich zu verstehen. Dazu solltest du quasi in ihre »Köpfe« eindringen. Das dürfte dir nicht allzu schwer fallen, da du vermutlich selbst einmal in der Haut deiner potenziellen Kunden gesteckt hast.

Gutes Werbetexten erfordert viel Übung im Schreiben. Je kürzer der Text, desto länger wirst du daran sitzen. Lass dich also nicht entmutigen, wenn deine Werbetexte am Anfang nicht sonderlich gut klingen. Es könnte sich lohnen, ein Buch über Werbetexten zu lesen, um etwas mehr darüber zu erfahren. Vergiss nicht, dass es beim Werbetexten auch um Titel geht – beispielsweise die Namen deiner Kurse und Workshops oder Vorträge und der Artikel, die du schreibst.

Das Verfassen von Titeln, Beschreibungen, Werbeanzeigen und Werbematerial – all das sind Formen des Werbetextens.

Gute Werbetexte wecken Aufmerksamkeit und locken Publikum ab. Der erste Schritt besteht darin, dein Publikum zu verstehen und dir darüber klar zu werden, wer deine Zielgruppe ist. Kennst du dein Publikum gut, weißt du, wie du für es schreiben musst. Wichtig ist zu wissen, was deine potenziellen Kunden wollen und wie du ihnen dabei helfen kannst, es auch zu bekommen. Allgemein solltest du einen leicht verständlichen Schreibstil wählen, der weniger formell, sondern eher umgangssprachlich ist.

Es ist wichtig, sich vom sogenannten Business-Deutsch zu distanzieren, weil die Leute dazu neigen, nicht genau hinzuhören, wenn sie keinen persönlichen Bezug zum Gesagten haben oder es nicht auf Anhieb verstehen. Du möchtest den Leuten das Gefühl geben, dass sie auf sinnvolle Weise mit dir kommunizieren. Hier ein Beispiel für einen zu unpersönlichen Text:

»Unser Unternehmensmodell implementiert einen systematischen Ansatz, der Unternehmen dabei hilft, ihre Prozesse zu organisieren und zu optimieren, um die Ergebniseffizienz zu steigern, einen zuverlässigen Einkommensstrom zu erzeugen und den Einnahmenfluss zu maximieren.«

Ich bin mir nicht mal selbst sicher, ob *ich* wirklich verstehe, was da steht. Hier ist meine Version, die umgangssprachlicher und leichter verständlich ist:

»Hat dein spirituelles Unternehmen vieles im Angebot, aber niemand scheint es kaufen zu wollen? Hi! Ich bin Lisa K., und ich kann dir drei einfache Schritte zeigen, die dir dabei helfen, das beste Angebot auszuwählen, dass die Leute auch wirklich kaufen wollen, und zwar regelmäßig und nur von dir.«

Ich nehme mal an, dass du dem zweiten Werbetext besser folgen konntest und ihn vielleicht auch ansprechender findest als den ersten.

Werbetexten ist ein komplexes Thema, das wir hier nur anreißen können, indem wir dir die wichtigsten Elemente vorstellen. Für alles weitere solltest du dir ein Fachbuch kaufen. Das Wichtigste, was wir dir in diesem Buch zum Thema Werbetexten mitgeben wollen, ist, dass du deine potenziellen Kunden kennen und wissen solltest, was sie im Allgemeinen wollen, um ihnen dann eine Möglichkeit zu bieten, auch zu bekommen, was sie wollen.

Hier ein Beispiel: Wahrscheinlich fragst du dich immer noch, wie es mir gelungen ist, einen Raum zu füllen, bis nur noch Stehplätze übrig waren. Dazu waren nur fünf Worte nötig ... die Worte, aus denen sich der Titel meines Vortrags zusammensetzte.

Meine unternehmerische Tätigkeit besteht darin, Menschen beizubringen, wie sie ihre Intuition entwickeln können. Ich weiß, dass sich meine potenziellen Kunden eine stärkere Intuition wünschen, die sie kontrollieren können, und dass die häufigste Frage, die sie mir stellen, lautet: »Woher weiß ich, was Intuition ist und was bloße Einbildung?« Der Vortrag, mit dem ich den Raum füllte, hieß »10 Key Secrets to Intuition«, also *Die 10 wichtigsten Geheimnisse der Intuition.*

Der Titel thematisiert die scheinbar schwer zu fassende Definition von Intuition, dass ihr fast schon etwas Geheimnisvolles anhaftet und dass der Vortrag die Geheimnisse enthüllt, die man kennen muss, um das Thema Intuition zu verstehen. Das Wort »wichtig« weist darauf hin, dass es eben wichtig ist, diese Geheimnisse zu kennen. Meine potenziellen Kunden wollen diese Geheimnisse der Intuition kennen, weil die Intuition sie vor ein Rätsel stellt. Ich nutze stets das Wort »Intuition« anstelle »medialer Fähigkeiten«, weil die meisten Menschen glauben, ihre Intuition nutzen zu können, sich viele aber nicht für medial begabt halten.

Woher ich das alles weiß? Ich habe meine potenziellen und meine bereits vorhandenen Kunden untersucht. Ich frage jeden: »Was ist dein größtes Problem bezüglich der Intuition?«, »Wie viele von euch halten sich für intuitiv?« und danach »Wie viele von euch glauben, dass sie mediale Fähigkeiten haben könnten?«

Durch die Antworten auf diese Fragen habe ich herausgefunden, was für Wünsche und Bedürfnisse meine Kunden haben. Der Titel meines Vortrags und die Beschreibung zielen auf diese Wünsche ab und bieten den Kunden eine Möglichkeit, das zu bekommen, was sie wollen. Übrigens hat eine Videoaufnahme von diesem Kurs einige Menschen dazu bewegt, Tausende von Dollar auszugeben, um persönlich an meinem Kurs teilnehmen zu können, obwohl sie mir vorher noch nie begegnet waren.

Dieses Video zu drehen hat sehr viel Spaß gemacht. Ich erzähle darin die Geschichte, wie mir meine Intuition das Leben gerettet hat. Ihr findet es auf YouTube, wenn ihr nach »10 Key Secrets to Intuition, Lisa K.« sucht. Ihr könnt natürlich auch gleich auf www.youtube.com/watch?v=8sT_1gtfVMo gehen.

## Grafiken und der erste Eindruck

**LISA** Ich bin keine Künstlerin und halte mich auch nicht für besonders talentiert, aber mir ist bewusst, wie wichtig gute Grafiken auf Werbematerial sind. Es macht mir sogar Spaß, Grafiken und Bilder, die ich selbst ausgesucht habe, in meine Newsletter einzubauen. Das gibt mir Gelegenheit, meine rechte Gehirnhälfte zu trainieren, in der nicht nur unsere visuelle Kreativität, sondern auch unsere Intuition angesiedelt ist. Die Grafiken, die du in deinen Werbeunterlagen benutzt, bieten einen ersten Eindruck, der entweder anziehend oder abschreckend wirken kann. Viele Menschen fühlen sich in erster Linie von visuellen Eindrücken angezogen.

Bilder und Grafiken transportieren Gefühle und Emotionen, die wir sofort wahrnehmen. Bei der Auswahl deiner Grafiken solltest du deshalb darauf achten, wie du dich selbst beim Anblick des Bildes fühlst. Auch das ist wieder eine hervorragende Möglichkeit, deine Intuition zu schulen. Welches Bild findest du attraktiv? Hinterlässt es bei dir den Eindruck, den du erwecken möchtest? Transportiert es eine unausgesprochene Botschaft, die du durch deine Werbeunterlagen verbreiten möchtest?

Der erste Eindruck entsteht meist durch deine Grafiken. Ist dieser erste Eindruck schlecht, wird man auch schlecht über deine Unterlagen urteilen. Sagen wir, dein Unternehmen dreht sich um

Entspannung, Stressreduktion und Ruhe. In diesem Fall solltest du auf keinen Fall Grafiken verwenden, die eine zornige, chaotische oder laute Atmosphäre erzeugen.

Wähle Grafiken aus, die einladend und nicht zu überfrachtet wirken. Entscheide dich für Farben, die attraktiv erscheinen. Natürlich wecken Bilder oder Fotos nicht in allen Menschen exakt dieselben Gefühle, aber meistens entstehen beim Betrachter durchaus recht ähnliche Eindrücke.

Inzwischen gibt es online viele kostenlose Portale für Grafiken und Bilder, die man auch für kommerzielle Zwecke nutzen darf, und auf vielen Seiten kann man Lizenzen für Archivbilder kaufen, die man dann in Werbematerial einsetzen kann.

Du solltest unbedingt darauf achten, dass du die Bilder auch wirklich verwenden darfst, wenn du nicht selbst der Urheber bist. Wenn du Fotos, Bilder, Grafiken oder Zeichnungen von anderen Personen ohne Erlaubnis verwendest, verletzt du damit das Urheberrecht. Manche Unternehmen, die Bilder zur Verfügung stellen, gehen juristisch gegen unerlaubte Nutzungen vor. Im Anhang findest du unter »Ressourcen« eine Liste mit Quellen für Bilder, die du kostenlos oder gegen eine Gebühr verwenden kannst.

Das Urheberrecht bezieht sich auch auf Bilder, die in sozialen Medien genutzt werden, weshalb du immer darauf achten solltest, dass deine Bilder entweder von dir selbst stammen oder du das Nutzungsrecht eingeholt hast. Sei vorsichtig mit selbst aufgenommenen Fotos von Kunstwerken, Markenzeichen oder Gesichtern, da deren Verbreitung ebenfalls das Urheberrecht oder das Persönlichkeitsrecht verletzen könnte.

Am besten fährst du damit, auf eine Bildagentur zurückzugreifen, von der du die Lizenz für die Verwendung der Bilder entweder kostenlos oder gegen eine Gebühr unter Nennung des Urhebers und/oder der Agentur nutzen darfst. Die Bildrechte sind meistens nicht übertragbar, was bedeutet, dass du sie nicht an andere weitergeben darfst.

Bilder und Grafiken können auf deinem Marketingmaterial starke Anziehungskraft ausüben, weshalb es wichtig ist, dass du dich für die richtigen Motive entscheidest. Gehe sicher, dass sie genau die Eindrücke, Gefühle und Emotionen zum Ausdruck bringen, die du vermitteln willst. Lass dir Zeit dabei, das richtige Bild auszuwählen. Du kannst auch die Meinungen anderer einholen, wenn du dir nicht ganz sicher bist, ob du mit deiner Wahl ins Schwarze getroffen hast.

## Fesselndes Storytelling – erzähle eine Geschichte!

**LISA** Menschen lieben Geschichten, und auch wenn du dich selbst vielleicht für keinen großen Geschichtenerzähler hältst: In Wahrheit verfügen wir alle über diese Gabe. Wir erzählen ständig Geschichten – zum Beispiel, wenn wir uns mit Freunden treffen und klatschen. Wir erzählen eine Geschichte, sobald wir beschreiben, was uns neulich passiert ist.

Menschen sind psychologisch darauf ausgerichtet, Geschichten zu erzählen und anzuhören, und wir lieben sie. Geschichten sind unterhaltsam, spannend, veranschaulichend und leicht zu merken.

Wenn ich einen Kurs abhalte, der zwei ganze Tage dauert und mit Informationen vollgestopft ist, erinnern sich die Teilnehmer am Ende meistens am besten an meine Geschichten. Aus diesem Grund erzähle ich viele Geschichten.

Die Leute wollen Geschichten über andere Leute hören, besonders solche über den Erzähler selbst.

Wenn du jemanden kennenlernst, willst du wissen, wer diese Person ist, woher sie kommt und wie sie hierhergekommen ist. *Du möchtest ihre Geschichte hören.* Wenn jemand anfängt, seine Geschichte zu erzählen, verstummen die Leute automatisch und hören zu. Du kannst Geschichten für deine Werbetexte und dein Marketingmaterial nutzen, damit die Leser aufmerksam bleiben und weiter zuhören.

Ich erzähle häufig eine Geschichte darüber, wie mir meine Intuition das Leben gerettet hat. Die Geschichte ist wahr – und das sollte für alle Geschichten gelten, die wir erzählen. Es handelt sich um ein angsteinflößendes Erlebnis mit Happy End, die Geschichte löst also Gefühle aus. Das Spannende daran ist nicht nur, dass es sich um *meine* Geschichte handelt, sondern auch, dass sie zeigt, wie ich meine Intuition aus dem Nichts entwickeln konnte und lernte, sie zu kontrollieren und einzusetzen, wann immer ich möchte.

Ich wusste, dass es meine Intuition war, die mir etwas sagte, und ich hörte auf sie, befolgte ihren Rat und rettete so mein Leben. Das thematisiert ein »Kundenbedürfnis«: Die Kunden wollen wissen, wie sie herausfinden können, wann ihre Intuition zu ihnen spricht und wann sie sich nur einbilden, sie zu hören.

Durch meine Geschichte zeige ich, dass ich an genau demselben Punkt angefangen habe wie sie – dass ich meine Intuition also aus dem Nichts aufgebaut habe. Und darüber hinaus war ich auch noch dazu in der Lage, sie bis zu dem Punkt zu entwickeln, dass sie mir in einer Krisenzeit dabei helfen konnte, eine Katastrophe abzuwenden!

Die Geschichte hilft den Menschen zu erkennen, dass ihnen dasselbe gelingen kann wie mir und dass es möglich ist zu bekommen, was sie wollen: dass sie ihre Intuition einsetzen können, wann und wofür sie auch immer möchten.

Und hier ist sie, die Geschichte darüber, wie mir meine Intuition das Leben rettete:

*Ich habe gelernt, meine Intuition aus dem Nichts heraus aufzubauen. Am Anfang war es furchtbar für mich, sie einzusetzen. Ich wusste nicht, wie ich sie hören oder mich mit ihr verbinden sollte, und erkannte es auch nicht, wenn sie sich in mir regte. Durch intensives Studium, Lernen und Üben entwickelte ich sie aber so weit, dass sie mir eines Tages das Leben rettete.*

*Ich wachte eines Nachts auf und zitterte unkontrollierbar. Ich konnte nicht einmal ein Glas Wasser halten, und da wusste ich, dass etwas nicht stimmte. Mein Mann rief den Notarzt, und man brachte mich ins Krankenhaus. In der Notaufnahme führte man eine routinemäßi-*

*ge Blutuntersuchung durch und fand Bakterien, aber die Ärzte sagten: »Sie zittern nicht mehr, also können Sie nach Hause gehen und morgen Ihren Hausarzt aufsuchen.«*

*Das tat ich, und mein Arzt tat das, was Ärzte eben so tun: Er verschrieb mir Antibiotika. Ich nahm sie, aber sie halfen nicht. Tag für Tag bekam ich Anfälle, während denen mein Herz raste und ich Atemnot hatte, obwohl ich ruhig im Bett lag. Ich verstand nicht, was mit mir geschah, und war mir sicher, dass etwas nicht stimmte.*

*Ein neuer Anfall kam, diesmal so heftig, dass ich befürchtete, ohnmächtig zu werden, und meine Hände verfärbten sich weiß. Wieder fuhr ich in die Notaufnahme. Diesmal sagte ich dem Arzt: »Es wird schlimmer, ich bekomme keine Luft mehr, mein Herz rast und meine Hände sind schneeweiß geworden. Was ist das?« Er antwortete: »Oh, Sie haben hyperventiliert, das war nur die Angst.« Ich erwiderte: »Ich glaube nicht. Ich glaube, dass mehr dahinter steckt.« Aber er beharrte auf seinem Standpunkt und wiederholte: »Nein, gehen Sie einfach nach Hause, nehmen Sie Ihre Medizin, und bald wird es Ihnen wieder besser gehen.«*

*An diesem Punkt sagte mir meine Intuition, dass er Unrecht hatte und irgendetwas absolut nicht in Ordnung war. Ich richtete meine Aufmerksamkeit nach innen, und die Botschaft, die meine Intuition mir schickte, lautete, dass ich unbedingt einen Spezialisten für Infektionskrankheiten aufsuchen müsse.*

*Es war Wochenende, weshalb es unmöglich war, einen Arzt zu finden. Ich wusste nicht, was ich tun sollte. Die Anfälle wurden immer schlimmer. Meine Intuition riet mir, unter all den Büchern in meinem Regal ein bestimmtes aufzuschlagen, das davon handelt, wie man einen guten Kinderarzt findet. Ich hatte keine Ahnung, warum ich es lesen sollte, aber ich tat es. Das Wort »Kinderarzt« tauchte in dem Text natürlich immer wieder auf. Und irgendwann dachte ich: »Moment mal, unser Kinderarzt ist auch unser Freund und Nachbar! Vielleicht weiß er, wer mir helfen könnte!«*

*Als ich schon den Hörer in der Hand hatte, sagte mir meine Intuition: »Er ist im Urlaub, aber er kommt später wieder, also musst du ihm eine Nachricht mit allen Einzelheiten auf Band sprechen.« Ich rief ihn an, und als er nicht abnahm, erklärte ich alles auf dem An-*

*rufbeantworter. Später am Nachmittag rief er mich zurück und sagte: »Ich war im Urlaub und habe gerade erst deine Nachricht gehört. Du musst tatsächlich zu einem Spezialisten für Infektionskrankheiten, und ich kenne da jemanden, der sich sofort um dich kümmern wird. Ich schreibe ihm jetzt gleich eine eMail, dann kannst du zu ihm.«*

*Am nächsten Tag rief ich den Arzt an, und er gab mir sofort einen Termin. Er führte weitere Blutuntersuchungen durch, und als er die Ergebnisse hatte, sagte er: »Sie haben nicht nur Bakterien im Blut, Sie haben auch eine Herzinfektion.« Dann wies er mich ins Krankenhaus ein.*

*Langer Rede kurzer Sinn: Nach einer sechswöchigen angemessenen Behandlung hatte er mich geheilt. Ich begriff, dass ich vielleicht nicht mehr hier wäre, wenn mir meine Intuition nicht geraten hätte, mir sofort Hilfe zu suchen und den Rat der Ärzte im Krankenhaus, die mich anfangs behandelt hatten, zu ignorieren.*

*Blutinfektionen sind sehr ernst und können tödlich sein. Eine Herzinfektion, auch Endokarditis genannt, ist ebenfalls schwerwiegend. Die Ärzte und ich waren erleichtert, dass mein Herz keinen bleibenden Schaden genommen hatte.*

*Ich bin meiner Intuition dankbar dafür, dass sie mir das Leben gerettet hat. Diese Episode ist der Hauptgrund dafür, dass ich anderen Menschen beibringe, ihre Intuition zu entwickeln. Denn sie kann eine wichtige und große Lebenshilfe sein.*

Wie lautet deine Geschichte? Hast du eine Geschichte zu erzählen, die mit deinem Unternehmen zusammenhängt?

Es muss nicht um ein einzelnes Ereignis in deinem Privatleben gehen. Es kann auch darum gehen, wie du jemandem durch deine Arbeit geholfen hast, sein Ziel zu erreichen. Die Geschichten können Erlebnisberichte sein oder sich aus den Ergebnissen ableiten, die deine Kunden durch dein Produkt oder deine Dienstleistung erzielt haben. Nur wahr müssen sie sein.

Nutze deine Geschichten in deinen Werbetexten und deinem Marketingmaterial, um die Aufmerksamkeit deiner Kunden aufrechtzuerhalten und sie dazu zu bringen, dir dauerhaft zuzuhören.

## Ansprechendes Werbematerial

### Deine Unternehmens-Webseite

---

**Tipp #46 für dein spirituelles Unternehmen**

Dein wichtigstes Werbekapital ist deine Webseite.

---

**LISA** Eine der effizientesten Möglichkeiten, dich der Öffentlichkeit zu zeigen, ist deine Webseite. Sie ist ein Werbemittel, das kostenlos oder zu geringen Kosten 24 Stunden am Tag, sieben Tage die Woche, für dich arbeitet – immerzu!

Du kannst dort so viele Informationen über dich, dein Unternehmen und deine Produkte unterbringen, wie du möchtest. Wie Cindy später noch erklären wird, ist es allerdings wichtig, dass du deine Homepage, genauer: deine Startseite, nicht mit Informationsbergen überhäufst. Du kannst andere Bereiche deiner Webseite nutzen, um ausführlichere Erklärungen und Beschreibungen deiner Dienstleistungen unterzubringen.

Auf der Homepage deiner Webseite sollten sich deine besten Werbetexte befinden, die sowohl dich als auch dein Unternehmen beschreiben. Vergiss nicht, dir vor Augen zu führen, was dein Kunde will und in seinem Leben erreichen will. Beschreibe dann, wie dein Unternehmen ihm genau das bieten kann. Weil deine Homepage das Erste ist, was die Menschen sehen, und sie entsprechend dein wichtigstes Werbemittel darstellt, solltest du dich unbedingt bemühen, eine Seite zu erstellen, die angenehm anzusehen ist. Soll heißen: Du solltest stolz darauf sein, sie herzuzeigen.

Veröffentliche hier einen knappen, präzisen und überzeugenden Absatz, der die Leute dazu bringt, mehr lesen zu wollen. Dieser Kurztext (es können auch mehrere Absätze sein) sollte deinen »Elevator Pitch« enthalten, eine Präsentation deines Unternehmens, die kurz genug ist, um während der Dauer einer Fahrstuhlfahrt erklären zu können, wer du bist und was du tust. Sie sollte fesselnd genug sein, damit die Leute mehr lesen wollen und auf deine Dienstleistungs- oder Produktbeschreibungen klicken.

Webseiten sind so effektive Marketingwerkzeuge, weil sie durch Bilder und durch Worte beschreiben können. Bilder sind das, was die Aufmerksamkeit der meisten Menschen erregt, also ist es wichtig, dass du gute Banner oder Bilder hochlädst, die sich oben auf jeder deiner einzelnen Seiten befinden. Sie bieten einen zusammenfassenden Rahmen für deine gesamte Webseite.

Mein Webseitenbanner enthält mein Branding, das aus meinem Unternehmensnamen »Lisa K.« und meinem Logo besteht. Mein Banner wurde von einem professionellen Grafiker erstellt, und ich nutze es sowohl auf meiner Webseite als auch auf der Mitgliederseite, auf der meine Schüler an meinen Onlinekursen teilnehmen. So wirken all meine Seiten »wie aus einem Guss«. Wenn man mein Banner oder Logo sieht, weiß man gleich, dass man es mit meinem Unternehmen zu tun hat.

Du kannst auch nur deinen Unternehmensnamen oder ein Foto von dir verwenden, um deine Seite als zu deinem Unternehmen gehörig zu identifizieren. Wenn du ein Ladengeschäft oder eine Praxis hast, kannst du ein Foto von deiner Ladenfront unterbringen, damit man dich leichter findet. Wenn du dein Unternehmen alleine betreibst, solltest du dich nicht scheuen, ein Foto von dir selbst hochzuladen. Auch wenn du nur Dienstleistungen anbietest, möchten die Kunden doch gerne wissen, mit wem sie es zu tun haben.

Ich bin ziemlich schüchtern, wenn es darum geht, öffentlich mein Gesicht zu zeigen, aber mir ist klar geworden, dass es den Leuten wichtig ist, mich zu sehen. Und wenn sie bei mir einkaufen, sehen sie mich am Ende ja sowieso. Wie bereits erwähnt, kannst du professionelle Fotos von dir machen lassen, die etwas schmeichelhafter wirken als Schnappschüsse, die Freunde oder andere Laien von dir gemacht haben. Mach Werbung für dein Unternehmen, indem du Werbung für dich selbst machst!

Die wichtigste Seite nach der Homepage ist deine »Über mich«-Seite, auf der du dein Unternehmen und dich selbst beschreibst. Wenn du eine Gemeinschaftspraxis betreibst oder mehrere Personen in deinem Laden arbeiten, solltest du das Unternehmen als Ganzes beschreiben und vielleicht auch eine Kurzbeschreibung des Besitzers unterbringen.

Wenn dein Unternehmen nur aus dir und deinen Dienstleistungen besteht, sollte es auf deiner »Über mich«-Seite einzig um dich gehen. Vergiss nicht, dass diese Seite auch Werbung für dich macht, also ist es wichtig, einen guten Werbetext zu schreiben.

Denk daran, wie wichtig Kontaktinformationen sind – schließlich sollen dich potenzielle Kunden leicht finden können, wenn du ihr Interesse geweckt hast! Erwähne deshalb, wie und wo man dich finden kann. Ich habe ein Kontaktformular eingebaut, und wenn sich ein Interessent dort einträgt, wird die Nachricht sofort an mich weitergeleitet und dem Interessenten eine Möglichkeit zur Verfügung gestellt, mich anzurufen. Wenn dich ein Kunde kontaktiert, solltest du sofort reagieren, damit er nicht denkt, dein Unternehmen sei inaktiv.

---

**Tipp #47 für dein spirituelles Unternehmen**

Die meisten Leute warten nicht, bis eine Webseite sich aufgebaut hat.

---

**CINDY** Lisa und ich haben im Laufe dieses Buchs eine Menge über Webseiten erklärt, aber es gibt immer noch ein paar technische Punkte, auf die wir gern hinweisen würden. Es ist wichtig, dass die Webseite sowohl auf neuen als auch auf alten Computern sowie bei starker und schwacher Internetverbindung leicht aufgerufen werden kann.

Während ich das hier schreibe, sitze ich zum Beispiel in der Dominikanischen Republik und arbeite mit einer ganz fürchterlichen Internetverbindung. Unglaublich, aber wahr: Es gibt immer noch Leute, die per Wählleitung ins Internet gehen! Ich kenne welche! Wenn du deine Webseiten mit zu vielen Grafiken überfrachtest, braucht sie so lange, um sich aufzubauen, dass einige Leute aufgeben werden. Wer High-Speed-Internet nutzt, ist bereit, vielleicht fünf Sekunden zu warten, bis eine Seite geladen hat, aber wer eine langsame Verbindung nutzt, muss bis zu zwanzig Sekunden warten.

Bei der Entwicklung deiner Webseite hat man normalerweise entweder durch die Erstellungssoftware oder durch Onlineprogramme wie www.Speedtest.net die Möglichkeit, den Seitenaufbau bei verschiedenen Internetgeschwindigkeiten und in unterschiedlichen Browsern auszuprobieren. Du solltest Bilder mit nicht zu hoher Auflösung verwenden, die schnell geladen werden können, aber auch leicht lesbare Schrifttypen und eine einfache Navigation – und lass dabei viel »weiße Fläche« frei!

Vermeide es, eine einzige lange Seite zu erstellen, außer du nutzt sogenannte »Anker«, mit denen du den Nutzer vom oberen Bereich in einen unteren springen lassen kannst. Eine lange oder überfrachtete Seite ist nicht nur schwer zu navigieren – sie sieht auch nicht sonderlich professionell aus und braucht länger zum Aufbauen. Nimm dir die Zeit, die Webseiten von Kollegen anzusehen, von denen du etwas hältst. Sie müssen nicht denselben Beruf haben wie du – es geht nur darum, herauszufinden, was funktioniert und was nicht.

Achte außerdem darauf, dass auf jeder Seite deine Kontaktdaten angegeben werden, weil deine Kunden nicht mühsam nach deiner Telefonnummer oder eMail-Adresse suchen wollen. Stell dir die Webseite als erweiterte Form einer Pressemappe vor, in der du jeden Abschnitt mit zahlreichen Einzelheiten ergänzen kannst. Wir sprechen später in diesem Kapitel noch darüber, wie man so eine Pressemappe erstellt. Denk auch daran, auf deiner Webseite eine digitale Pressemappe zur Verfügung zu stellen!

## eMail-Marketing mit Lead Pages und Autorespondern

**LISA** Durch eine sogenannte »Lead Page« und einen Autoresponder kannst du Menschen dazu bringen, dir ihre eMail-Adressen zu geben, damit du bei ihnen Werbung für dein Unternehmen machen kannst.

Eine Lead Page ist nichts weiter als eine einfache Webseite mit einem Formular, in das der Seitenbesucher seine Kontaktdaten eingeben kann. Neben der Aufforderung zur Dateneingabe enthält die Seite nichts. Meine Lead Page beispielsweise bittet um nichts weiter als die eMail-Adresse. Ansonsten steht dort nur: »Tragen Sie sich ein, um als Erster zu erfahren, wann *Developing Your Intuition* Online an die Öffentlichkeit geht!«

Darunter befinden sich ein Feld, in das man seine eMail-Adresse eintragen kann, und ein Button mit dem Text »Abonnieren«. Das ist kurz, einfach, und die Leute, die sich für das Thema interessieren, tragen sich ein. Da ich nur nach wenigen Informationen frage, fällt es den Besuchern leichter, ihre eMail-Adresse preiszugeben. Das Schöne an einfachen Lead Pages ist, dass sie eine »selbstselektierte« Liste erstellen.

Ich weiß, dass sich die Leute, die sich hier eintragen, vor allem für meinen Kurs interessieren und ich ihnen alle Informationen über meine Kurse zukommen lassen sollte – denn sie haben ja darum gebeten.

Ein Autoresponder ist eine eMail, die automatisch an die Person verschickt wird, die sich in die Liste eingetragen hat. Im dabei übermittelten Text kannst du dich für das Interesse deines neuen Abonnenten bedanken, ihm weitere Informationen geben oder das »Geschenk« zukommen lassen, das du ihm für den Beitritt versprochen hast. eMail-Marketing-Services stellen in ihren Systemen eine Autoresponder-Funktion zur Verfügung, die du einfach nur einzuschalten brauchst.

Der Autoresponder kann auf unterschiedliche Weise genutzt werden – am häufigsten tritt er in Aktion, wenn sich jemand in eine Liste einträgt. Du kannst mit ihm aber auch eMails verschicken, wenn jemand auf einen Link auf deiner Webseite klickt, ein Produkt von dir kauft oder Geburtstag hat.

Solche Autoresponder können ein effizientes Werkzeug sein, um den Kontakt zu deinen Kunden zu halten, ohne auch nur einen Finger rühren zu müssen. Allerdings solltest du nicht alle deine Mails via Autoresponder verschicken, sondern auf eine gesunde Mischung aus automatisierten und individuell erstellten Mails achten.

Ich selbst nutze meinen Autoresponder am häufigsten, um ein »Geschenk« zu verschicken, das ich für die Anmeldung versprochen habe: ein eBook über Intuitionsentwicklung mit 16 Übungen, die man alleine durchführen kann.

## Broschüren

---

**Tipp #48 für dein spirituelles Unternehmen**

Die Leute lesen Überschriften, aber nur selten den Text darunter.

---

**CINDY** Broschüren sollten detaillierte Informationen bieten, aber mir fällt immer wieder auf, dass dabei zu viele Worte verwendet und zu wenig Flächen freigelassen werden. Oft werden auch seltsame Schrifttypen und Farben verwendet. Hier einige Hinweise, wie man eine gute Broschüre erstellt:

- Vermeide kleinteilige Illustrationen und grelle Farben. Sternchen und Monde mögen dir als Kind gefallen haben, aber als Broschürenhintergrund wirken sie eher albern.
- Freie Flächen sind wichtig. Die meisten Leute möchten nicht zu viel lesen. Wenn sie auf zu viele Buchstaben auf kleinem Raum stoßen, fangen sie gar nicht erst an.

- Lass dich von den Broschüren anderer Leute inspirieren. Klau ihnen keine Ideen, denn das ist unhöflich und unaufrichtig, aber verschaff dir einen Eindruck davon, was funktioniert und was nicht.
- Wenn du deine Broschüre erst einmal erstellt hast, drucke sie aus und lass sie von jemandem ansehen, der ein ehrliches Urteil abgeben wird.

Die Überschriften für jeden Abschnitt sollten leicht verständlich, aber auch interessant sein. »Dienstleistungen« beschreibt zwar vielleicht das, was du anbietest, aber als Überschrift ist es etwas fade. Versuche, kreativ und anschaulich zu schreiben und dabei nicht in Klischees abzugleiten. Die Leute lesen Überschriften. Den Text darunter lesen sie meist erst dann, wenn sie entschieden haben, dass die Information einen genaueren Blick wert ist.

Nutze die Informationen aus dem zweiten Kapitel darüber, was deine Dienstleistungen oder Produkte von anderen unterscheidet, welche Vorteile sie bieten und was für Transformationen sie auslösen. Du siehst also, die Mühe von vorher zahlt sich jetzt aus! Du hast bereits kurze Abschnitte – oder noch besser: Stichpunkte – darüber geschrieben, was du tust, inwiefern du einzigartig bist, welche Vorteile deine Arbeit bietet und so weiter. Wenn du diese Buchseite überfliegst, wird dein Blick vermutlich bei den Stichpunkten oben hängengeblieben sein.

Versuche, nicht mehr als zwei verschiedene Schriftarten zu verwenden. Ist die Schrift zu groß, macht das einen kindischen Eindruck, ist sie zu klein, wird sie schwer lesbar, was unaufmerksam dem Leser gegenüber ist. In einer Broschüre solltest du – abhängig von der Schriftart – eine Schriftgröße zwischen 11 und 12 Punkt für die Texte und 12 und 14 Punkt für die Überschriften wählen. Auf dem Cover kannst du eine größere Schrift verwenden, um Aufmerksamkeit zu erregen.

Verwende für die Schrift nicht zu viele Farben. In einer Farbbroschüre sollten es nicht mehr als zwei oder drei sein. Auch Schwarzweißbroschüren sind absolut in Ordnung, allerdings solltest du dickeres oder noch besser farbiges Papier verwenden. Du kannst online vorbedrucktes Broschürenpapier bestellen, das du dann nur noch in deinen Drucker zu schieben brauchst. So kannst du in Schwarz drucken und dadurch Geld sparen, aber trotzdem eine bunte Broschüre erstellen. Such dir im Internet einfach den besten Anbieter heraus.

Nach der Gestaltung deiner Broschüre solltest du unbedingt ein paar Probekopien anfertigen. Ich garantiere dir, dass du danach noch einige Änderungen vornehmen willst. Mein Rat lautet, dir im Internet schönes Broschürenpapier herauszusuchen oder Farbpapier zu verwenden und die Broschüren entweder zu Hause oder in einem Copyshop in deiner Nähe auszudrucken.

## Flyer

**CINDY** Flyer dienen dazu, Werbung für eine besondere Veranstaltung, ein neues Produkt oder eine neue Dienstleistung zu machen. Farbflyer sind toll – aber nur, wenn man den Flyer auch tatsächlich lesen kann! So schön das Foto vom Sonnenuntergang auch aussehen mag – wenn es einen zu dunklen Hintergrund abgibt, kann niemand mehr deine Texte entziffern!

Benutze einen gut lesbaren Schrifttyp und sorge wie bei den Broschüren dafür, dass der Flyer optisch ansprechend ist und viel freien Raum bietet. Achte außerdem darauf, dass auch alle Vorteile deines Unternehmens in Stichpunkten benannt werden und dass deine Kontaktdaten aufgeführt sind.

Es erstaunt mich immer wieder, wenn ich einen Flyer bekomme, auf dem ich nicht sofort die Kontaktdaten finde oder die hübsche, aber unpraktisch komplizierte Schriftart nicht lesen kann. Auf Flyern solltest du gar nicht erst versuchen, alle Details unterzubringen. Ich gebe eine eMail-Adresse, eine Telefonnummer und meine Webseite an, auf der man sich weitergehend informieren kann. Lisa gibt meistens nur ihre Webseite und manchmal auch noch ihre Telefonnummer an.

Ein guter Flyer nutzt Stichpunkte, die die Aufmerksamkeit des Lesers wecken, und enthält genügend Informationen, damit die Leser wissen, was wo wann für wie viel Geld angeboten wird und wie sie dich kontaktieren können, um mehr zu erfahren. Die meisten Leute lesen die Details lieber auf einer Webseite nach als anzurufen, aber trotzdem ist es ratsam, neben der Webseite auch eine Telefonnummer anzugeben.

Ein Flyer ist ein tolles Beispiel dafür, warum man eine Webadresse haben sollte, die sich jeder leicht merken kann. Denn nicht jeder möchte den Flyer mitnehmen. Je länger und komplizierter der Name deiner Webseite, desto unwahrscheinlicher ist es, dass die Kunden ihn sich merken und später auf deine Seite gehen können.

## Postkarten

**CINDY** Bei den meisten Online-Druckereien gibt es ständig Sonderangebote für Postkarten. Ich versende gerne Postkarten, drucke sie aber im Copyshop auf gelbem DIN-A4-Papier aus, auf das pro Bogen vier Karten passen, und zerschneide die Bögen dann.

Das ist viel billiger, als die fertigen Karten im Internet zu kaufen, weil ich exakt die Anzahl drucken kann, die ich brauche. Viele Leute neigen zu doppelseitigen, übergroßen Postkarten mit auffälligen Motiven, die auf schwerem Papier gedruckt werden, das eigentlich gar nicht für Postsendungen gedacht ist. Mir ist aufgefallen, dass sie auf Esoterikmessen und Wellness-Events nicht sonderlich gut funktionieren.

Viele Leute schwören auf Postkarten, und ich finde sie auch praktisch, um für anstehende Veranstaltungen oder neue Dienstleistungen zu werben. Aber ich habe beobachten können, dass potenzielle Kunden oft mehr Informationen haben wollen, als auf eine Postkarte passen. Jede Form von Marketing hat ihre Vorteile, und durch Versuch und Irrtum wirst du früher oder später herausfinden, worauf deine Klientel am Positivsten reagiert.

Postkarten funktionieren nach denselben Regeln wie Broschüren und Flyer, was freie Flächen, Farben und Schrifttypen betrifft, nur dass in diesem Fall große Grafiken ebenfalls gut funktionieren. Ich verwende gerne übergroße Ansichtspostkarten, wenn ich sie nicht mit der Post verschicke, weil ich dann eine schicke Hochglanzvorderseite gestalten kann und auf der Rückseite in einfacher Schwarzweißschrift genug Platz für die eigentlichen Informationen habe.

Postkarten zu versenden funktioniert gut als Erinnerung, aber du kannst auf ihnen nur wenige Informationen unterbringen. Ich verwende sie, um meine Kunden wissen zu lassen, dass ich auf einer Messe oder größeren Esoterikveranstaltung anwesend sein werde, und bedrucke sie als Anreiz mit einem Rabattgutschein. Briefmarken für Postkarten kosten weniger als für Briefe, und du kannst so gut wie sicher sein, dass deine Kunden wenigstens einen kurzen Blick darauf werfen. Eine eMail oder ein Brief dagegen muss erst geöffnet werden.

**LISA** Als gedrucktes Werbematerial reichen mir meist Postkarten oder Flyer. Ich mag sie, weil sie größer sind als Visitenkarten, schön gestaltet werden können und genug Platz für Informationen bieten. Da sie aus dickerem Material bestehen als normales Papier, sind sie so widerstandsfähig, dass man sie mit einer Hand umdrehen und lesen und dann in seine Tasche stecken kann.

Außerdem kannst du Standbesuchern leicht eine Karte in die Hand drücken, wenn sie Interesse an deinen Produkten zeigen. Längliche Karten aus dickerem Postkartenpapier und Postkarten haben das perfekte Format für Postkartenständer, die du in jedem Bürowarenladen kaufen kannst.

Wenn du auf eine öffentliche Veranstaltung, Messe oder Expo gehst, solltest du immer dein Werbematerial und einen geeigneten Ständer mitbringen, in dem du es unterbringen kannst. Bei meinen Vorträgen und Veranstaltungen kann ich meine Karten auf diese Weise sichtbar machen, und die Teilnehmer können sie einfach mitnehmen. Auf Messen und Ähnlichem gibt es in der

Regel einen Tisch, auf dem man sein Werbematerial auslegen kann. Da ich auf solchen Veranstaltungen häufig keinen eigenen Stand habe, kann ich mein Unternehmen auf diese Weise über meinen Vortrag hinaus bewerben.

Auf diesen Tischen legen aber auch andere Leute ihre Unterlagen aus, die von vielen Besuchern mitgenommen werden, weil sie fast schon etwas von einem Werbegeschenk haben. Und du möchtest natürlich, dass dein Material heraussticht. Dazu ein Tipp: Statt Karte, Broschüre oder Flyer einfach nur flach auf der Tischplatte auszulegen, kannst du dein Material auch in einem Plastikständer aufrecht zur Schau stellen, dann fällt es mehr auf.

Ich drucke außerdem immer ein Miniposter im DIN-A4-Format auf einfachem Papier aus und stelle es in einen Plastikständer auf meinem Tisch aus. Meist zeigt es ein Portrait oder eine Landschaft.

**CINDY** Ich habe gerade erst angefangen, Karten im länglichen Format zu nutzen, und finde das ziemlich toll. Normale Postkarten sind kurz und breit. Sie fallen nicht einmal dann auf, wenn man sie auf einen kleinen Ständer stellt. Längliche Karten dagegen passen perfekt in einen normalen Broschürenhalter und fallen mehr auf als Flyer und die meisten anderen Karten, die auf einem Tisch ausliegen.

Der Broschürenhalter wird oft »entfernt«, wenn er leer ist, deshalb beklebe ich ihn immer mit einer meiner Visitenkarten. So kommt niemand auf die Idee, ihn einfach mitzunehmen oder eigenes Material hineinzustellen.

Diese Halter sind nicht teuer, also solltest du auch nicht davor zurückschrecken, einen zu verwenden, wenn du Angst hast, er könnte Beine bekommen. Er ist das Geld trotzdem allemal wert.

**LISA** Bilder machen Postkarten sehr attraktiv. Wenn eine Karte nur mit Text versehen ist, wirkt sie einfach nicht so ansprechend. Stelle immer sicher, dass du deinen Namen, deine Kontaktdaten und deine Webseitenadresse auf der Karte unterbringst, da nicht jeder Empfänger am nächsten Tag noch weiß, von wem er sie bekommen hat.

Die Werbetexte auf deiner Karte sollten kurz und packend sein. Das Layout sollte nicht zu überladen wirken. Ich nutze gerne Online-Druckereien, weil sie verglichen mit Copyshops billiger sind. Außerdem bieten sie praktischerweise oft Vorlagen an, mit denen du arbeiten kannst.

Diese Vorlagen sehen richtig professionell aus, und häufig gibt es sogar schon eine Vorauswahl an Bildern, die du verwenden darfst. Außerdem haben Online-Druckereien den Vorteil, dass du bei ihnen nicht Tausende von Exemplaren bestellen musst. Am besten, du fängst mit einer kleinen Auflage von 25 bis 50 Stück an und wartest erst einmal ab, wie viel Aufmerksamkeit sie erregen.

Wenn du gerade erst anfängst, verändert sich deine Unternehmensbeschreibung vielleicht häufiger, weil du noch nicht so geübt im Werbetexten bist. Deshalb solltest du anfangs nicht zu viel Material drucken lassen, das du später, wenn du deine Unternehmensbeschreibung aktualisiert hast, wieder wegwerfen musst. Ein weiterer Vorteil von Online-Druckereien ist die Qualität. Die Produkte, die du dort erwirbst, erwecken einen professionellen Eindruck. Du kannst hier auch ein- oder beidseitig in Farbe drucken, und es gibt eine große Auswahl an Papierqualitäten, beispielsweise mattes und Hochglanzpapier.

Meiner Erfahrung nach funktionieren diese Karten bestens. Ich erlebe es immer wieder, dass in den Tagen nach einer Veranstaltung Leute einen Termin bei mir buchen und mir erzählen, dass sie zwar nicht zu meinem Vortrag kommen konnten, aber eine Postkarte mitgenommen haben, um später Kontakt zu mir aufnehmen zu können. All dein Printmaterial hat den Vorteil, dass es dich präsent bleiben lässt. Hast du nicht auch schon einmal die Karte oder Broschüre eines Unternehmens mitgenommen, sie auf deinem Schreibtisch abgelegt und dann Tag für Tag dort hingesehen?

Bei Werbung und Marketing geht es um nichts anderes, als für die Menschen präsent zu bleiben und sie daran zu erinnern, dass es dich gibt.

**CINDY** Lisa weist hier auf einen sehr wichtigen Punkt hin: Ganz gleich ob Broschüre, Postkarte, Flyer oder Visitenkarten – es ist unerlässlich, dass du Material mit deinen Kontaktdaten zur Hand hast. Und die Effektivität deines Materials hängt davon ab, wie ansprechend es gestaltet ist.

## Visitenkarten

---

**Tipp #49 für dein spirituelles Unternehmen**

Deine Visitenkarten sollten immer fast vergriffen sein.

---

**CINDY** Wenn dein Geschäft gut läuft, sollten deine Visitenkarten immer fast vergriffen sein. Genauso wie Broschüren kannst du sie sehr günstig in Online-Druckereien anfertigen lassen. Auch hier solltest du wieder ans Design denken. Ich habe mir gerade neue Visitenkarten drucken lassen und versucht, alle Informationen darauf unterzubringen, sogar eine kleine Coverabbildung meines Buchs *Meditieren leicht gemacht*.

Am Ende war sie so überladen, dass man die Schrift kaum mehr lesen konnte. Obendrein hatte ich eine dunkle Hintergrundfarbe gewählt, die zum Buchcover passte, aber keinen guten Kontrast zur Schrift bot, so dass diese schwer zu lesen war. Aus meinen Fehlern kannst du viel lernen: Auf Visitenkarten gilt die Devise »Weniger ist mehr«. Verwende leicht lesbare, angemessen große Schriftarten (mindestens 10 Punkt) und bringe, je nachdem, was für ein Unternehmen du führst, deinen Namen, den Namen des Unternehmens, deine Telefonnummer, eMail-Adresse, Webadresse und einige wenige Worte, die dein Unternehmen beschreiben, darauf unter. Hast du eine Praxis oder ein Ladengeschäft, sollte auch diese Adresse nicht auf der Karte fehlen.

Wenn du von zu Hause aus arbeitest, solltest du deine Privatadresse aber für dich behalten. Du willst schließlich nicht, dass um zehn Uhr abends jemand uneingeladen bei dir klingelt. Wenn genug Platz ist, kannst du außerdem Informationen wie deine Social-Media-Adressen angeben – oder noch besser: Du nutzt für solche Informationen einfach die Rückseite.

Ich kann es gar nicht oft genug wiederholen: Deine Karten heben sich ab, wenn sie nicht überladen und dadurch gut zu lesen sind. Eine kleine, zu deinem Unternehmen passende Grafik ist ebenfalls schön, aber wenn deine Karte dadurch zu vollgestopft wirkt, geht der Effekt nach hinten los. Lisa verteilt Karten mit Engelsbotschaften, auf denen nicht weiter steht als die Botschaft, ihr Name und ihre Webadresse. Eine Karte mit Engelsbotschaft wirft man nicht einfach weg, und wer Kontakt zu Lisa aufnehmen will, kann sich die nötigen Informationen über ihre Webseite beschaffen.

**LISA** Meine Engelskarten waren ein von den Engeln geschickter Einfall. Ich möchte euch die Geschichte, die dahintersteckt, gern erzählen. Vor einigen Jahren erkrankte mein Cousin an Krebs. Zum Glück wurde das recht früh diagnostiziert, aber trotzdem machten wir uns alle sehr große Sorgen.

Ich tat, was ich meistens tue: Ich betete zu den Engeln darum, dass sie seine Heilung unterstützten und sich seiner annahmen. Das Gebet, das dabei herauskam, war von meinen Engeln gechannelt, und ich bin noch heute beeindruckt, wie schön es ist. Meine Engel sagten mir gleich danach, ich solle das Gebet auf eine Karte schreiben, damit mein Cousin es immer bei sich tragen könne.

Also suchte ich bei meiner Online-Druckerei nach einem Design, das mir gefiel. Zufällig fand ich die perfekte Vorlage und ein tolles Bild von einem Engel. Alles ging so mühelos und schnell! Mir wurde klar, dass ich die Karte auch anderen Personen geben könnte, die Verwendung für das Gebet hatten. Man sagte mir, dass ich das Engelsgebet all jenen schenken sollte, die darum baten, und das tat ich dann auch.

Auf der Rückseite der Karte ist meine Webadresse abgedruckt – das ist alles. Menschen aus der ganzen Welt haben bereits um eine solche Engelsgebetkarte gebeten.

Wie Cindy schon sagte, sind Visitenkarten ein Muss, und es gibt absolut keinen Grund, sich keine zuzulegen. Heutzutage ist es ganz einfach, sie zu erstellen, besonders durch Online-Druckereien. Sie stellen schöne, professionell wirkende Vorlagen zur Verfügung, und man kann auch kleine Mengen drucken lassen.

Du solltest immer eine Visitenkarte zur Hand haben, die du jemandem überreichen kannst, sei es aus persönlichen oder aus geschäftlichen Gründen. Als Unternehmerin oder Unternehmer machst du ununterbrochen Werbung für dich selbst, und wenn dich jemand fragt, was du beruflich machst, solltest du ihm sofort eine Karte in die Hand drücken könne. Wer weiß? Vielleicht handelt es sich ja um einen neuen Kunden.

Halte deine Visitenkarten einfach und bringe nur die wichtigsten Informationen darauf unter, denn du hast nicht viel Platz. Dein Name und deine Kontaktinformationen sollten darauf stehen, außerdem der Name deines Unternehmens, falls es nicht mit deinem Namen identisch ist. Auch deine Berufsbezeichnung, beispielsweise Massagetherapeut, Energieheilerin oder Medium, sollte nicht fehlen.

Am besten verwendest du nur eine, höchstens aber drei Begriffe, mit denen du dich selbst beschreibst. Ich werbe für mich als spirituelle Lehrerin, Autorin und Referentin mit Spezialbereich Intuition. So steht es auf meiner Webseite und meinem gesamten Marketingmaterial.

Du kannst auch deine Telefonnummer, Postadresse, Webadresse und eMail-Adresse angeben. Ich nenne zunehmend weniger Kontaktdaten, da die meisten Leute online oder am Telefon Kontakt zu mir aufnehmen.

Mir ist aufgefallen, dass die neueste Visitenkartengeneration oft nur noch eine Webadresse enthält, was mir sinnvoll erscheint, da sich auf der Webseite ja alle weiteren Kontaktdaten finden lassen. Aber es gibt immer noch Menschen, die keinen Zugang zum Internet haben, weshalb du zumindest deinen Namen und eine Telefonnummer angeben solltest.

**CINDY** Ich hatte gerade erst einen Kunden ohne Computer. Mit der Zeit wird das natürlich immer seltener werden. Aber im Augenblick solltest du für den Fall, dass du auf Interessenten ohne Internet stößt, immer auch deine Telefonnummer angeben.

**LISA** Ich habe ein Unternehmenslogo, das ich als Marke habe eintragen lassen. Du brauchst nicht zwingend ein Logo, und wenn du eines hast, muss es kein eingetragenes Markenzeichen sein. Aber eine solche Registrierung sorgt natürlich dafür, dass außer dir niemand dieses Logo oder deinen Unternehmensnamen verwenden darf.

Ich wollte gerne ein Logo, damit ich es auf all meinen Marketingunterlagen, Webseiten und Produkten wie CDs, Büchern und Apps sowie auf meinen Social-Media-Seiten abbilden kann. Und ich wollte, dass es einzigartig ist. Wenn du ein Logo hast, sollte es deutlich sichtbar auf deinen Visitenkarten prangen.

## Die Pressemappe – deine Vorlage für all dein Marketingmaterial

**LISA** Eine Pressemappe besteht aus verschiedenem Informationsmaterial, beispielsweise einem Lebenslauf, einer Unternehmensbeschreibung, Fotos und dergleichen mehr. Diese Mappe kannst du – wie der Name schon sagt – an die Presse, aber auch an andere Personen verteilen, damit sie sich leichter einen Überblick verschaffen und ihrerseits Informationen über dich weitergeben können.

Der Vorteil besteht darin, dass du mit einer Pressemappe überall die gleiche Botschaft verbreitest. Wortlaut und Präsentation sind identisch, ganz gleich, um welche Veranstaltung oder welches Projekt es gerade geht.

Sagen wir, du bietest deine Dienste in einem ganzheitlichen Zentrum in deiner Gegend an, das bereit ist, bei seinen Kunden Werbung für dich zu machen. Du kannst dem Zentrum einfach deine

Pressemappe geben, und schon haben sie alle Informationen und Unterlagen parat, die sie für ihre Werbeaktion brauchen.

Dasselbe gilt, wenn du zu einem Interview im Radio, im Fernsehen oder in einem Webcast eingeladen wirst. Früher wurden Pressemappen meist in gedruckter Form verschickt, inzwischen versendet man eher digitale Versionen, da diese leichter zu händeln sind.

**CINDY** Nicht nur berühmte Stars brauchen eine Pressemappe – auch du wirst Elemente deiner Pressemappe in deinem gesamten Marketing verwenden. Die Anfertigung einer Pressemappe – gleich ob in ausgedruckter oder digitaler Version – zwingt dich nicht nur, alle Informationen über dich in kompakter, effektiver Weise zusammenzustellen, sondern ermöglicht dir auch einen Blick auf das umfassendere Image, das du für dich und dein Unternehmen erschaffen hast.

Folgende Elemente sollte deine Pressemappe enthalten:

- Ein Portraitfoto in hoher Auflösung.
- Deinen Lebenslauf mit deinen Zeugnissen und allem, was dich auszeichnet. Er sollte in drei Versionen enthalten sein: kurz, mittel und lang.
- Eine Unternehmensbeschreibung – worum geht es, welchen Nutzen bietest du?
- Eine Beschreibung deines Produkts oder deiner Dienstleistung.
- Links zu Blogs, Webseiten, Interviews, YouTube und dergleichen. Das funktioniert natürlich am besten in einer digitalen Pressemappe.
- Deine Kontaktdaten.
- Erfahrungsberichte.
- Anstehende größere Veranstaltungen – diesen Bereich musst du stets aktualisieren.
- Kurztexte für die sozialen Medien: kleine Werbetexte, die andere Leute auf ihren Social-Media-Seiten verwenden können.

Hast du deine Pressemappe erst einmal zusammengestellt, kannst du sie immer wieder verwenden, wenn du neue Marketingmaßnahmen entwickelst. Das erspart dir Zeit und Arbeit, denn statt zehn verschiedene Dateien auf deinem Computer öffnen zu müssen, kopierst du einfach aus deiner Pressemappe das heraus, was du gerade brauchst!

Lass deine Pressemappe unbedingt von jemandem gegenlesen und bitte diese Person danach, dir zu erklären, worum genau es ihrer Meinung nach bei deinem Unternehmen geht. Welche Werte vertrittst du, wie sieht deine Persönlichkeit aus, was ist deine Leidenschaft, wo liegen deine persönlichen und unternehmerischen Stärken? All das und deine Professionalität sollten aus deiner Pressemappe sofort ersichtlich werden. Auf Kleingrafiken wie Clipart solltest du verzichten, aber scheue dich nicht, hier und da ein paar Bilder von dir in der Mappe unterzubringen.

Lass viel Platz frei – ein paar aussagekräftige Worte sind besser als ein langer Absatz. Hier können deine Fünfzig-Wörter-Beschreibungen und Stichwortlisten ihren Zweck erfüllen. Eine Pressemappe sollte optisch beeindruckend wirken. Ich verwende Farben, um die Gestaltung zu unterstützen, aber auch Bilder und größere Schriften. Auf unseren (englischsprachigen) Webseiten, www.CindyGriffith.com und www.LMK88.com, kannst du unsere Pressemappen herunterladen und ein paar Ideen sammeln.

## Digitale Pressemappen

**CINDY** Wir leben im digitalen Zeitalter, und auch wenn es deinen Beruf schon seit dreitausend Jahren gibt, sollten dein Image, dein Marketing und deine Technologie immer auf dem neuesten Stand sein.

So kannst du deine digitale Pressemappe verwenden:

- als Download auf deiner Webseite
- als Anhang zu deiner eMail
- als Zusatz zu Presseveröffentlichungen

- als Material für Blogger, die für dich werben wollen
- als Material für Interviewer
- als Kundeninfo für Gruppensitzungen etc.

Mach dir eines klar: Du kannst nie wissen, wann jemand einen Artikel über dich schreiben oder dich in seine Radiosendung einladen will. Wenn ein Radio- oder Fernsehsender nach einem geeigneten Gast sucht, wird er sich eher für jemanden entscheiden, auf dessen Webseite eine Pressemappe zur Verfügung steht, als für jemanden ohne diesen Service.

Pressemappen eignen sich außerdem hervorragend, um Kundenfragen zu beantworten. Wir nutzen heutzutage häufig eMails statt des Telefons, und eine digitale Pressemappe lässt sich problemlos als Anhang verschicken. Ich biete allen Kunden, die Gruppentermine mit mir buchen, an, ihnen vorher meine Pressemappe zu schicken. Dann können sie diese an ihre Gäste weiterleiten, wodurch es mir erspart bleibt, meine Broschüre zu verschicken.

Der Vorteil einer digitalen Pressemappe besteht darin, dass sie sich so leicht weiterleiten lässt und man die darin enthaltenen Links anklicken kann, wodurch der Kunde oder Journalist weitere Informationen über dich erhält. Mein Mann und ich treten häufig bei Medienveranstaltungen auf, und es ist viel leichter, eine Pressemappe mit allen Informationen zu versenden, die der Veranstalter benötigt, als jede Frage einzeln zu beantworten.

Wer meine Veranstaltung vermarkten will, kann einfach mein hochaufgelöstes Foto herunterladen und meinen Lebenslauf oder meine Kurzfassung des Angebots in seine Werbung einbauen. Mein Mann und ich veranstalten auch Vortragsreihen, und oft ist es furchtbar mühsam, von den Vortragenden eine solche Kurzfassung, einen Lebenslauf oder auch nur ein brauchbares Foto zu erhalten. Hätten doch nur alle eine digitale Pressemappe!

**LISA** Deine Portraitfotos sollten in digitaler Form vorliegen, da du sie anderen Personen dadurch am leichtesten zugänglich machen kannst. Es ist außerdem erheblich billiger, als die Fotos auszudrucken und per Post zu verschicken. Denk auch unbedingt daran, dass sie eine hohe Auflösung haben sollten. Als Dateiformat eignet sich JPEG am besten.

Heutzutage bekommst du deine Fotos von den meisten Fotografen in digitaler und ausgedruckter Version. Binde deine Fotos NICHT in ein Worddokument ein, um sie zu verschicken, da man sie dann nicht mehr so flexibel nutzen kann. Ein Foto mit hoher Auflösung kann sowohl für Druck- als auch für Online-Material verwendet werden. Wenn nötig, kann man ein Bild mit hoher Auflösung immer noch verkleinern, aber ein Foto mit niedriger Auflösung lässt sich nicht mehr in eine bessere Qualität umwandeln. Je höher die Auflösung, desto größer kann man das Foto ausdrucken, ohne dass es verschwommen wirkt.

Außerdem ist es wichtig, daran zu denken, dass du dein gesamtes Marketingmaterial – sei es Teil deiner Pressemappe, deiner Webseite oder auf Papier gedruckt – konsistent halten solltest. Vielleicht musst du hin und wieder den Wortlaut leicht abändern, damit der Text zum Format passt, aber im Großen und Ganzen hilft es deiner Marke, alle Marketingaussagen und Beschreibungen deiner Arbeit identisch zu halten. So sparst du dir auch die Mühe, jedes Mal neue Texte verfassen zu müssen.

Indem du deine Aussagen und Beschreibungen identisch hältst, hilfst du den Leuten, sich zu merken, wer du bist und was du tust. Außerdem entsteht so weniger Verwirrung. Wiederholung unterstützt den Lernprozess. Hilf deinen potenziellen Kunden, zu lernen und sich zu merken, wer du bist.

## Print-Pressemappen

**CINDY** Ausgedruckte Pressemappen werden auf ganz ähnliche Weise eingesetzt wie die digitale Version, und es kommt vor, dass Kunden explizit um die Zusendung einer Print-Version deines Materials bitten. Ich verschicke per Post meistens nur meine gedruckten Broschüren, aber hin und wieder möchte ein Kunde mehr

Informationen. Mit Software wie Adobe Acrobat kannst du deine digitale Pressemappe in ein PDF umwandeln, das du dann ausdruckst und per Post verschickst.

Dabei solltest du aber bedenken, dass du die Links in ausgeschriebene URL-Adressen umwandeln musst, damit der Kunde sie in den Browser eingeben kann. Alternativ besteht auch die Möglichkeit, alle Links aus deiner Pressemappe zu löschen, ehe du sie in ein PDF umwandelst. Im Folgenden findest du nähere Informationen zu allen Elementen, die deine digitale oder ausgedruckte Pressemappe enthalten sollte.

## *Portraitaufnahmen*

**LISA** Portraitaufnahmen sind wichtig, um dich professionell wirken zu lassen. Neben deiner Webseite zählen sie zu den wichtigsten »Aushängeschildern« für dein Unternehmen, wenn du kein Produkt verkaufst, sondern persönliche Dienstleistungen anbietest. Die Leute wollen sehen, mit wem sie arbeiten werden, und dabei möchtest du dich natürlich von deiner Sahneseite zeigen.

Buchstäblich ins beste Licht rückt dich ein professioneller Fotograf. Ich verspreche dir: Hast du erst einmal professionelle Fotos von dir machen lassen, kannst und wirst du sie bei vielen Gelegenheiten verwenden.

Wenn du dir keinen Profi leisten kannst und die Fotos selbst machst, solltest du die folgenden Ratschläge beachten: Bei dem Foto sollte es sich um eine Frontalaufnahme deines gesamten Gesichts samt Schulterpartie handeln. Allgemein ist von Schmuck abzuraten, kleine Ohrringe sind aber kein Problem. Deine Kleidung sollte einfarbig ohne Muster und Streifen sein. So ruht der Fokus auf deinem Gesicht.

Außer dir sollte auf dem Foto niemand zu sehen sein. Sorge dafür, dass dein Gesicht gut ausgeleuchtet ist, damit man deine Züge richtig erkennen kann. Meine Mutter, die Schauspielerin war, hat mir folgenden Tipp gegeben: Wenn du lächelst und in die Kamera blickst, dann stell dir einfach vor, hinter der Kamera würde deine beste Freundin stehen oder jemand, den du liebst. Lächle so, wie du diese Person anlächeln würdest.

Mache deine Portraitaufnahmen in Farbe, nicht in Schwarzweiß, denn ein Farbfoto kannst du digital immer problemlos in eine Schwarzweißaufnahme umwandeln. Wenn es bereits ein Foto von dir gibt, das du magst, auf dem aber noch andere Personen zu sehen sind, rate ich dir von der Verwendung ab. Man sieht es Fotos immer an, wenn sie zurechtgeschnitten wurden, was wenig professionell wirkt.

Die Auflösung deiner digitalen Portraitfotos sollte bei 300 dpi liegen, also hochaufgelöst sein. Die Fotos kannst du dann an den verschiedensten Orten einsetzen: auf deiner Webseite, in deinem Newsletter, auf Postkarten, in Zeitschriftenanzeigen oder sonstwo. Deine digitale oder ausgedruckte Pressemappe sollte unbedingt ein Portraitfoto enthalten.

**CINDY** Portraitfotos sollten aktuell sein. Ich ändere beispielsweise oft meine Frisur, und auch mein Gewicht schwankt – derzeit vor allem nach oben, aber du verstehst sicher, worauf ich hinaus will. Ich habe fünfzehn Jahre lang dasselbe Portraitfoto benutzt. Wenn mich Kunden dann persönlich trafen, sagten sie oft: »Du siehst aber gar nicht aus wie auf dem Foto.« Jetzt, wo ich weiß, wie leicht man an neue Portraitfotos herankommen kann, kümmere ich mich immer gleich darum.

**LISA** Cindys Hinweis, dass du aktuelle Fotos verwenden solltest, ist wirklich sehr wichtig. Ich habe auf öffentlichen Veranstaltungen schon oft zu hören bekommen, dass mich jemand von meinen PR-Fotos wiedererkannt hat. Auch hier gilt: Die Identität deines Unternehmens beruht teilweise darauf, dass man sich merkt, wer du bist und was du tust.

## *Lebenslauf*

**LISA** Ein Lebenslauf ist eine kurze Zusammenfassung deiner Person, deiner Tätigkeit, deiner Vorgeschichte und aller wichtigen Zeugnisse – meist in dieser Reihenfolge. Er ist eine Hilfestellung, um dich kurz und knapp vorzustellen, entweder in schriftlicher Form oder durch Vorlesen, etwa, wenn jemand bei einer Veranstaltung etwas über dich sagen möchte, um deinen Vortrag einzuleiten.

Dein Lebenslauf sollte deine Glaubwürdigkeit und Expertise untermauern. Die Motivation, etwas bei dir zu kaufen, steigt dadurch immens. Ich staune immer wieder, wie viele Anbieter keinen guten Lebenslauf vorbereitet haben. In meiner Radiosendung waren schon viele Leute zu Gast, deren Unternehmen gut Fuß gefasst haben, und trotzdem hatten sie keinen knappen, verständlichen und leicht zu lesenden Lebenslauf vorbereitet.

Der erste Knackpunkt eines guten Lebenslaufs ist die Art, wie er geschrieben ist: Er sollte leicht zu lesen und gut verständlich sein. Wenn du ein Interview gibst, ist es sehr wahrscheinlich, dass der Interviewer vorher deinen Lebenslauf vorliest. Deshalb sollte er flüssig geschrieben sein. Kürze ist sehr wichtig, denn die meisten Menschen haben eine kurze Aufmerksamkeitsspanne. So wirst du auch gezwungen, dich auf deine Stärken zu konzentrieren und Unwichtiges auszulassen.

Widerstehe dem Drang, alles einzubauen, was du jemals getan hast. Konzentriere dich lieber auf den Kern deiner Unternehmensidentität, über den wir bereits gesprochen haben. Nenne Punkte, die diese Identität unterstützen. Du kannst eine Geschichte erzählen, aber sie sollte kurz und knapp sein. Wenn du nicht gut im Schreiben bist, solltest du jemanden mit dem entsprechenden Talent um Hilfe bitten.

**CINDY** Ich selbst habe bisher immer in der dritten Person über mich geschrieben, aber Lisa ist der Meinung, man sollte den Lebenslauf in der ersten Person abfassen.

Das gefällt mir. Alles, was dem Kunden dabei hilft, einen besser kennenzulernen, ist die Mühe wert. Wenn du in der ersten Person schreibst, erweckst du tatsächlich den Eindruck, direkt mit dem Leser oder Zuhörer zu sprechen.

Ich habe kürzlich meinen Lebenslauf und meine Webseite umgearbeitet und an die erste Person angepasst. Hier ein Textbeispiel: »Ich bin seit über zwanzig Jahren Medium. Mein aufregendstes Projekt war mein Masterabschluss 2013.«

In der dritten Person liest sich das eher so, als würde jemand über mich sprechen: »Cindy ist seit über zwanzig Jahren Medium. Ihre beeindruckendste Leistung war ihr Masterabschluss 2013.« Das ist nicht ganz so überzeugend, wirkt aber vielleicht weniger einschüchternd und ich-bezogen. Beide Erzählformen haben ihren Vorteil.

Wie Lisa schon sagte, eignet sich die erste Person eher dazu, einen weniger formellen und intimeren Einblick in dein Leben zu gewähren, während die dritte Person perfekt geeignet ist für jemanden, der den Text vorliest, beispielsweise ein Radiomoderator oder der Moderator einer Vortragsreihe.

**LISA** Mein Lebenslauf zählt zu den am häufigsten verwendeten Bestandteilen meiner Pressemappe. Und genauso wäre es mit deinem Lebenslauf. Er kann verwendet werden, wenn du bei einer Konferenz oder Veranstaltung einen Vortrag hältst, ein Interview gibst, als Marketingmaterial für deine Dienstleistungen, zur Erklärung deiner Dienstleistungen bei einer öffentlichen Veranstaltung und vieles mehr.

Anbieter von Veranstaltungen, beispielsweise Messen und Expos oder Vortragsreihen, bitten meist um einen solchen Lebenslauf, damit sie ihn auf ihrer Webseite oder für ihre Werbung verwenden können. In der Regel ist eine bestimmte Textlänge in Form einer Zeichenzahl vorgegeben.

Aus diesem Grund habe ich drei Versionen meines Lebenslaufs vorbereitet: eine kurze mit etwa 500 Zeichen, eine mittlere mit etwa 1.000 Zeichen und eine lange mit etwa 2.000 Zeichen.

Alle drei haben ungefähr den gleichen Inhalt und denselben Stil, aber die längeren gehen mehr ins Detail.

### *Unternehmensbeschreibung*

**CINDY** In einer Unternehmensbeschreibung verwendest du das Ergebnis all deiner Arbeit aus Kapitel 2, in dem du in Kurzbeschreibungen und Stichworten beschreiben solltest, was für eine Art von spirituellem Unternehmen du eigentlich führst, worum es bei deiner Arbeit geht und welchen Nutzen dein Unternehmen für den Kunden hat.

Eine gute Unternehmensbeschreibung sollte kurz gefasst sein und viel freie Fläche lassen – damit meine ich, dass die Seite nicht zu vollgestopft ist. Viele Leute überfliegen Texte nur, und je weniger Wörter, desto wahrscheinlicher ist es, dass sie auch wirklich gelesen werden. Wenn du Überschriften verwendest, sollten diese aussagekräftig sein und den Leser dazu ermutigen, weiterzulesen. »Massagen« klingt ziemlich trocken, aber wenn du etwas schreibst wie »Entspannungsmöglichkeiten«, weckst du die Neugierde der Leser schon eher – denn Entspannung ist genau das, was sie sich wünschen!

### *Dein zentrales Produkt, deine zentrale Dienstleistung*

**CINDY** Zunächst solltest du dein wichtigsten Produkt oder deine zentrale Dienstleistung vorstellen. Investiere ruhig ein bisschen mehr Zeit in die Beschreibung des Angebots und seiner Vorteile. Füge wenn nötig ein oder zwei Bilder zur Veranschaulichung hinzu. Meine erste digitale Pressemappe drehte sich beispielsweise um mein Buch *Meditieren leicht gemacht*, weshalb sie eine ganze Seite enthielt, auf der nur das Buch mit einer kurzen Beschreibung und Kritiken vorgestellt wurde. Meine Pressemappe über meine Tätigkeit als spirituelle Beraterin stellt meine Dienstleistungen als Medium vor und enthält zusätzlich ein Bild von mir.

## *Zusätzliche Produkte oder Dienstleistungen*

**CINDY** Vermutlich hast du mehr als nur ein Produkt oder eine Dienstleistung im Angebot, und diesen weiteren Spezialisierungen solltest du eine halbe oder ganze Seite deiner Pressemappe widmen. Die Beschreibungen sollten hier noch kürzer sein und Links zu den Webseiten enthalten, auf denen man weitere Informationen einholen kann. In meiner Pressemappe für meine Tätigkeit als Medium befinden sich auf dieser Seite Hinweise zu meinen Büchern, Meditations-CDs, numerologischen Berichten, Kristallsäckchen und anderen Produkten.

## *Links*

**CINDY** Links funktionieren nur in deiner digitalen Pressemappe. In der Printversion musst du die gesamte URL ausschreiben, damit der Leser sie in seinen Webbrowser übertragen kann. Du kannst auf Blogs, Webseiten, Interviews, Videos und dergleichen verlinken. Du solltest aber nicht einfach nur einen Haufen Links zusammenstellen, sondern sie auch ordnen.

Füge Links zu deinen Social-Media-Seiten und Blogs sowie allen weiteren Seiten hinzu, auf denen sich im Internet Informationen über dein Unternehmen finden. Je größer dein Unternehmen, desto länger wird die Linkliste ausfallen. Ich als Apple-Userin kann die »Notes«-Funktion nutzen, um meine Links zu bündeln. So habe ich für meine sozialen Netzwerke, Pressemappen und Ähnliches alle Links über mein Unternehmen beisammen.

**LISA** Damit Interessenten und Kunden alle Links und Informationen rund um mein Unternehmen auf einen Blick finden können, versuche ich, all das auf meiner Webseite zur Verfügung zu stellen. So muss ich nur den einen Link www.LMK88.com angeben. Von dort aus führen weitere Links zu meinen Blogs, meinem Onlineversand, meinem Mitgliederbereich und allen weiteren Seiten, die ich für interessant halte. So können meine Kunden sich auch leichter merken, was sie in ihren Browser eingeben müssen. Die Links zu meinen Social-Media-Accounts sind in meiner Pressemappe separat angegeben, befinden sich aber auch auf meiner Homepage. Ich gebe allerdings nur die beliebtesten an, wie Facebook, Twitter und YouTube. Mein Werbematerial enthält nur den einen Link auf meine Webseite.

**CINDY** Lisas Vorschlag, in deiner Pressemappe einfach nur einen Link auf den Link-Bereich deiner Webseite anzugeben, ist sinnvoll. Wie sie schon sagte, ist es aber auch angebracht, Links zu deinen wichtigsten Social-Media-Seiten hinzuzufügen.

### *Kontaktdaten*

**LISA** Mir persönlich ist es wichtig, anderen das Leben leicht zu machen. Deshalb halte ich es möglichst unkompliziert so, dass jeder meine Kontaktdaten ganz einfach auf meiner Webseite finden kann. Schwieriger ist es nur für jene Interessenten, die keinen Computer verwenden und eine Telefonnummer brauchen. Die findet man dann auf meinen Visitenkarten – aber nur dort! Bei allen anderen Gelegenheiten, beispielsweise Interviews, gebe ich *nur* meine Webseite an. Dort haben meine Kunden alles auf einen Blick beisammen, und außerdem können sie sich in meine eMail-Liste eintragen!

**CINDY** Das ist ein wichtiger Punkt! Ob es sich nun um eine einfache Webadresse und Telefonnummer oder um detaillierte Kontaktinformationen handelt – in jedem Fall sollten sie unbedingt klar und deutlich angegeben werden. Dabei spielt es keine Rolle, ob sie in deiner Pressemappe, auf deiner Webseite oder in einer Broschüre stehen.

Wie schon besprochen, solltest du deinen Namen und deine Webadresse kurz halten. Dave und ich haben die Webseite für unsere Bücher www.SpiritualSimplicityBooks.com getauft, weil SpiritualSimplicity.com bereits vergeben war. Wir hätten lieber den kürzeren Namen genommen, und zwar aus zwei Gründen: Erstens kann man ihn sich leichter merken, und zweitens braucht er auf Broschüren und Visitenkarten weniger Platz.

### *Größere anstehende Veranstaltungen*

**CINDY** Wenn du in deiner Pressemappe eine Liste mit anstehenden Veranstaltungen aufführst, solltest du diesen Bereich immer auf den neuesten Stand halten. Die Angabe von veralteten Informationen wirkt unprofessionell oder könnte sogar den Anschein wecken, dass du gar nicht mehr im Geschäft bist! Führe Datum und Uhrzeit, Kosten und eine Kurzbeschreibung (möglichst in Stichpunkten) über den Inhalt und die Vorteile eines Besuchs an. Dasselbe gilt übrigens für deine Webseite: Sorge dafür, dass auch hier keine veralteten Informationen auftauchen.

Attraktives Werbematerial bringt deinen Kunden zwar dazu, bei dir anzuklopfen – aber es sind deine Professionalität, dein Mitgefühl und deine Kompetenz, wegen der sie zurückkommen.

Im nächsten Kapitel geht es darum, wie du professionell und stets auf dem Laufenden bleibst, so dass du deinem Unternehmen und deinen Kunden immer nur dein Bestes gibst.

# Immer professionell bleiben!

## Wie du up-to-date bleibst

**Tipp #50 für dein spirituelles Unternehmen**

Es ist wichtig, in deinem spirituellen Arbeitsbereich stets auf dem neuesten Stand zu sein.

**CINDY** Es gibt immer einen brandneuen heißen Tipp – eine innovative Technik oder ein neues Buch, das deine Klienten gelesen haben und über das sie mit dir sprechen wollen. Deshalb ist es wichtig, dass du in deinem spirituellen Arbeitsbereich immer auf dem neuesten Stand bist. Hier findest du ein paar Vorschläge, wie du dich auf dem Laufenden halten kannst.

### Netzwerken mit Kollegen

**CINDY** Ein Netzwerk mit anderen Praktizierenden im spirituellen Bereich ist nicht nur ein effektives Marketingwerkzeug, es hilft dir auch, auf dem neuesten Stand zu bleiben, was Ideen und Marketingmöglichkeiten für die eigene Dienstleistung angeht. Außerdem steigt dadurch deine Sichtbarkeit.

Du solltest dich so aktiv wie möglich in die spirituelle Gemeinschaft einbringen. Von anderen Praktizierenden kannst du erfahren, was es in deinem Arbeitsbereich an Innovationen gibt, und hilfreiche Marketing- und Unternehmenstipps austauschen.

Wer glaubt, dass es von anderen nichts zu lernen gibt, ist ganz schön egozentrisch. Ich gebe verschiedene Kurse mit esoterischen Themen, und trotzdem lerne ich immer wieder etwas Neues, wenn ich Kurse von anderen Praktizierenden besuche. Vielleicht über den Umgang mit schwierigen Teilnehmern oder einen Aspekt des Themas, von dem ich bislang nichts wusste – und manchmal auch einfach, was man als Kursleiter vermeiden sollte!

Die Kurse anderer Anbieter zu besuchen führt außerdem dazu, dass du mehr Leute kennenlernst. Natürlich solltest du niemandem seine Kunden klauen, aber du kannst herausfinden, was für eine Art Mensch sich von anderen Praktizierenden angezogen fühlt und warum. Scheue dich nicht, die Teilnehmer zu fragen, was ihnen an dem anderen Kurs am besten gefallen hat. Die Kunden anderer Anbieter kennenzulernen und mit ihnen zu sprechen ist ein hilfreiches Werkzeug für die Selbsteinschätzung deines Unternehmens.

---

**Tipp #51 für dein spirituelles Unternehmen**

Ein Netzwerk aufzubauen ist ein effektives Marketingwerkzeug und hilft dir, auf dem neuesten Stand zu bleiben.

---

## *Mastermind-Gruppen*

**LISA** Es ist ganz schön schwierig, alles alleine zu machen – besonders als Kleinunternehmer im spirituellen Bereich arbeitet man häufig isoliert. Mastermind-Gruppen bestehen aus Mitpraktizierenden, die Lust haben, sich zu treffen und sich gegenseitig zu unterstützen, Ideen zu teilen und einander in unternehmerischen Fragen zu helfen.

Der Ablauf eines solchen Treffens unter Gleichgesinnten sieht so aus, dass die Teilnehmer der Reihe nach ihre Probleme schildern und die übrige Gruppe versucht, durch gemeinsames Brainstorming Lösungen zu finden.

Das Schöne an derartigen Mastermind-Gruppen ist, dass Außenstehende einen Einblick in dein Unternehmen bekommen und die Lage dadurch objektiv einschätzen können.

So erhältst du möglicherweise eine ganz neue Perspektive darauf, wie du dein Unternehmen verbessern könntest! Und da alle anderen Mitglieder ebenfalls ein Unternehmen führen, wissen sie genau, was du gerade durchmachst.

Vielleicht können sie dir helfen, weil sie dieselben Probleme hatten, sie aber bereits gelöst haben, oder sie unterstützen dich einfach nur dabei, Ordnung in deine Gedanken zu bringen und auf neue Ideen zu kommen. Da man sich regelmäßig trifft, kann die Gruppe die Fortschritte aller Mitglieder nachvollziehen.

Außerdem kann eine solche Gruppe motivierend wirken, da du regelmäßig Bericht erstattest, ob du die Ziele, die du dir gesetzt hast, auch erreicht hast. Mir ist aufgefallen, dass ich meine Ziele viel eher erreiche, wenn ich jemandem Rechenschaft ablegen muss, einfach, weil es da eine Person gibt, die mich anfeuert und sich für mich freut, wenn ich etwas schaffe.

Meine Motivation steigt, weil ich weder sie noch mich enttäuschen will, wenn wir uns wiedertreffen. Wenn du eine Gruppe von Fachkollegen finden kannst, die Lust haben, eine Mastermind-Gruppe mit dir zu gründen, solltest du dir diese Gelegenheit, deine Produktivität zu steigern und deinem Unternehmen zu mehr Erfolg zu verhelfen, nicht entgehen lassen.

Bei der Gründung der Gruppe solltest du aber nicht vergessen, dass es sich weder um einen Kurs noch um Coaching handelt, und auch nicht zwingend um eine Gelegenheit zum Netzwerken, auch wenn Letzteres häufig nebenbei passiert. Der Zweck der Gruppe besteht vielmehr in gegenseitigem Feedback und dem Brainstormen neuer Ideen für die jeweiligen Unternehmen.

Die Gruppe braucht nicht groß zu sein – tatsächlich reichen schon zwei Mitglieder. Ihr könnt euch wöchentlich oder monatlich treffen, ganz wie ihr wollt. Wenn du in eine bereits bestehende Gruppe eintreten willst, musst du meist einen Bewerbungsprozess durchlaufen, in dem geprüft wird, ob du auch wirklich zum Gruppenprofil passt und die entsprechende Erfahrung mitbringst.

Engagement ist wichtig für die Gruppe. Die anderen Mitglieder werden praktisch deine »Unternehmensberater«. Vielleicht findest du sogar Partner für Joint Ventures, und ihr könnt die jeweiligen Reichweiten eurer Unternehmen steigern. Übrigens haben etablierte Mastermind-Gruppen oft einen Moderator oder Gruppenleiter. In solchen etablierten Gruppen muss häufig auch eine monatliche Gebühr bezahlt werden.

Meine Mastermind-Partner sind inzwischen von unschätzbarem Wert für mich geworden, wenn es darum geht, einen objektiven Blick auf die Aktionen zu werfen, die ich für mein Unternehmen plane. Jedes Mal, wenn ich einen neuen Marketingansatz ausprobiere oder ein neues Produkt in mein Portfolio aufnehme, hole ich mir Feedback von ihnen. Und nicht nur das Feedback ist wertvoll – ich komme auch in Kontakt mit Ressourcen und Menschen, die mir helfen können, die Produktivität und Effizienz meiner neuen Projekte zu steigern.

In Mastermind-Gruppen gibt es keinen Wettbewerb, sondern stattdessen gegenseitige Unterstützung und Förderung. Die Mitglieder können Promotion füreinander machen, es entstehen Beziehungen und Verbindungen, durch die du neue Bereiche deiner Branche erreichen kannst, und du erhältst Zugang zu anderen Branchen, an die du sonst vielleicht nie herangekommen wärst. Gruppen haben Macht, weil man zusammenarbeiten und so viel mehr erreichen kann.

**CINDY** Ich war jahrelang Mitglied einer Mastermind-Gruppe, ohne es überhaupt zu merken! Meine Freundin Virginia Waldron und ich unterstützen uns gegenseitig in dieser Form. Wir gehen gemeinsam mittagessen, was wir von der Steuer absetzen können, und brainstormen, welchen Weg wir mit unseren Unternehmen einschlagen wollen und wie wir berufliche Probleme lösen können.

Wir unterstützen einander und erzählen einander, ob wir unsere Ziele erreicht haben oder nicht. Einen festen Ablauf oder Termin gibt es nicht – wir treffen uns einfach, wenn wir einander gerade brauchen. Dass wir Freundinnen sind, ist hilfreich, da wir deshalb wirklich ehrlich zueinander sind.

### *Die Veranstaltungen anderer Praktizierender besuchen*

---

**Tipp #52 für dein spirituelles Unternehmen**

Eine spirituelle Gemeinschaft, in der man sich gegenseitig unterstützt, hat eine hohe Lebensdauer.

---

**CINDY** Zu den Dingen, die ich an unserer spirituellen Gemeinschaft im Hinterland von New York State am meisten schätze, zählt, dass wir uns gegenseitig bei Veranstaltungen unterstützen. Ich besuche nicht jeden Kurs und jedes Treffen, das meine Kollegen abhalten, aber ich versuche, so viele Veranstaltungen meiner Kollegen zu besuchen wie möglich. So lernt man neue Leute kennen. Dabei geht es natürlich nicht darum, Kunden zu klauen, sondern darum, seine Sichtbarkeit zu steigern und die spirituelle Gemeinschaft zu unterstützen.

Eine spirituelle Gemeinschaft, deren Mitglieder sich gegenseitig unterstützen, hat eine hohe Lebensdauer. Man muss sich stets vor Augen halten, dass der Bedarf an spirituell Tätigen wächst und es mehr als genug Kunden für alle gibt. Jeder Anbieter ist anders, und deine spirituelle Natur und Einzigartigkeit zeigt sich bei solchen Veranstaltungen ganz von selbst, ohne dass du eine Visitenkarte zücken musst.

## Geschäftsentwicklung: Werde besser, um mehr geben zu können

### Bilde dich fort, damit dein Unternehmen wachsen kann

**LISA** Sei dir nicht zu schade für Weiterbildung. Weiterbildung ist unerlässlich! Jeder Unternehmer profitiert von neuem Wissen und zusätzlichen Ausbildungen. Es gibt immer etwas Neues zu lernen, durch das du dein Unternehmen verbessern kannst – beispielsweise, indem du dieses Buch hier liest!

Du kannst dein Wissen in deinem Fachbereich erweitern und mehr darüber lernen, wie du deine wirtschaftliche Leistung steigern kannst. Ich bilde mich ständig fort und habe festgestellt, dass die neuen Dinge, die ich ausprobiere, nicht nur mich selbst, sondern auch mein Unternehmen verbessern. Beispielsweise bin ich zwar sehr technisch veranlagt und habe einen Abschluss in Elektrotechnik gemacht, trotzdem erfahre ich immer noch regelmäßig Neues darüber, wie moderne Unternehmen Technologien einsetzen.

Es werden ständig neue Dinge entwickelt, und ich finde es tatsächlich sehr aufregend, schnellere und leichtere Methoden zu finden, mein Unternehmen zu führen. Ich bilde mich auch im Bereich Intuition weiter und halte mich auf dem neuesten Stand, was Metaphysik, Esoterik, Neurologie, Energiemedizin und dergleichen betrifft. So kann ich mein Angebot für die Kunden erweitern, da diese sich häufig für ähnliche Themen interessieren. Ein zusätzlicher Vorteil dauerhaften Lernens besteht darin, dass du auf diesem Weg herausfinden kannst, warum andere erfolgreich sind. Indem du erfährst, welche Lösung andere für ein Problem gefunden haben, brauchst du selbst nicht denselben Fehler zu machen wie sie und kannst gleich mit ihrer Lösung arbeiten. Was dein Unternehmen und die Erzeugung von Synergieeffekten mit deinen bereits vorhandenen Kunden betrifft, hilft konsequentes Weiterlernen dabei, neue

Produkte und Dienstleistungen zu entwickeln, wegen deinen deine Kunden zu dir zurückkehren.

Viele Leute konzentrieren sich darauf, nur eine einzige Sache anzubieten, und wenn ihre Kunden sie gekauft haben, kommt es zu keinem weiteren Geschäft mehr. Es ist die kontinuierliche Erweiterung deiner Angebote und Dienstleistungen, die dein Unternehmen aufrecht erhält und weiter wachsen lässt. Vergiss nicht, dass Kunden, die schon einmal etwas von dir gekauft haben, mit hoher Wahrscheinlichkeit wieder etwas kaufen werden. Lass dir nicht die Möglichkeit entgehen, ihnen etwas Hilfreiches zu bieten!

## Was lernen – und wie?

**LISA** Falls du es nicht gewöhnt bist zu lernen oder nicht weißt, wo du eigentlich anfangen sollst, stellen wir dir hier einige Gebiete vor, die hilfreich sein könnten, um dein Unternehmen zu erweitern und dir selbst zu helfen. Du kannst Kurse zu allen Themen besuchen, die mit deinem Geschäftszweig zu tun haben.

Ich beispielsweise habe, was in England und den USA nun einmal möglich ist, meinen Doktor in Metaphysik aus zwei Gründen gemacht. Erstens wollte ich mir mehr umfassendes Wissen über Metaphysik aneignen. Und zweitens wusste ich, dass mir ein Doktortitel noch mehr Glaubwürdigkeit verleihen würde. In jeder Branche möchten die Kunden sicher sein, dass sie sich an einen Experten wenden, an einen Wissenden. Je mehr Wissen du dir angeeignet hast, desto besser für dein Unternehmen.

In manchen Bereichen muss man sich immer wieder fortbilden, um seine Lizenz zu behalten. Nimm die Gelegenheit wahr, Dinge zu lernen, die dein Unternehmen erweitern können, und wenn du die Möglichkeit hast, solltest du Kurse besuchen, die das Wissen abdecken, das sich deine Klienten von dir wünschen.

Als ich mein Unternehmen ausbauen wollte, bat ich meine Engel und Ratgeber um Hilfe. Ich bat sie um mehr Kundschaft und einen größeren Kundenstamm. Ich stellte mir vor, dass die Klienten wie durch Zauberhand erscheinen würden, aber der Ratschlag, den ich bekam, lautete: Konzentriere dich aufs Marketing!

Ich habe zwar viel Erfahrung und Wissen in Vertrieb und Marketing, aber ich erhielt den Rat, mir neues Wissen darüber anzueignen, wie man vermarktet, und zwar indem ich meinen technischen Hintergrund mit meinem Geschäftssinn kombinierte. Mir war klar, dass das bedeutete, mehr lernen zu müssen. Aber das stellte für mich kein Problem dar, weil ich gerne neue und bessere Möglichkeiten kennenlerne, Dinge umzusetzen. Und genau darum geht es beim Lernen: neue Möglichkeiten und Werkzeuge zu entdecken, mit denen du dein Geschäft zum Laufen bringen kannst.

Dass ich mir Wissen über Onlinemarketing angeeignet und diese Techniken und Infrastruktur auch eingesetzt habe, erweiterte meine Reichweite ganz enorm und hat auch meine Anhängerschaft und Kundenschar stark vergrößert. Und jetzt gebe ich dieses Wissen an dich weiter.

**CINDY** Ich habe noch nie einen Kurs besucht – ganz gleich, wie einfach er war –, in dem ich nicht etwas gelernt hätte. Manchmal besuche ich Kurse für Lehrer, um mir neue Lehrmethoden anzueignen, und immer erfahre ich dabei etwas, das ich noch nicht wusste oder wieder vergessen hatte.

Besonders ratsam ist es meiner Meinung nach, an seinen Computerfähigkeiten zu arbeiten. Die Welt wird immer digitaler, und die Technologien entwickeln sich ständig weiter. Deshalb ist es wichtig, dass dein Wissen über Computer mitwächst. Wie Lisa schon sagte, solltest in deinem Fachbereich immer auf dem Laufenden sein, damit du deine Kunden weiterbilden kannst. Denn das ist ja deine Mission!

Außerdem bin ich mir absolut sicher, dass Lernen auch für dich persönlich von großer Bedeutung ist. Als ich zurück auf die Uni ging, um meinen Master zu machen, saß ich zwischen lauter Studenten, die anschließend von ihrem Arbeitgeber mehr Gehalt bekommen würden, als ich als Honorar einnahm. Ich bin selbstständig und kann mir keine Gehaltserhöhung geben, nur weil ich einen neuen Abschluss habe. Ich studierte, weil ich ein Bedürfnis nach neuem Wissen verspürte. Das war für mich der Grund, an die Uni zu gehen: um meinen Wissensdurst zu stillen.

Ich empfinde Lernen stets als Bereicherung – ob man dieses Wissen nun konkret für sein Unternehmen »nutzen« kann oder nicht. Deshalb rate ich dir dazu, für deine Kunden und für dich selbst immer weiter zu lernen.

## Einen Mentor finden

**LISA** Einen Mentor oder »Guru« zu finden, der dir mit deinem Unternehmen weiterhilft, ist die beste Möglichkeit, dich in Bereichen weiterzuentwickeln, über die du nicht viel weißt oder in denen du Schwächen hast. Es heißt ja immer, wenn der Schüler bereit ist, wird der Lehrer auftauchen.

Ich bitte auch Spirit darum, mich zu den richtigen Lehrern und Mentoren zu führen. Erwarte nicht, dass du den *einen* Lehrer findest, der dich von jetzt auf gleich in allen Bereichen, die dich interessieren, auf die höchste Stufe teleportiert. Ich dachte immer, das wäre das Ideal. Inzwischen ist mir klar geworden, dass du verschiedene Spezialisten finden kannst, die dir Expertenwissen über bestimmte Fachbereiche vermitteln können. Der eine kann dir beibringen, dich zu vermarkten, der andere kann dir zeigen, wie man die organisatorische Seite eines Unternehmens verwaltet.

Obwohl ich mehr als fünfzehn Jahre Erfahrung in Vertrieb und Marketing hatte, wusste ich, dass es noch mehr für mich zu lernen gibt, und wie Cindy ganz am Anfang dieses Kapitels erwähnt hat, ist es in jeder Branche dringend erforderlich, up-to-date zu bleiben. Ich wusste, dass die besten Ressourcen durch das Universum zu mir kommen würden.

Einmal bat ich Spirit darum, dass er mir Mentoren schicken solle, die mir bei meinem Unternehmen halfen – und sie tauchten tatsächlich auf! Ich stieß auf Bücher, die von »Mentoren« verfasst worden waren und sich perfekt eigneten, um mich auf die nächste

Stufe bezüglich Marketing, Vertrieb, Werbetexten, Produktentwicklung, Ausschöpfung des Internets und persönlicher Höchstleistung zu befördern.

Nach und nach tauchten Menschen in meinem Leben auf, die Expertisen in Bereichen hatten, in denen ich Hilfe brauchte. Einige waren Kunden, andere Freunde, wieder andere erschienen einfach aus dem Nichts.

Als ich Hilfe dabei brauchte, meine Online-Videos zu erstellen, unterstützte mich ein Freund, der gerade erst seinen Master im Bereich Onlinemedien mit Spezialisierung auf Videos gemacht hatte und seine eigenen Videos produzierte, dabei, einen Überblick über Ausrüstung und Software zu gewinnen und die richtigen Produkte zu kaufen.

Ein Kunde, der Lichttechniker für einen Fernsehsender ist, gab mir sein Wissen über Beleuchtungstechniken weiter und half mir außerdem, die richtige Ausrüstung für mein Studio zu kaufen. Eine andere Freundin, die ein Genie in Sachen diskrete Verkaufstaktiken ist, gab mir Hinweise, wie ich die richtigen Beziehungen aufbauen konnte, um mein Unternehmen weiterzubringen. Ich stieß auf immer mehr professionelle Gurus, deren Fokus darauf lag, ein Unternehmen mit ähnlichem Angebot wie meinem aufzubauen.

Alles passte perfekt, also buchte ich Kurse bei ihnen. Mein Wissen nahm rasant zu. Ich habe all dieses Wissen angesammelt, in die Praxis umgesetzt und mein Unternehmen darauf aufgebaut, um all das jetzt mit dir teilen zu können.

Jeder, der schon vor dir Erfahrungen in einem Bereich gesammelt hat und das erreicht hat, was auch du erreichen willst, kann dein Mentor sein. Wie der Bestsellerautor Tony Robbins sagt: »Erfolg hinterlässt Spuren.« Du kannst von anderen lernen, indem du ihnen einfach zusiehst, und wenn du sie besser kennst, kannst du sie vielleicht sogar direkt um Hilfe bitten. In diesem Fall solltest du ihnen aber unbedingt eine Gegenleistung anbieten.

Gegenseitige Hilfe ist nämlich das Geheimnis solcher Beziehungen. Wir alle verfügen über Wissen und Erfahrungen, die für andere wertvoll sein können. Je mehr wir teilen, desto mehr unterstützen wir einander!

## Neue Bücher lesen

**CINDY** Ich muss zugeben, dass ich im Augenblick nicht sonderlich informiert über neue Bücher bin. In den letzten fünf Jahren habe ich ein Masterstudium absolviert und selbst drei Bücher geschrieben. Aber davor war ich eine begeisterte Leserin spiritueller Bücher. Denn wenn ich die Bücher anderer Autoren lese, zwinge ich meinen Geist dazu, mich mit neuen Ideen auseinanderzusetzen und mein Urteilsvermögen zu nutzen.

Einige Informationen in diesen spirituellen Büchern inspirieren mich, aber nicht alle sagen mir zu. Ich musste erst ein gewisses Selbstvertrauen und Urteilsvermögen entwickeln, um mir das herauszupicken, was ich brauchte, und den Rest außer Acht lassen. Ich hoffe, dass du dieses Buch mit demselben Ansatz liest. Nicht alles, was ein Autor schreibt, ist brillant, aber aus so gut wie jedem Buch lässt sich das eine oder andere lernen.

**LISA** Ich bin wahnsinnig neugierig und eine ewige Schülerin, und deshalb lese ich ständig Bücher, Blogs, Newsletter und eBooks. Es bereitet mir Freude, neue Möglichkeiten und Techniken zu entdecken, sei es für mein Unternehmen, sei es für mein Privatleben.

Es heißt, dass keine Bücher mehr geschrieben werden, in denen etwas Neues steht, sondern dass nur noch Altes neu aufgewärmt wird. Aber das macht nichts, denn jeder Autor hat eine individuelle Perspektive, und einer von ihnen kann dir vielleicht besonders gut dabei helfen, ein schwieriges Thema zu verstehen. Außerdem haben wir alle kein perfektes Gedächtnis, und viel von dem, was wir lernen, vergessen wir nach einer Weile wieder. Durch Lesen kannst du dein Gedächtnis auffrischen, und ein neues Buch zu einem bekannten Thema kann außerdem neue Trends und Informationen enthalten, die früher nicht bekannt waren.

Wenn du auf der Suche nach geeignetem Lesestoff bist, frag doch einfach deine Lehrer oder Mentoren nach Empfehlungen! Außerdem kannst du im Internet nachschauen, welche Bücher gerade beliebt sind oder von Autoren stammen, die du kennst und schätzt. Nicht alle Berühmtheiten sind gute Autoren oder Lehrer, und auch jemand, von dem du noch nie gehört hast, kann eine Perle von Buch geschrieben haben – unterschätze unbekannte Namen also lieber nicht!

Ich lese etwa einmal im Monat ein neues Buch, und manche hochmotivierten und erfolgreichen Unternehmer empfehlen sogar, ein Buch die Woche zu lesen! Du musst nicht jedes Buch von Anfang bis Ende lesen, allerdings solltest du besser mehr als nur das erste Kapitel kennen.

Wenn du in diesem Buch bis hierher gekommen bist, kann ich dir nur gratulieren. Die meisten Menschen lesen nämlich nur die ersten Seiten, und das war's. Bei mir ist es so, dass ich manche Bücher von Anfang bis Ende lese, aus anderen picke ich mir die für mich relevanten Abschnitte heraus. Ich finde an den abwegigsten Orten Zeit zum Lesen, und vielleicht hast ja auch du mehr Zeit für Bücher, als dir im Augenblick klar ist.

Dank eReadern und Epub-Programmen kannst du deine Bücher auf dem Computer, Tablet oder Smartphone lesen, und zwar so ziemlich überall und jederzeit. Du musst einfach nur daran denken, es auch wirklich zu tun. Ich selbst lese beim Arzt im Wartezimmer, während ich auf den Zug warte oder in der Supermarktschlange.

Zu Hause, im Auto oder beim Pendeln höre ich mir auch Hörbücher an. Das Gros der für mich interessanten Bücher sind Sachbücher, die sich in kleinen Häppchen leichter lesen lassen als ein Roman.

Hier einige Vorschläge für Themenbereiche, die für die Weiterentwicklung deines Unternehmens interessant sein könnten. Gib die Suchbegriffe doch einfach einmal bei www.Amazon.de ein und lass dich überraschen, was für Buchvorschläge herauskommen. Vieles davon dürfte es auch als eBook geben:

- Kleinunternehmen
- Verkaufspsychologie
- Werbetexten
- Existenzgründung
- Marketing
- Online-Marketing
- Social-Media-Marketing

## Trends erkennen

**CINDY** Deine Klienten, besonders jene, deren spirituelle Reise gerade beginnt, lesen vermutlich ebenfalls neue Bücher. Du musst wissen, was für Informationen sie dort erhalten, damit du dich mit ihnen über die Bücher unterhalten und Fragen beantworten kannst. Außerdem willst du ja sicher nicht veraltet wirken! Bezeichnungen ändern sich, Ideen ändern sich. Nur ein Beispiel: In den 1960ern nahmen einige Leute Drogen, um ihre beschränkte Denkweise zu durchbrechen und höhere spirituelle Ebenen zu erreichen. Damals mag das in manchen Fällen notwendig gewesen sein – heute aber nicht mehr.

Unsere Gesellschaft hat eine viel höhere Schwingung erreicht als in den 1960ern, und heute senken Drogen unsere Bewusstseinsebene, statt sie anzuheben. Das mag ein extremes Beispiel sein, aber spirituelle Praktiken verändern sich mit der Weiterentwicklung der spirituellen Gemeinschaft.

Aktuelle Literatur – auch Bücher und Zeitschriften – zu lesen, hilft dir dabei, am Puls des Wissens deiner Klientel zu bleiben, und verschafft dir einen Vorsprung, wenn sich Trends ändern. Wenn du beispielsweise Massagetherapeutin bist, solltest du wissen, wann Hot Stone-Massagen aus der Mode kommen und Thai-Massagen in werden. Und dasselbe gilt für alle anderen Branchen auch.

## Kurse besuchen

**CINDY** Um in deiner Branche auf dem Laufenden zu bleiben, musst du in den meisten Fällen Fortgeschrittenenkurse besuchen. Meine Fortgeschrittenenkurse biete ich manchmal nicht zuletzt deshalb an, damit ich selbst gezwungen bin, mehr über das Fachgebiet zu lernen. Ich besuche aber auch den Unterricht anderer Lehrer.

**LISA** Manche Leute können durch Kurse und Workshops oder den direkten Kontakt mit einem Lehrer besser lernen als durch ein Buch. Wenn dir das Lernen leichter fällt, wenn du aktiv dabei angeleitet wirst, dann solltest du dich auf Kurse konzentrieren.

In meinem Unternehmen geht es vor allem ums Lernen, und viele Klienten haben mir gesagt, dass sie lieber persönlich am Unterricht teilnehmen, als einen Onlinekurs zu besuchen. Andere ziehen Onlinekurse vor, weil sie sie bequem von zu Hause aus machen können.

Viele meiner Kurse und Workshops gebe ich sowohl persönlich als auch online, und das Interesse an beidem hält sich die Waage. Das Material für dieses Buch stammt beispielsweise aus meinem Präsenzkurs für alle, die professionelle Intuitionsberater werden wollen, und aus meinem Onlineseminar »How to Start Your Spiritual Business«.

Den Interessenten, die an diesem Präsenzkurs teilnehmen, bereitet es Freude, Kontakt zu anderen Schülern aufzunehmen und mich live zu sehen und zu hören. Die Schüler meiner Fortgeschrittenenkurse haben mir erzählt, dass sie gerne netzwerken und dort anfangen, ihre Geschäftsbeziehungen aufzubauen. Wenn es dir Spaß macht, Kontakte zu knüpfen, sind Präsenzkurse vermutlich genau das Richtige für dich.

Viele Schüler in meinen Onlinekursen haben entweder sehr viel zu tun oder nicht die Zeit oder das Geld, eigens für einen Präsenzkurs anzureisen. Sie alle fanden es angenehm, den Kurs von überall aus besuchen zu können.

Da Onlinekurse für dich vielleicht noch etwas Neues sind, werde ich im nächsten Abschnitt näher auf das Thema eingehen.

## Online-Unterricht und Mitgliederbereiche

**LISA** Onlinekurse und Mitgliederbereiche werden als Lernformate immer beliebter und setzen sich zunehmend durch. Inzwischen gibt es zu so gut wie jedem Thema Onlinekurse, beispielsweise über Heilkräuter, wie man einen Mikrogarten anlegt und natürlich … wie man seine Intuition weiterentwickelt! Und die Liste wächst immer weiter. Du hast also die Wahl!

Zugang zu solchen Onlinekursen erhält man meist über den Webbrowser. Der Kurs kann sich aus Videos, Onlinedokumenten, Audiodateien und anderen Präsentationsformen zusammensetzen, die du entweder online einsehen und/oder downloaden kannst. Einige Onlinekurse arbeiten mit Mitgliederbereichen, für die du eine monatliche Gebühr bezahlst, um Zugang zu allen Inhalten auf der Webseite zu erhalten.

Onlinekurse, für die man eine einmalige Gebühr bezahlt, bestehen meistens aus Modulen oder Inhalten, zu denen man unbefristeten Zugang hat. Mein Onlinekurs über Intuitionsentwicklung läuft nach diesem Modell ab.

Manchmal sind solche Kurse auch so aufgebaut, dass jede Woche ein neues Modul freigeschaltet wird, damit man sich Stück für Stück voranarbeiten kann, ohne gleich von einer Flut an Informationen überwältigt zu werden.

In der Regel kann man den Kursleiter per eMail, zu besonderen Fragestunden-Webinaren oder über Telekonferenzen erreichen. Häufig gibt es auch Foren oder einen Kommentarbereich, wo die Schüler Fragen stellen und miteinander und dem Kursleiter kommunizieren können.

Bei meinen eigenen Fragestunden interagiere ich direkt mit den Schülern und kann ihnen während ihrer Übungen »das Händchen halten« und Feedback geben, was erheblich mehr bringt, als nur auf sich gestellt zu lernen. So fühlen sich die Schüler auch nicht so isoliert.

Ich habe selbst mehr als nur einen Onlinekurs besucht und viel dabei gelernt. Außerdem finde ich es wirklich angenehm, von überall aus und jederzeit auf die Kurse zugreifen zu können. Viele Schüler aus der ganzen Welt nehmen teil, wodurch die Interaktion an Bandbreite und Vielfalt gewinnt. Onlinekurse sind noch recht neu und vielen Menschen bisher unbekannt, aber sie können eine sehr effektive Lernmethode darstellen. In vielerlei Hinsicht sind sie gegenüber Präsenzkursen sogar im Vorteil. Ich hoffe, dass du dich durch diese Erklärung etwas wohler bei dem Gedanken fühlst und dich jetzt vielleicht sogar motiviert fühlst, einmal einen Onlinekurs zu besuchen.

**CINDY** Ich finde die Vorstellung, von der ganzen Welt aus Teil eines Kurses sein und Fragen stellen und Feedback bekommen zu können, einfach toll! Viele von uns sind so beschäftigt mit ihrem Privatleben, der Familie und der Arbeit, dass sie einfach nicht die Zeit haben, einmal die Woche irgendwo hin zu fahren und einen Kurs zu besuchen.

Onlinekurse sind die perfekte Lösung für dieses Problem, und ich glaube, dass sich das Lehren der Zukunft stark in diese Richtung bewegt. Je mehr du aktiv teilhast, desto mehr wird dir der Kurs bringen. Deshalb rate ich dir sehr dazu, wenigstens zu versuchen, online Beiträge zu posten, auch wenn dir der Gedanke zunächst vielleicht nicht sonderlich gefällt. Ansonsten kannst du aber auch einen Kurs in deiner Gegend finden, in dem du dich mit Gleichgesinnten zusammentun und lernen kannst. Es gibt zahlreiche Online- und Präsenzkurse für alle, die persönlich und beruflich in spiritueller Hinsicht weiter wachsen wollen.

## Ethik und Moral

---

**Tipp #53 für dein spirituelles Unternehmen**

Wenn du das Ziel verfolgst, ein spirituelles Unternehmen zu gründen, dann musst du dich moralisch anständig verhalten – sonst handelt es sich nicht um ein spirituelles Unternehmen.

---

**CINDY** Moralische Grundsätze sind für jede Art von spirituellem Unternehmen zwingend notwendig. Unter »moralischen Grundsätzen« versteht man eine Reihe von Prinzipien, die dein Verhalten steuern. In unserem Fall regulieren die grundlegenden spirituellen Prinzipien deine Unternehmenspraktik. Wenn du das Ziel hast, ein spirituelles Unternehmen zu gründen, musst du dich ethisch angemessen verhalten – sonst handelt es sich nicht um ein spirituelles Unternehmen. Wie Lisa schon gesagt hat, ist es deine spirituelle Einstellung, die dein Unternehmen spirituell macht.

Bedauerlicherweise neigen einige Kunden zu der Erwartung, dass spirituelle Berater oder Dienstleister ihnen sagen, was sie tun sollen, und diese spirituellen Ratschläge halten sie dann für der Weisheit letzten Schluss. Das solltest du auf keinen Fall zulassen. Du solltest dir niemals das Karma eines Klienten aufladen.

Es gibt eine Menge moralische Fehltritte, die unter spirituell Tätigen sehr verbreitet sind. Viele davon lassen sich einfach vermeiden, indem du deine geistige Führung oder dein höheres Selbst darum bittest, dass alles, was du sagst und tust, dem höchsten und liebevollsten Wohl des Klienten dienen soll. Im Folgenden findest du ein paar einfache Beispiele für moralische Regeln, die ein Medium befolgen sollte. Vielleicht kommt es dir albern vor, dass wir sie überhaupt erwähnen, aber ich habe leider immer wieder einmal gehört, dass Kollegen sie gebrochen haben:

- Wenn ein Kunde etwas über eine andere Person wissen will, bitte darum und setze es dir zum Ziel, nur Informationen zu empfangen, die dein Klient auch erfahren darf. Erzwinge nichts. Intendiere, dass die Person, um die es geht, auf Seelenebene jede Information, die du erhältst, auch »abgesegnet« hat.

- Habe immer das Beste für alle Beteiligten im Sinn, nicht nur das des Klienten.
- Nimm dir die Zeit, dich umfassend auf deine Sitzungen mit Kunden vorzubereiten, damit du in bester psychischer Verfassung bist.
- Konsumiere vor einer Sitzung oder Interaktion keine Drogen und keinen Alkohol.

## Vertraulichkeit

---

**Tipp #54 für dein spirituelles Unternehmen**

Dein Kunde erwartet Vertraulichkeit.

---

**CINDY** Von jeder Art von spirituellem Unternehmen erwarten die Kunden, dass alles, was sie dort von sich preisgeben, vertraulich behandelt wird. Du solltest niemals mit Dritten über deine Kunden sprechen. Für diese Regel gibt es nur drei (seltene) Ausnahmen: Wenn du juristischen Rat über einen Klienten suchst, wenn du einen Mentor hast, mit dem du die Probleme deiner Klienten durchsprichst (und auch dann brauchst du keine Namen zu nennen), oder wenn ein Klient vorhat, sich selbst oder anderen Schaden zuzufügen.

Manchmal bespreche ich mit anderen Fachleuten ein Problem oder suche gemeinsam mit ihnen nach einer guten Verfahrensweise in einer Situation. Doch dabei achte ich immer darauf, vertraulich mit den Informationen über den jeweiligen Kunden umzugehen. *Denn man braucht den Namen des Kunden niemals zu nennen.* Vielleicht ist dir schon aufgefallen, dass ich bei keinem Beispiel in diesem Buch Hinweise auf die Identität des Betroffenen gegeben habe. Die Informationen, die dein Kunde dir gibt, und deine Beziehung zu deinen Kunden unterliegen einem Vertrauen, das du als heilig betrachten solltest.

## Vorurteile

**CINDY** Ein weiteres moralisches Problem, das mir aufgefallen ist und mit dem ich am Anfang meiner Karriere selbst zu kämpfen hatte, ist der Umgang mit Klienten, deren Lebenswandel meinen Moralvorstellungen zuwiderläuft. Wenn du irgendeine Form von Beratung anbietest, ist die Fähigkeit wichtig, dich und deine Meinungen aus der Rechnung herauszunehmen. Auch deine Moralvorstellungen solltest du ausblenden, damit du nicht deine eigenen Probleme auf den Klienten projizierst.

Ich selbst neige zum Beispiel, solange ich denken kann, zu Suchtverhalten. Wenn ich eine offene Packung Kekse in der Nähe habe, ist sie bald leer. Ich muss mich kontrollieren, wenn ich es nicht übertreiben will. Nun kann es sein, dass mein Klient dieses Problem nicht hat. Deshalb darf ich nicht einfach annehmen, dass eine offene Kekspackung neben dem Fernseher auch für ihn eine Verlockung darstellt. Vielleicht ist das ein albernes Beispiel.

Ein weiteres Beispiel hat mit meiner Meinung zu tun, dass außereheliche Affären nichts Gutes hervorbringen. Das ist meine Meinung. Aber ich darf sie nicht in meine Arbeit projizieren, wenn mein Klient eine Affäre hat. Ich muss die Situation meines Klienten unbefangen und ohne Vorurteile betrachten. Tatsächlich war ich schon einmal mit dem seltenen Fall konfrontiert, dass meine Klientin eine Affäre mit einem verheirateten Mann hatte, der am Ende seine Frau für sie verließ. Bis heute sind er und seine ehemalige Affäre ein glückliches Paar. So etwas kommt selten vor – aber es kommt vor.

Es ist wichtig, dass du deine Meinungen, Überzeugungen und Ängste nicht auf deine Kunden projizierst.

Ein weiterer wichtiger Punkt besteht darin, dass sich deine Dienstleistung vielleicht perfekt für den einen Klienten eignet, für einen anderen aber nicht. Spirituelle Arbeit hängt ab von der Resonanz zwischen Praktizierendem und Klienten. Man kann unmöglich mit allen Personen eine starke Verbindung aufbauen. Auch deshalb ist es gut, ein starkes Netzwerk zu haben, in dem gegenseitige Empfehlungen ausgesprochen werden. Vielleicht eignet sich ja ein Kollege perfekt für einen Kunden, mit dem du keine Resonanz aufbauen konntest.

Wenn du diesem Klienten einen Kollegen empfiehlst, macht er letzten Endes möglicherweise bessere »Mundpropaganda« für dich, als wenn du versuchst, selbst mit ihm zu arbeiten, wobei die Sitzungen aber wenig bringen.

## Energieverschiebung

**CINDY** Auch bei der Arbeit mit der Energie eines Klienten ist es wichtig, ein paar moralische Grundsätze zu berücksichtigen. Als Heiler oder Lichtarbeiter verschiebst du die Energie deiner Kunden auf eine Weise, deren Konsequenzen mehr betreffen als nur die rein körperliche Ebene. Wenn sich die Energie einer Person verschiebt, hat das mentale, emotionale und körperliche Auswirkungen. Und auch in Personen, die deinem Kunden nahestehen, kann es zu Veränderungen kommen.

Ich habe einen Kurs in hermetischer Philosophie gegeben, in dem ich den Teilnehmern beibrachte, nicht nur ihre eigene Energie, sondern auch die der Menschen in ihrem Umfeld zu verschieben. In diesem Kurs haben wir viel über Moral gesprochen, denn meine Schüler fanden die Vorstellung verstörend, mit der Energie anderer Menschen zu arbeiten, ohne dass die Betroffenen davon wussten.

Ich war ihrer Meinung und erleichtert, dass sie die ethischen Aspekte dieses machtvollen Werkzeugs erkannten. Als Heiler wirst du dafür bezahlt, die Energie deines Klienten zu verschieben, aber das enthebt dich nicht der Pflicht, dabei ethisch korrekt vorzugehen. Zu diesen Ergebnissen kam es beispielsweise in der Diskussion mit meinen Schülern über die ethischen Aspekte der Energieverschiebung:

- Es ist weder deine Aufgabe noch deine Verantwortung, die Energie anderer Menschen zu verschieben. Als Praktizierender bittet dein Klient dich aber darum – das ist etwas anderes.
- Informiere deinen Klienten über alle Auswirkungen, die eine Verschiebung seiner Energie haben könnte, auch darüber, wenn es darauf hinauslaufen sollte, dass das Bewusstsein sich ändern muss, wenn die Energieverschiebung von Dauer sein soll.
- Bitte immer, wenn du Energie verschiebst, darum, dass deine Arbeit dem höchsten und liebevollsten Wohl aller Beteiligten dient.
- Wenn du die Energie anderer durch Manipulation verschiebst, ahmst du manipulative Energie nach, und diese Energie wird in der Folge sowohl von dir als auch von deinem Klienten angezogen.
- Erzwinge *niemals* eine Energieverschiebung in einer anderen Person oder einer Umgebung. Basta.
- Energieverschiebung nutzt man besser bei sich selbst als an anderen. Sie ist ein mächtiges Werkzeug für das spirituelle Wachstum und geht nach hinten los, wenn man sie missbraucht.

Viele von uns glauben, dass unsere Energie immer erwünscht ist oder gebraucht wird. Ich denke nicht, dass das der Fall ist.

Die Seele weiß, wann sie ein Energiegeschenk von anderen annehmen sollte. Wenn du nicht direkt in einer Heilsitzung darum gebeten wirst, solltest du deine Heilenergie deshalb lieber so zurückhaltend anbieten wie auf einer Cocktailparty ein Diener Häppchen auf einem Silbertablett.

Versuche, die Energie, die du aussendest, nicht auf das Energiefeld deines Klienten loszulassen. Im Fall, dass er gerade nicht dazu in der Lage ist, sie zu verarbeiten, kannst du so nämlich verhindern, ihn zu überlasten. Vielleicht merkst du nicht einmal, ob seine Seele die Energie annimmt oder ablehnt. Wenn du nicht sicher bist, ob sie angenommen wurde, kannst du sie weiter aussenden, solltest dabei aber die Intention aufrechterhalten, dass sie außerhalb des Energiefelds des Empfängers bleibt, falls sie gerade nicht angenommen wird. So kann der Kunde sie später nutzen, falls er sie dann noch will.

Alternativ kannst du darum bitten, dass die Energie ins Licht zurückkehrt, zu ihrer Quelle, wo sie als Heilenergie für jemand oder etwas anderes dienen kann. Wir dürfen nicht vergessen, dass es nicht *unsere* Energie ist, die jemand annimmt oder ablehnt. Wir sind nur der Kanal, nicht die Quelle. Der Empfänger der Energie muss sie dann weiterverarbeiten. Und vielleicht hat er gerade einfach nicht die Kraft, das zu leisten.

Vielleicht fühlt sich der Empfänger ja auch genauso, wie er ist, pudelwohl – oder er nimmt die Energie so an, wie du sie ihm anbietest, und schöpft sie bis auf den letzten Rest aus.

Wir können nie wirklich wissen, ob die betreffende Person Energie braucht, und sie selbst ist sich dessen unter Umständen auch nicht bewusst. Die Seele kennt das große Ganze. Wenn wir einer Seele Heilenergie anbieten, ohne sie in das Energiefeld der betroffenen Person hineinzudrängen, wodurch sie zwingend weiterverarbeitet werden müsste, können wir also sicherstellen, dass wir uns respektvoll verhalten und echte Hilfe leisten.

## Zu viel des Guten wollen

**CINDY** Zu viel des Guten zu wollen ist in unter spirituellen Unternehmern ebenfalls ein heikles Thema. Ich werde dir meine Meinung dazu erklären und dich dann deine eigene Entscheidung treffen lassen. Als spirituelle Wesen fühlen wir uns gut dabei, anderen zu helfen. Man hat uns beigebracht, dass wir am besten zurückgeben können, indem wir für andere da sind. Das ist zum Teil auch wahr, aber wir müssen dabei sicherstellen, dass wir niemandem die Möglichkeit nehmen, seine karmischen Lektionen zu lernen.

Das Karma soll ein Gleichgewicht im evolutionären Wachstum einer Seele erzeugen, und wenn wir eine Umgebung hervorbringen, in der die jeweilige Person der Verantwortung für ihre Handlungen und Entscheidungen entbunden wird, verzögern wir dadurch vielleicht das Wachstum ihrer Seele. So jedenfalls lautet meine Meinung.

Hier ein Beispiel: Einer meiner Exfreunde hatte sein Temperament nicht gut im Griff. Er hat es zwar nie an mir ausgelassen, aber wenn er frustriert war, kam es meistens zum Vorschein. Er versuchte, sein Leben spiritueller zu gestalten, aber seine niedrige Frustrationsschwelle und sein Temperament erwiesen sich manchmal als stärker. Einmal schlug er aus Wut auf die Wand ein und verletzte sich dabei ziemlich stark an der Hand. Ich kam gerade vom Heilunterricht, wo ich gelernt hatte, wie man solche Dinge wieder in Ordnung bringt. Es fühlte sich gut an, ihm den Schmerz zu nehmen, also half ich ihm. Kaum hatten seine Schmerzen nachgelassen, da hatte er die ganze Episode auch schon fast wieder vergessen – und damit auch seine Frustration und Wut, die er besser näher unter die Lupe genommen hätte. Ich bin mir sicher, dass er später wieder mit diesen Emotionen zu kämpfen hatte, und ich hoffe, dass er sich beim nächsten Mal nicht so wehgetan hat.

Welche Rolle spielte ich bei dem Zwischenfall? Wenn ich ihm nicht seinen Schmerz genommen hätte, wäre ihm vielleicht – mit Betonung auf *vielleicht* – aufgefallen, wie destruktiv seine Wutanfälle waren, und er hätte durch die Erfahrung wachsen können. Ich hatte mein Bedürfnis, zu zeigen, was ich alles kann, und mich dadurch wie ein besserer Mensch zu fühlen, über das gestellt, was in Wahrheit das Beste für ihn gewesen wäre. Ich dachte, ich wüsste, was er braucht: dass ich ihm den Schmerz nehme. Aber im Nachhinein glaube ich, dass ich mich geirrt habe.

Der Lernprozess, zu erkennen, wann Hilfe eine liebevolle Geste ist und wann es sich dabei um eine ko-abhängige Reaktion handelt, ist überaus wichtig, und du solltest ihm Zeit und Aufmerksamkeit widmen.

Arbeite daran zu verstehen, warum du anderen hilfst. Hat dein Gegenüber dich um Hilfe gebeten? Hast du dein Gegenüber gefragt, ob es Hilfe möchte? Ich glaube nicht daran, dass es eine einzige korrekte Verhaltensweise für solche Situationen gibt. Es geht einfach nur darum, dich selbst ein wenig infrage zu stellen, wenn du das nächste Mal das dringende Bedürfnis verspürst, jemandem zu helfen.

## Ungebeten mediale Einsichten teilen

**CINDY** Ich kann gar nicht mehr zählen, wie viele beunruhigte Kunden mich schon angerufen haben, weil beim Frisör oder in der Supermarktschlange jemand zu ihnen kam und sagte: »Ich habe eine Botschaft aus dem Jenseits für Sie«, oder »Ich habe da so ein Gefühl, dass …« Gute Absichten hin oder, es ist weder moralisch korrekt noch freundlich oder hilfreich, ungebeten über solche Dinge zu sprechen. Meistens beunruhigt man den Empfänger damit nämlich mehr, als dass man ihm hilft. Ich bin der Meinung, dass man die Botschaften, die man intuitiv wahrnimmt, für sich behalten sollte, außer man wird danach gefragt. Wenn du einmal wirklich nicht an dich halten kannst, solltest du dem Betroffenen vorher aber unbedingt sagen, womit du dein Geld verdienst, dass du eine Botschaft über ihn empfangen hast und dass du ihm diese Botschaft gerne mitteilen möchtest.

Sag der Person, dass es um nichts Schlimmes geht – falls du aber wirklich eine düstere Vision hattest, halte dich an Grundregel Nummer 1 und halte den Mund. Gib der Person deine Visitenkarte und sag ihr, dass sie dich anrufen kann und du ihr die Botschaft mitteilen wirst, ohne ein Honorar zu verlangen. Dann kann die Person selbst entscheiden, ob sie mehr wissen will oder nicht. Die Sitzung muss kostenlos sein, andernfalls handelt es sich bei deinem Verhalten um eine sehr, sehr unmoralische Verkaufstaktik.

Wenn du eine Botschaft für jemanden hast, ist es eigentlich am besten, Spirit um eine bessere Möglichkeit zu bitten, den Betroffenen darüber aufzuklären. Bitte darum, dass die Person die Botschaft in einer Form erhält, die ihrem höchsten und liebevollsten Besten dient – und nicht von einem Wildfremden auf der Straße! Ich hatte oft genug mit nervösen Kunden zu tun und weiß von daher, dass du vielleicht glaubst, mit so einer Botschaft etwas Gutes zu tun, dein Verhalten aber nur selten auch wirklich diese Wirkung hat.

**LISA** Meine Schüler fragen mich recht häufig, ob sie Botschaften übermitteln sollen, die sie für Fremde empfangen. Wenn meine Schüler gerade erst angefangen haben, ihre Fähigkeiten zu entwickeln, lautet meine Antwort immer ganz klar Nein. Du möchtest doch auch nicht, dass dir die Medizinstudentin, die du gerade auf einer Party kennengelernt hast, an Ort und Stelle eine medizinische Behandlung anbietet, oder?

Als Anfänger solltest du deine Botschaften unbedingt für dich behalten – auch dann, wenn du den Eindruck hast, sie könnten wichtig und dringend sein. Du weißt noch so wenig, dass es gar nicht so unwahrscheinlich ist, dass du dich irrst. Das Universum wird auch ohne dich eine Möglichkeit finden, seine Botschaft an den Mann oder die Frau zu bringen.

Wenn deine Fähigkeiten allerdings fortgeschritten sind, kannst du besser unterscheiden, welche Botschaften wahr sind, auch wenn es in moralischer Hinsicht immer noch keine gute Idee ist, sie einfach zu verbreiten. Cindy hat einen guten Vorschlag gemacht, wie du dich mitteilen kannst, wenn du das Gefühl hast, dass wirklich kein Weg daran vorbeiführt.

Sei dir aber darüber bewusst, dass du nie wissen kannst, wie ein Fremder auf deine Botschaft reagieren wird. Und die Reaktion kann auch unangenehm ausfallen, wenn du einfach mit deiner Botschaft herausplatzt.

Dieser Aspekt führt uns fast automatisch zum Thema Ego, über das wir als Nächstes sprechen wollen.

## Das Ego

**LISA** Als spiritueller Unternehmer oder spirituelle Unternehmerin solltest du dein Ego unbedingt vom Geschäftlichen trennen. Natürlich brauchst du dein Ego auf der einen Seite, um überhaupt fähig zu sein, dich als Profi zu präsentieren, der seine Dienste anbietet. Aber wenn dein Ego die Kontrolle übernimmt und sich zu sehr aufbläht, vertreibst du deine Kunden in energetischer Hinsicht, weil sie spirituell spüren, dass deine Angebote nicht ganz von Herzen kommen.

Als spiritueller Praktizierender solltest du dir immer darüber im Klaren sein, dass du im Laufe deines spirituellen Wachstums zu einem Kanal wirst, durch den eine höhere spirituelle Energie ihre Arbeit verrichtet. In dem Augenblick, in dem du dir einbildest, *du* wärst der großartige Heiler, das talentierte Medium oder der überragende Lehrer, mischt dein Ego in deiner Arbeit mit und die Spiritualität verkrümelt sich.

Besonders bei Intuitions- und Engelberatern, Medien und anderen medial Begabten stellt das ein häufiges Problem dar. Ich habe dieselbe Erfahrung gemacht wie Cindy: Wenn du Verbindung zu göttlichen Quellen aufnehmen und Botschaften aus diesem Reich übermitteln kannst, neigen die Leute dazu, deine Worte sehr ernst zu nehmen. Eine solche Tätigkeit bringt also große Verantwortung mit sich.

Mal abgesehen von den Skeptikern bitten dich die Menschen um eine Beratung, weil sie darauf vertrauen, dass du ihnen wahre Botschaften übermittelst, die nichts mit deinen eigenen Meinungen zu tun haben. Mir ist aufgefallen, dass die Botschaften, die ich übermittle, manchmal so ernst genommen werden, dass meine Kunden sie als direkte Anweisungen von Gott ansehen.

Vergiss nie, dass du nur der Bote bist. Deine Interpretationen der Botschaften sind fehlbar, und das musst du immer dazusagen.

Als Engelberaterin erkläre ich am Anfang jeder Sitzung, dass ich nur eine Botin bin, den Menschen Botschaften von ihren Engeln übermittle und die Engel niemals jemandem seinen freien Willen nehmen würden. Deshalb dienen die Botschaften einzig als Empfehlungen oder Ratschläge. Jeder ist für seine Handlungen selbst verantwortlich.

Als Praktizierende sollten wir außerdem niemals die Verantwortung für das Leben eines anderen übernehmen. Ich erkläre beispielsweise immer auch, dass Engelberatungen als Lebensorientierung dienen und nicht als Entscheidungshilfe, für welche Automarke man sich entscheiden sollte. So schaffe ich auch mein Ego aus dem Weg: Ich bin nur eine Botin der Engel, und deshalb bilde ich mir keine Meinung und kein Urteil über andere.

Als Berater oder Beraterin solltest du als Allererstes dein Ego ablegen. Auf meiner Webseite gibt es eine Haftungsausschlussseite, auf der ich unmissverständlich erkläre, dass alle, die eine Beratung bei mir buchen, die alleinige Verantwortung für ihre Handlungen und Entscheidungen tragen.

Obwohl ich meine Intuitionssitzungen vor allem als Engelberaterin anbiete, arbeite ich auch als Medium, was bedeutet, dass ich Kontakt zu verstorbenen Angehörigen aufnehme. Solche spiritistischen Sitzungen biete ich deshalb an, weil mich viele Kunden genau darum baten. Ich habe die Kunst des spiritistischen Arbeitens studiert und bin inzwischen ziemlich gut darin.

Ich habe mitansehen müssen, wie andere Schüler auf die Entdeckung ihrer medialen Fähigkeiten reagiert haben und stark beeindruckt von sich selbst und ihren Sitzungen waren – ein trauriges Beispiel dafür, wie das Ego eine Dienstleistung mit spirituellen Grundlagen korrumpieren kann. Immer und immer wieder habe ich sie mit Geschichten über ihre »fantastischen« Sitzungen prahlen hören.

Auch als Lehrerin für die Entwicklung von Intuition und medialen Fähigkeiten höre ich immer wieder, wie meine Schüler stolz solche Geschichte erzählen und erwarten, von anderen dafür bewundert zu werden. Ich höre gern Erfolgsgeschichten, aber nicht, wenn sie auf diese Weise erzählt werden. Zu viel Ego kann dich von der Spiritualität entfernen. Es kann passieren, dass du in die Konkurrenzfalle gerätst und besser sein willst als andere.

Solche angehenden Medien sind vernarrt in ihre neuentdeckte »Gabe« und die starken Emotionen, die sie bei ihren Kunden wachrufen. Sie fangen an zu glauben, dass sie durch ihre Fähigkeiten besonders und wichtig werden. Sie vergessen, dass sie nur Boten sind, nicht die Botschaft selbst. Sie vergessen auch, dass alle Menschen diese Fähigkeiten besitzen und sie selbst dadurch nicht anders oder besser sind als andere.

Die Schüler meines Kurses »Developing Your Intuition Level 2« lernen zunächst einmal, wie sie ihren Klienten solche Informationen über ihre verstorbenen Angehörigen mitteilen können, die die Klienten auch verifizieren können. Wenn Botschaften verifiziert werden, ist das oft extrem schmeichelhaft fürs Ego. Werden sie nicht verifiziert, kann das aber stark demoralisierend wirken. Medialität kann Konkurrenz zwischen Menschen erzeugen, weshalb ich dringend dazu rate, dass eigene Ego stets fest im Griff zu behalten, ob es nun zu einer Verifizierung kommt oder nicht.

Die Basis für Medialität liegt in der Intuition, und die besitzen wir alle. Ob du nun also hochintuitiv bist, ein tolles Medium oder eine talentierte Heilerin – es gibt keinen Grund, dich anderen überlegen zu fühlen.

**CINDY** Lisa ist gut in Medialität und fühlt sich wohl damit, das auch offen auszusprechen. Ich bin gut in Parapsychologie und habe kein Problem damit, auch damit zu werben, dass ich diese Fähigkeit besitze. Zu sagen, dass du gut in etwas bist, hat nichts mit dem Ego zu tun. Dein Ego leitet dich erst dann, wenn du dich für besser hältst als alle anderen, wenn du denkst, du wärst unfehlbar oder dass du die Weisheit für dich gepachtet hast.

## Präzise Vorhersagen und Willensfreiheit

**CINDY** Es sind schon einige aufgewühlte Kunden zu mir gekommen, denen ein Medium etwas Negatives mitgeteilt hatte und die sich nicht dazu in der Lage sahen, etwas daran zu ändern. Ich sage meinen Klienten immer, dass es sich bei dem, was ein Medium oder intuitiv Tätiger in der Zukunft sieht, nur um das wahrscheinliche Ergebnis einer Situation handelt, dass aber nichts in Stein gemeißelt ist und dass keinerlei Garantie besteht, dass es auch genauso eintritt, nur weil ein Medium es so kommen sieht.

Wir alle verfügen über einen freien Willen und können deshalb so gut wie jedes vorausgesagte Ereignis verändern, außer es handelt sich um ein großes Schicksalsereignis, aber die sind sehr selten. Wenn du etwas in der Zukunft siehst, das dem Kunden Angst einjagen könnte, sprich mit ihm über das Thema freier Wille und wie man Einfluss auf seine Zukunft nehmen kann. *Ermächtige deinen Kunden, Veränderungen herbeizuführen, die eine positivere Zukunft erzeugen.*

Und das gilt nicht nur für die intuitiven Künste. Einmal suchte mich eine Klientin nach einem Termin bei einem spirituellen Gesundheitsberater auf, der sie durch die Erzeugung von Ängsten dazu gedrängt hatte, mehr Präparate zu kaufen als nötig. Es ist wichtig, dass du deine Kunden stets dazu ermächtigst, wichtige Entscheidungen zu treffen, ohne deine Wahrheit dabei zu ihrer eigenen zu machen. Auch wenn du ihnen Ratschläge erteilst, solltest du sie damit also nie unter Druck setzen. Zeige ihnen, wie sie sich selbst heilen oder helfen können. Weise die Möglichkeiten auf und gibt ihnen den nötigen Raum, um sich für die Variante zu entscheiden, die ihnen selbst am geeignetsten erscheint.

Ich habe schon von Medien und anderen spirituell Tätigen gehört, die darauf beharren, dass sie garantiert immer absolut richtig liegen. Das ist *Unsinn.* Keine intuitive Information kann hundertprozentig korrekt sein. Viele Praktizierende mögen das anders sehen als ich, aber ich bin der Meinung, dass es schädlich sein kann, Unfälle, Todesfälle und ähnliches vorherzusagen, weil man sich immer irren kann und den Kunden dann grundlos in Panik versetzt.

Aber wenn die Informationen, die du empfängst, deinem Kunden eine schwierige Situation ersparen können, solltest du eine taktvolle und verantwortbare Möglichkeit finden, ihm mitzuteilen, was du siehst. Vergiss nie, dass du dich irren kannst oder dass du vielleicht eine Botschaft empfangen hast, die man nicht wörtlich nehmen sollte.

Hier einige moralische Tipps zum Umgang mit diesem Thema:

- Stell nicht immer wieder dieselbe Frage, nur weil du hoffst, dass die Antwort irgendwann anders ausfallen wird.
- Vertraue auf deine spirituellen Ratgeber, aber vergiss nicht, dass du dich irren kannst.
- Biete dem Kunden Gelegenheit, Fragen zu stellen.
- Sprich mit deinem Kunden über das Thema Willensfreiheit.
- Wenn du nicht sicher bist, ob du etwas wirklich sagen solltest – hülle dich lieber in Schweigen.
- Denk daran, dass wir nur akkurate Aussagen treffen können, wenn der Kanal klar ist – und diese Klarheit kann von Tag zu Tag und von Stunde zu Stunde schwanken.
- Wenn du ein Produkt verkaufst, informiere den Kunden über die Vor- und Nachteile und lass ihn selbst entscheiden, was er kaufen möchte.

Ich denke, du verstehst, worum es geht. Das Thema präziser Voraussagen liegt mir am Herzen und kommt häufiger auf, als man erwarten möchte. Egal, ob du Medium, Ernährungsberaterin oder Lehrer bist – du kannst immer falsch liegen und wirst es vermutlich auch mehr als einmal tun. Das bedeutet aber nicht etwa, dass du schlecht bist in dem was du tust – es heißt einfach nur, dass du menschlich bist.

Für Channelmedien aller Arten ist es so gut wie unmöglich, unter völliger Ausblendung der eigenen Vorurteile zu arbeiten. Als Medium sage ich den Menschen alles, was ich sehe. Aber ich habe Spirit darum gebeten, mir keine Todesfälle, Autounfälle und ähnliches zu zeigen. Ein Medium hat mir einmal erzählt, dass ich einen Autounfall haben würde. Daraufhin wurde ich beim Autofahren paranoid und übervorsichtig. Ich bin mir sicher, dass ich durch meinen seltsamen Fahrstil in dieser Zeit fast ein paar Unfälle verursacht hätte. Ich stand unter starkem Stress. Dann verließ ich das Haus einer Freundin und sah, dass jemand beim Ausparken rückwärts in mein Auto gefahren war. Da war er, mein Autounfall. Und nein … der Stress, den ich durchlebte, was das Wissen um die Zukunft nicht wert.

Kurz nachdem ich meine Tätigkeit als Medium aufgenommen hatte, kam ein Kunde zu mir, dessen Mutter sehr krank war. Er fragte mich, wie lange sie noch zu leben hätte. Ich hatte noch nicht darum gebeten, solche Informationen *nicht* zu erfahren, also sagte ich ihm, dass sie meiner Meinung nach noch etwa drei Monate zu leben hätte. Etwa zwei Monate später kam der Kunde wutentbrannt zu mir zurück. Seine Mutter war früher gestorben, als ich vorausgesagt hatte, und er hielt es für meine Schuld, dass er ihr nicht mehr alles hatte sagen können, was ihm auf dem Herzen lag, weil er dachte, er hätte mehr Zeit.

Das ist ein perfektes Beispiel dafür, dass wir 1. falsch liegen können und dass es 2. nicht sehr hilfreich ist, den Tod vorauszusagen. Der Mann war am Boden zerstört, weil er geglaubt hatte, medial empfangene Informationen wären immer hundertprozentig zutreffend – und ich hatte es versäumt, ihn darauf hinzuweisen, dass das nicht stimmt.

Ich wünschte, ich hätte ihm gesagt, dass Zeitangaben in der geistigen Welt niemals exakt sind. Ich wünschte, ich hätte ihn ermächtigt, seiner Mutter sofort alles zu sagen, was ihm auf dem Herzen lag. Es wäre gut für ihn gewesen. Und das führt mich zu meinem letzten Punkt bezüglich ethischer Fragen.

## Ermächtigung

**CINDY** Die besten Klienten sind jene, die du so weit ermächtigt hast, dass sie dich nicht mehr brauchen. Sie sind so etwas wie wandelnde Erfolgsgeschichten: Sie zeigen, dass du die Fähigkeit besitzt, deinen Kunden durch Ermächtigung so viel Kraft zu geben, dass sie alle Probleme bewältigen können, mit denen sie sich an dich gewendet haben.

Die beste Werbung stammt aus »erster Hand«, beispielsweise in Form von Erfahrungsberichten oder Mundpropaganda. Bitte deine Klienten also um Erfahrungsberichte oder Feedback. Wir erschaffen eine Erfolgsgeschichte für unser spirituelles Unternehmen, indem wir unsere Klienten ermächtigen und verhindern, dass sie von uns abhängig werden.

Als ich meine Praxis gründete, hatte ich eine Kundin, die mich wegen jeder Kleinigkeit kontaktierte. Eines Tages rief sie mich an, um zu fragen, ob sie ihren Tennisschläger neu bespannen lassen sollte, und da wurde mir klar, dass ich sie in die Abhängigkeit geführt hatte. Sie hatte ihre Entscheidungsgewalt vollständig auf mich übertragen. Das war eine ausgesprochen ungesunde Situation und mir eine gewaltige Lehre. Ich brachte meine Besorgnis zum Ausdruck und begrenzte ihre Sitzungen auf einmal im Monat. Am Ende rief sie mich gar nicht mehr an, und ich vermute stark, dass sie sich jemand anders gesucht hat, auf den sie die Verantwortung für ihre Entscheidungen übertragen konnte.

Es ist besser, einen Klienten gehen zu lassen, als an der Erzeugung einer ungesunden Situation teilzuhaben. Ich musste nur selten mit Kunden über dieses Thema sprechen, denn zum Glück erkenne ich inzwischen meistens schon sehr früh, wenn wir eine ungute Richtung einschlagen, ehe es zum Extrem kommt. Meistens können wir dann weiterhin zusammenarbeiten, ohne diesen dysfunktionalen Mechanismus zu verstärken.

## Sei ein Vorbild

**CINDY** Es gibt kaum eine bessere Möglichkeit, auf moralische Weise hilfreich zu sein, als selbst zu leben, was du lehrst. Damit meine ich, dass wir andere ermächtigen, indem wir ein positives Beispiel dafür abgeben, wie ein Mensch auf einer spirituellen Reise sich verhalten sollte. Natürlich kann niemand von dir erwarten, dass du perfekt bist – denn das ist ein Mensch auf seiner spirituellen Reise nun einmal nicht. Vertraue darauf, dass die Menschen in deinem Umfeld sehen, wie du dein Leben führst, und dadurch erkennen, wie spirituelles Wachstum aussieht und wie positiv die Ergebnisse sein können.

Lege ein offenes Wesen an den Tag, um sicherzustellen, dass sich deine Kunden trauen, dir alle Fragen zu stellen, die sie über das spirituelle Dasein haben. Wenn sie uns aus freiem Willen ihre Aufmerksamkeit und Erlaubnis schenken, können wir unsere Weisheit mit ihnen teilen.

Letztlich ist es nicht deine Aufgabe als spirituell Tätiger, jemanden zu sagen, was er tun soll. Du bist da, um andere zu ermächtigen und, wenn man dich darum bittet, Einsichten anzubieten, die dein Klient bei seiner eigenständigen Entscheidung, welcher Weg der richtige ist, berücksichtigen kann.

Der beste Weg für *dich* ist derjenige, der dich in einen Zustand des Gleichgewichts versetzt. Das letzte Kapitel soll dir dabei helfen, das Gleichgewicht zwischen deinem neuen Unternehmen, deiner Familie und deinen Interessen so zu halten, dass du in all deinen Lebensbereichen so zufrieden bist wie möglich.

# Wie du Familie, Freunde und deine Identität unter einen Hut bringst

## Familie und Freunde

---

**Tipp #55 für dein spirituelles Unternehmen**

Je häufiger deine Familie mitbekommt, dass du gleichzeitig spirituell *und* pragmatisch bist, desto weniger Sorgen wird sie sich um dich machen.

---

**CINDY** Vielleicht bist du dir nicht sicher, wie du deiner Familie und deinen Freunden sagen sollst, dass du ein spirituelles Unternehmen gründen willst. Auch wenn du dich nur in deiner Freizeit mit spirituellen Themen beschäftigst, kann das schon so manche lockere Konversation beim Abendessen sprengen.

Vermutlich werden sich nicht alle Menschen in deinem Umfeld damit wohlfühlen, ein Medium oder eine Lehrerin für Intuitionsentwicklung in ihrer Nähe zu haben. Wenn du Coach bist, befürchten deine Freunde vielleicht, dass du sie ändern willst. Ich erinnere mich noch, wie ich einmal eine eidesstattliche Aussage über einen Fall aus meiner Zeit als Immobilienmaklerin abgeben musste und der Anwalt panische Angst hatte, dass ich versuchen könnte, seine Gedanken zu lesen.

Ich lese keine Gedanken, und selbst wenn ich es täte, hätte ich vermutlich nicht in seinen herumgestöbert. Aber er gibt ein gutes

Beispiel für die vielen falschen Informationen ab, die über die spirituelle Welt und all jene kursieren, die in ihr arbeiten wollen.

Ich habe Folgendes herausgefunden: Je mehr du dich selbst respektierst und je wohler du dich mit dir selbst und deinen Entscheidungen fühlst, desto mehr werden die Menschen in deinem Umfeld anerkennen, dass du über deine Spiritualität nicht deinen Pragmatismus verloren hast, und desto weniger besorgt werden sie sein, dass du die »abgedrehte Schwester« oder der »Eso-Onkel« wirst.

Das heißt nicht, dass jedermann vor Freude überschäumt, wenn du erzählst, was du vorhast. Du weißt besser, wie deine Familie tickt, als Lisa und ich, aber man kann wohl davon ausgehen, dass die meisten Mitglieder deiner Familie sicher sein wollen, dass du deine Miete noch zahlen kannst, dass du nicht irgendeinem verrückten Guru hinterherläufst und dass du glücklich bist. Das ist ein weiterer Grund, aus dem ich dir empfehlen würde, deine alte Arbeit nicht aufzugeben, ehe sich dein Unternehmen selbst trägt und Profit abwirft: Die Menschen in deinem nahen Umfeld sollten wissen, dass es dir auch auf lange Sicht gut gehen wird.

Ich rate dir dazu, deiner Familie und deinen Freunden schon lange, bevor du ihnen von deiner Unternehmensidee erzählst, zu zeigen, wer du bist. Zeig ihnen, dass du verantwortungsbewusst bist und geduldiger, liebevoller, nachsichtiger und auch all die anderen guten Eigenschaften aufweist, mit denen dich eine spirituelle Reise belohnt.

Wenn sie spüren, dass du dich veränderst, werden sie dich vielleicht fragen, was eigentlich los ist. Dann kannst du ihnen erzählen, dass dir etwas klar geworden ist oder du einen Kurs besucht hast, der dich auf einen spirituelleren Weg gebracht hat. Lass diese neue Information ein wenig sacken. Ich kann dir fast schon versprechen, dass die Menschen in deinem Umfeld mehr über deine Transformation erfahren wollen, je stärker die Veränderungen sind, die sie an dir wahrnehmen. Wenn deine Leute erneut fragen, kannst du ihnen von deinem Traum erzählen, dein eigenes spirituelles Unternehmen zu gründen, und dass du mit deinen neuentwickelten Talenten anderen Menschen helfen willst.

Denk daran, dass es nicht nötig ist, dass sie die spirituelle Reise gemeinsam mit dir antreten. Es zählt nur, dass sie dir nicht im Weg stehen. Für die Gründung deines spirituellen Unternehmens ist es auch nicht nötig, dass alle Menschen, die du kennst, dein Vorhaben gutheißen.

Wenn die Menschen in deinem nahen Umfeld bereits wissen, dass du einen spirituellen Weg eingeschlagen hast, solltest du ihnen zeigen, dass du die Unternehmensgründung genau durchdacht hast. Zeig ihnen, dass du das Geld für zwei Monatsmieten und die Kaution angespart hast. Zeig ihnen die Marketingarbeit, die du in Kapitel 2 geleistet hast, und wie du aus diesem Material deine ersten Marketingunterlagen entwickeln willst. Zeig ihnen, dass du verantwortungsbewusst handelst.

Sag ihnen, dass du deine alte Arbeit erst aufgeben wirst, wenn sich dein Unternehmen selbst trägt, oder dass du genug Geld zusammengespart hast, um ein Jahr lang davon leben zu können, so dass dein Unternehmen genügend Zeit hat, eine starke finanzielle Basis zu entwickeln.

All das hilft dir dabei, deinen Freunden und Angehörigen die Sorge zu nehmen. So erkennen sie, dass dein spirituelles Unternehmen nicht auf Wünschen und Hoffnungen begründet ist, sondern auf einem starken Geschäftsplan mit Erfolgsaussichten.

**LISA** Ich hatte weniger Schwierigkeiten mit meiner Familie als mit meinen Freunden. Ich bewege mich in verschiedenen Kreisen, teilweise in einem spirituellen Umfeld, zu anderen Teilen in der Kirche, in der Schule meines Sohns, in der Gemeinde, in der ich lebe, und so weiter. Je nach Umfeld fielen die Reaktionen auf mein Unternehmen sehr unterschiedlich aus.

Je nachdem, mit wem ich spreche, verwende ich deshalb verschiedene Begriffe. Ich überlege genau, wem ich von welchen Aspekten meiner Arbeit erzähle. Wenn ich weiß, dass sich mein Gegenüber mit meiner Branche nicht auskennt oder nicht an Metaphysik glaubt, fange ich meist mit einer ganz allgemein gehaltenen Beschreibung an.

Ich sage beispielsweise, dass ich Autorin und Lehrerin bin, und manche wollen gar nicht mehr wissen. Andere fragen weiter, was ich denn lehre oder worüber ich schreibe, und dann antworte ich, dass es um Selbsthilfe geht. Wenn sie offen oder interessiert wirken, füge ich vielleicht hinzu, dass es darum geht, sich mit seiner Intuition zu verbinden und auf seine innere Stimme zu hören. Tatsächlich stoße ich damit gar nicht so selten auf Offenheit und Interesse. Diese Vorgehensweise lässt sich auch sehr gut bei Fremden anwenden.

## Wie erkläre ich Fremden, was ich mache?

**Tipp #56 für dein spirituelles Unternehmen**

Oft fragen die Leute nur aus Höflichkeit, was du beruflich machst. Deshalb solltest du mit einer Erklärung anfangen, die »durchschnittlich« klingt.

**CINDY** Sagen wir, du sitzt im Flugzeug und kommst ins Gespräch mit dem Herren neben dir. Er fragt dich, was du beruflich machst. Was sollst du antworten? In Kapitel 2 hast du ja schon ein paar kurze Antworten auf diese Frage entwickelt. Aber bevor du den Mund aufmachst, solltest du einige Regeln beachten.

Sei immer höflich, wenn dich jemand fragt, was du beruflich machst. Die meisten Leute wollen es gar nicht so genau wissen. Fange mit einer Erklärung an, die ganz »durchschnittlich« klingt. Ich beispielsweise sage nicht, dass ich Medium bin, sondern dass ich als Beraterin arbeite. Die meisten Leute belassen es dabei. Wenn sie nachhaken oder ich das Gefühl haben, dass sie sich wirklich interessieren, erzähle ich ihnen, dass ich meine Intuition nutze, um Menschen in Krisensituationen zu helfen oder wenn sie nicht sicher sind, welcher Weg der richtige für sie ist.

Wenn jemand weiß, was ein Medium ist, kommt er von selbst darauf, dass ich eines bin. Wenn nicht, kann mein Gegenüber immer noch nachfragen oder es auch sein lassen. Merkst du, dass dein Gegenüber große Augen macht oder das Gesicht verzieht, kehrst du einfach wieder zu deiner vorherigen Erklärung zurück und wechselst dann schnell das Thema. Du hast es mit einem Fremden zu tun, seine Vorurteile sind sein Problem und du brauchst dich dadurch nicht gekränkt zu fühlen. Ich habe allerdings festgestellt, dass sich die meisten Menschen für die geistige Welt interessieren und tolle Unterhaltungen entstehen, wenn das Thema aufkommt. Wer weiß, vielleicht findest du so ja sogar einen neuen Kunden! Mir ist das öfter passiert.

## Das Gleichgewicht zwischen Leben, Familie und Arbeit

### Worauf es ankommt

**LISA** Das Leben an sich ist schon ein Vollzeitjob, und wenn dazu noch die Arbeit kommt, hast du wirklich jede Menge zu tun! Fügst du noch deine Familie und ein kleines Teilzeitunternehmen hinzu, wird es schwierig, mit deiner Zeit hauszuhalten und in deinem Leben Gleichgewicht zu halten. Als Allererstes musst du dir klarmachen, dass du nicht in allen Bereichen gleichzeitig so produktiv sein kannst, wie du es wärst, wenn es nur um ein oder zwei dieser Bereiche ginge.

Es ist von größter Wichtigkeit, dass du Prioritäten setzt, und an zweiter Stelle kommt ein gutes Zeitmanagement. Wenn du Schwierigkeiten damit hast, Prioritäten zu setzen, wird es schwer, all die vielen Bälle gleichzeitig in der Luft zu halten. Mach dir klar, dass es vollkommen okay ist, sich Hilfe bei Menschen zu suchen, die sich auf einen Bereich spezialisiert haben, den du vielleicht gar nicht unbedingt selbst organisieren musst. Wenn du beispielsweise kein sonderliches Talent für Buchhaltung hast, kannst du jemanden beauftragen, der dir dabei hilft.

Es gibt da draußen zahlreiche Freiberufler, die dir mit den verschiedensten Tätigkeiten helfen können, beispielsweise Werbetexter, Grafiker, Webdesigner, virtuelle Verwaltungsassistenten und sogar Steuerberater. Viele Freiberufler arbeiten online, so dass du inzwischen aus einem riesigen Kandidatenpool auswählen und dir jemanden aussuchen kannst, der besonders gut zu dir passt. Im Internet gibt es viele Anbieter, bei denen du günstig Freiberufler buchen kannst.

Eine dieser Seiten, www.fiverr.com, stellt Kontakte zwischen Kunden und Freiberuflern her, die ihre Dienste teilweise schon ab fünf Dollar anbieten. Das Angebot reicht von der Gestaltung eines Logos bis hin zum Aufbau einer Webseite. Und es gibt viele weitere solcher Anbieter, bei denen du einfach nur eine Auftragsbeschreibung zu posten brauchst. Die Freiberufler machen dir dann Angebote, und du kannst entscheiden, wem du den Auftrag erteilst.

Hast du manchmal das Gefühl, dass du es nicht schaffst, deine Projekte zum Abschluss zu bringen? Oft besteht der Grund dafür darin, dass du zu perfektionistisch bist. Aber Perfektion kann gar nicht erreicht werden, weil *nichts* perfekt ist. Das gilt ganz besonders, wenn du allein ein neues Unternehmen gründest. Du hast die Freiheit, alles so zu machen, wie du möchtest, was auch bedeutet, dass dir von außen keine Deadlines vorgegeben werden.

Deshalb ist das Thema »Life Balance« so wichtig. Oft leidet ein Lebensbereich unter den anderen, und es entsteht Frustration. Aber wenn du alle Bereiche langsam und gleichmäßig weiterentwickelst, in dem Wissen, dass du vielleicht nicht mit jedem Schritt hundertprozentig, sondern nur achtzigprozentig zufrieden sein wirst, dann kannst du viel erreichen.

Ich dachte immer, dass man alles haben und erschaffen kann, wenn man nur hart und beharrlich genug dafür arbeitet. Ein ausgefülltes Leben mit einer erfolgreichen Karriere, eine Familie und Kinder, Urlaube, Zeit für die Arbeit und Hobbys, häusliche Pflichten und ein Unternehmen – ich hielt es für möglich, dass man all das schaffen kann. Immerhin wirkte es doch so, als würden andere Leute das *auch* hinbekommen!

Aber ich schätze, wir sehen nicht alles, was sich hinter den Kulissen abspielt. Schon ohne eine Familie ist es schwer, allen Bereichen genügend Aufmerksamkeit und sein volles Engagement zu widmen und dabei zu seiner vollsten Zufriedenheit zu arbeiten. Am besten akzeptiert man also einfach, dass nichts jemals zu hundert Prozent erreicht werden kann. Vielleicht musst du einfach mit den achtzig Prozent leben – und wirst dabei herausfinden, dass du auf diese Weise viel mehr erreichen kannst.

Zeitmanagement wird noch schwerer, wenn du eine Familie hast, um die du dich kümmern musst. Einige der folgenden Vorschläge zum Thema Beruf und Familie sind vielleicht aber auch hilfreich, wenn du unverheiratet bist und keine Kinder hast.

## Familie, Großeltern und Kinder

**LISA** Wenn man heiratet, wird das Leben anfangs ein bisschen leichter, weil das Leben für zwei, wie mein Dad immer sagte, billiger ist als für einen und man sich bei den Alltagsaufgaben gegenseitig hilft. Hat man ein Kind, wird das Zeitmanagement aber viel komplizierter.

»Billiger« wird mit weiteren Familienmitgliedern, die von dir abhängig sind, plötzlich »teurer«. Zeit und Ressourcen werden knapp, wenn du der »Sandwich-Generation« angehörst, die sich nicht nur um die Kinder, sondern auch um ihre alternden Eltern kümmern muss. Es ist sehr wichtig, Zeit, Leben und Arbeit zu managen und emotional und körperlich ausgeglichen zu bleiben, damit du alles Notwendige schaffen und ein produktives Unternehmen führen kannst.

Dir Hilfe zu suchen ist eine Möglichkeit, dein Geld und deine Zeit sinnvoll einzusetzen, damit du mehr schaffst und dein Unternehmen voranbringen kannst. Diese Hilfe muss nicht zwingend darin bestehen, dass du jemanden einstellst. Wenn du so engagiert bist wie die meisten Kleinunternehmer, neigst du vermutlich dazu, dir alles selbst aufzuladen, was deiner Meinung nach erledigt werden muss.

Es ist wichtig, dass du begreifst, dass es völlig in Ordnung ist, andere Menschen um Hilfe zu bitten, besonders, wenn es sich um Familienmitglieder handelt. Wenn du beispielsweise Mutter bist und kochst und putzt, einen Vollzeitjob hast, dich um die Kinder kümmerst und versuchst, ein Unternehmen zu gründen, wirst du von der Fülle deiner Pflichten vermutlich schnell überfordert sein.

Bist du hingegen ein Vater und machst ständig Überstunden, bist für alle Reparaturen am Haus verantwortlich und fährst deine Kinder nach der Schule zum Sportkurs, hilfst im Haushalt und versuchst gleichzeitig, ein kleines Unternehmen zu gründen, wirst du dich ganz genauso überfordert fühlen und vielleicht nicht alles schaffen, was du dir vorgenommen hast.

In diesem Fall kann es sich lohnen, über eine externe Hilfe nachzudenken, die regelmäßig kommt – beispielsweise eine Putzkraft oder einen Handwerker, der sich ums Haus kümmert. Das Geld, das du dafür ausgibst, schenkt dir Zeit, und du musst dir keine Gedanken mehr darüber machen, dass du manche Dinge vielleicht nicht erledigt bekommst.

Auch deine Kinder können dir bei der Hausarbeit zur Hand gehen. In manchen Kulturen ist es ganz normal, dass Kinder kleine Aufgaben übernehmen wie beispielsweise die Wäsche zusammenlegen, den Müll rauszubringen, die Haustiere zu füttern oder mit dem Hund Gassi zu gehen.

Anfangs dauert es vielleicht etwas, bis sie alles gelernt haben, aber wenn es soweit ist, haben sie etwas fürs Leben gelernt, das ihnen auch selbst später hilfreich sein wird.

Wir haben unserem Sohn beigebracht, die Wäsche zusammenzulegen, als er sieben Jahre alt war. Auch wenn ihm das anfangs noch schwer fiel, hat er nur durch diese eine Aufgabe später gelernt, wie man ordentlich arbeitet und sich organisiert. Anfangs hat ihm seine Aufgabe überhaupt keinen Spaß gemacht, aber er hat sich daran gewöhnt. Inzwischen ist er siebzehn und möchte selber, dass seine Wäsche sauber und ordentlich zusammengelegt ist. Er bügelt sie sogar!

**CINDY** Ja, es dauert ein bisschen, anderen beizubringen, eine Aufgabe zu erledigen, und wenn du jemanden dafür einstellst, wird er es vermutlich nicht ganz so gut machen wie du, wenn du die Zeit hättest. Aber genau da liegt doch das Problem, oder?

Für die meisten spirituell Tätigen hat der Tag einfach nicht genügend Stunden. Es ist wichtig, dir klarzumachen, dass es manchmal auch völlig reicht, eine Aufgabe nur zu achtzig Prozent zu erledigen. Ich bin mir sicher, dass Lisas Sohn seine Wäsche am Anfang nicht sonderlich professionell zusammengelegt hat. Es ist wichtig zu entscheiden, in was man seine Zeit und Energie am besten investieren sollte.

Ich verschicke beispielsweise nur Geburtstagskarten an unsere Kunden, wenn ich jemanden habe, der das für mich erledigen kann. Als meine Helferin vor einer Weile umzog, habe ich aufgehört, Glückwunschkarten zu verschicken, was mir zwar nicht recht ist, aber ich investiere meine Zeit eben lieber ins Schreiben. Irgendetwas, das ich mag, musste ich aufgeben, bis ich jemand Neues gefunden hatte, der mir helfen kann. Mein Terminkalender war nun mal einfach zu voll.

Es ist mühsam, einen Helfer zu finden, aber wenn dich jemand dabei unterstützt, dein Pensum zu verringern, lohnt sich der Aufwand, zu suchen und die Person auszubilden. Vielleicht wirst du niemals jemandem begegnen, der so gut putzt wie du – aber durch ein klein bisschen mehr Unordnung gewinnst du Zeit, die du vielleicht besser für Buchhaltung oder die Erstellung von neuem Marketingmaterial verwenden kannst.

Geh bei deinen Überlegungen, jemanden einzustellen, genauso vor wie bei Marketingaktionen: Frage dich, wie viele Kunden du brauchst, um deinen Helfer zu bezahlen. Wenn es achtzig Euro kostet, drei Stunden lang eine Putzhilfe kommen zu lassen, und deine Kunden im Durchschnitt fünfundsiebzig Euro für eine halbe

Stunde deiner Zeit bezahlen – warum solltest du dann drei Stunden mit Putzen verbringen? Du investierst deine Zeit dann besser, indem du durch Marketing diesen einen Neukunden anlockst oder mit bereits vorhandenen Kunden arbeitest!

Vielleicht wirst du auch feststellen, dass du nur sporadisch Hilfe brauchst. Vielleicht ist es ja das Beste, einen jungen Menschen einzustellen, der sich nur gelegentlich etwas dazu verdienen will. Dem Mädchen, das meine Geburtstagskarten verschickt hat, habe ich einmal im Monat etwa zwanzig Dollar bezahlt. Für die Karten brauchte sie etwa zwei Stunden. Es war eine Win-Win-Situation für uns beide: Sie verdiente sich ein paar Dollar dazu, und ich brauchte nur alle zwei Monate einen Kunden zu bedienen, um sie für ihre Hilfe zu bezahlen.

**LISA** Immer wieder kommen in unserem Leben kleine Krisen auf. Besonders in der »Sandwich«-Generation, zu der auch ich zähle und die gleichzeitig für ihre Kinder und die alternden Eltern da sein muss, kommt es immer wieder zu unerwarteten Komplikationen. Dabei kann es sich um eine plötzliche Krankheit oder Verletzung handeln, um Probleme in der Schule oder ein privates Problem der Eltern.

Während ich an diesem Kapitel hier arbeitete, spielt sich bei mir zu Hause gerade ein solches kleines Drama ab. Meine Mutter ist 87, mein Vater 94 und leidet an Demenz. Meine Mutter ist geistig voll und ganz in der Lage, sich um sich selbst und meinen Vater zu kümmern, und besteht darauf, alles selbst zu machen. Vor kurzem ist sie aber auf der Treppe gestürzt, weil sie die Grippe hatte und ihr schwindelig war. Sie hat sich das Kreuzbein gebrochen, kam ins Krankenhaus und war danach viele Wochen lang in der Reha.

Also mussten wir meinen Vater plötzlich zu uns nehmen. Er muss 24 Stunden am Tag gepflegt werden. Ich brauchte Hilfe – also holte ich mir welche. Die erste Regel für jeden Unternehmer lautet, sich in Krisenzeiten Hilfe zu suchen. Wenn es bei dir einmal nicht rund läuft, solltest du dich also nicht scheuen, deine Familie, Freunde und Außenstehende um Hilfe zu bitten.

Nannys, Babysitter und die Collegestudentin von nebenan können Wunder wirken, und es gibt sowohl für Kinderbetreuung als auch für die Altenpflege immer mehr Dienstleistungsagenturen. Du darfst dich nur nicht scheuen, um Hilfe zu bitten!

## Der »Geldjob«

**CINDY** Ich habe das große Glück, schon lange keinen Job mehr annehmen zu müssen, nur um Geld zu verdienen. Aber ich übe als Autorin, Lehrerin, Medium und Coach viele Tätigkeiten aus, die mich in die unterschiedlichsten Richtungen führen. Lisa und ich haben ja bereits darüber gesprochen, wie du deine Zeit einteilen solltest, so dass du parallel an verschiedenen Projekten arbeiten kannst. Und ich glaube, diese Taktik der Zeit*räume* bietet sich auch für den Umgang mit deinem Geldjob an.

Wenn du spirituelle Arbeit leisten willst, brauchst du ein stabiles Einkommen. Wenn du das Glück hast, einen flexiblen Job mit flexiblen Arbeitszeiten auszuüben, dann ist es nur eine Frage der Mathematik, deine Energie und Aufmerksamkeit auf deine verschiedenen Tätigkeiten zu verteilen. Die andere Frage lautet, wie viel Geld du mit deinen jeweiligen Jobs verdienen kannst. Hier solltest du in deine Überlegungen aber auch mit einbeziehen, wie du das Potenzial der verschiedenen Tätigkeiten für zukünftiges Einkommen einschätzt.

Sagen wir, du besuchst eine Veranstaltung, auf der du einen Vortrag hältst. Dadurch erzielst du vielleicht keine direkten Einnahmen – aber vielleicht gewinnst du neue Kunden. Es wäre kurzsichtig, dir diese Gelegenheit entgehen zu lassen. Selbst wenn du durch den Vortrag ein paar Stunden weniger in deinem Geldjob arbeitest, ist es sinnvoll, ihn zu halten, da das Potenzial besteht, neue Kunden kennenzulernen.

Wichtig ist dabei nur, dass du deinen Geldjob nicht aufs Spiel setzt. Übrigens finden solche Veranstaltungen häufig nach Feierabend statt, wenn du sowieso nicht arbeiten würdest – und auch Kunden freuen sich oft, wenn sie nach Feierabend Termine bei dir buchen können.

**LISA** Einen Geldjob zu haben, um dir deinen Lebensunterhalt zu verdienen, erschwert es dir natürlich etwas, die Zeit zu finden, dein neues spirituelles Unternehmen aufzubauen. Ich rate den Leuten deshalb immer, ihren Geldjob nicht aufzugeben, bis sie durch ihr spirituelles Unternehmen einen ausreichenden Kundenstrom, eine gute Reichweite und einen stetigen Umsatz erreicht haben, der nicht nur die Geschäftsausgaben, sondern auch ihren Lebensunterhalt abdeckt.

Die Entscheidung, deinen Geldjob aufzugeben, ist hart. Der beste Zeitpunkt dafür hängt davon ab, wann du mit deinem spirituellen Unternehmen genug zuverlässiges Einkommen erzielst. Du brauchst einen steten Einkommensstrom, der deine Privatausgaben abdeckt und für deinen Lebensunterhalt ausreicht. Denk daran, dass du allen Hochs und Tiefs deines Unternehmens ausgeliefert bist und sich das auch auf dein Einkommen auswirken kann.

Außerdem kann es immer wieder vorkommen, dass dein Unternehmen eine Geldspritze braucht, um wachsen zu können oder eine unvorhergesehene Ausgabe abzudecken. Deshalb ist es wichtig, dass du nicht nur deine aktuellen finanziellen Erfordernisse im Blick hast, sondern auch die Zukunft. Vergiss nicht, dass du einen regelmäßigen Kundenstrom brauchst, aber auch konstant neue Kunden anziehen musst, damit dein Unternehmen gedeiht und du ein stetiges Einkommen hast.

**CINDY** Das Einkommen, das du mit deinem Unternehmen erzielst, unterliegt einem Zyklus. Es schwankt mit deiner Energie, äußeren Faktoren und der allgemeinen wirtschaftlichen Lage. Während der Wirtschaftskrise 2008 ist mein Einkommen um etwa zehn Prozent gesunken. Das mag jetzt nicht nach viel klingen, aber für mich bedeutete es, dass ich plötzlich viel mehr aufs Geld achten musste.

Ich habe auch festgestellt, dass weniger Kunden zu mir kommen, wenn es mir nicht gut geht oder mein Leben gerade besonders hektisch ist. Es ist, als würde mir das Universum mitteilen, dass ich mich auf meine eigenen Bedürfnisse konzentrieren sollte, statt anderen zu helfen. Außerdem ist es natürlich schwierig, deinen Kunden dein Bestes zu bieten, wenn deine Aufmerksamkeit gerade eigentlich deinen eigenen Problemen gilt.

Aber es sind nicht immer Probleme, die dein Unternehmen verlangsamen. Als mein Mann an Lungenkrebs im vierten Stadium litt, gingen meine Einnahmen spürbar zurück. Dasselbe passierte, als meine Mutter schwer erkrankte. Was, wenn du dir den Arm brichst? Kannst du dir selbst Krankengeld auszahlen? Nimmst du dir selbst bezahlten Urlaub? Wenn ich nicht arbeite, verdiene ich kein Geld.

Solche Einnahmenrückgänge lassen sich meist nicht planen, und deshalb ist es so wichtig, dass du noch ein weiteres Einkommen hast, bis du es dir leisten kannst, dass dein Unternehmen eine Flaute durchlebt. Auch deshalb habe ich dazu geraten, dass du dir ein »Krisenpolster« zulegst.

## Die Trennung von Beruf und Privatleben

**CINDY** Unabhängig davon, ob du immer von zu Hause aus arbeitest oder nur einen Teil deiner Arbeit dort erledigst, ist es wichtig, dass du einen Arbeitsbereich hast, der dir heilig ist. Ja, es mag bequemer sein, vor dem Fernseher oder am Esstisch zu arbeiten, und ich tue das manchmal auch –, aber du brauchst einen Arbeitsbereich, der möglichst separat liegt und vielleicht sogar eine Tür hat, die du hinter dir zumachen kannst, wenn dein Arbeitstag vorbei ist.

Warum? Damit du die Arbeit hinter dir lassen und Zeit mit deiner Familie oder dir selbst verbringen kannst, ohne ständig daran erinnert zu werden, was du noch alles zu erledigen hast. Ganz gleich, wie gut du im Zeitmanagement bist: Es gibt immer unabgeschlossene Projekte und Dinge, um die du dich kümmern solltest.

Wenn du dich in deinem Büro aufhältst, wissen deine Lieben, dass du gerade arbeitest. Wenn du von zu Hause aus arbeitest, fällt es deinen Familienmitgliedern viel leichter, dich zu unterbrechen. Natürlich lässt sich die verschwommene Grenze zwischen Arbeit und Privatleben niemals ganz klar ziehen, aber wenn du einen »offiziellen« Arbeitsplatz mit einer Tür hast, ist das schon einmal eine große Hilfe.

Ein weiterer potenzieller Störfaktor für deine heilige Privatzeit ist das »Geschäftstelefon«, das rund um die Uhr klingelt. Ich nehme meistens nur zwischen zehn und zwanzig Uhr geschäftliche Anrufe entgegen. Auch während der Essenszeit, an Feiertagen und wenn ich Besuch habe gehe ich nicht ans Telefon, sondern lass den Anrufbeantworter sein Werk verrichten. Jedenfalls ist das mein guter Vorsatz, aber manchmal bekomme ich gar nicht mit, wie spät es schon ist, und nehme um zehn Uhr nachts ab. Dem Anrufer ist das dann meistens ganz unangenehm, weil er dachte, er würde nur den Anrufbeantworter an die Strippe bekommen!

Ich stehe niemals spontan für Sitzungen zur Verfügungen. Ich vereinbare gern einen Termin, aber wenn der Anrufer völlig panisch ist, lasse ich ihn meistens sogar besonders lange warten. Die Arbeit mit verstörten Klienten ist fruchtlos, also lasse ich ihnen genügend Zeit, um sich wieder zu beruhigen.

Außerdem ist das eine Möglichkeit, persönliche Grenzen zu setzen. Meine Kunden können davon ausgehen, dass es in der Regel mindestens vierundzwanzig Stunden dauert, einen Termin bei mir zu bekommen. Auch diese Regel ist natürlich nicht in Stein gemeißelt. Bei guten, regelmäßigen Stammkunden, die nicht zu durcheinander für eine Beratung sind, biete ich vielleicht noch am selben Tag einen Termin an, falls ich Zeit habe – aber niemals einen sofortigen Termin. Du wirst selbst herausfinden, wo deine persönlichen Grenzen liegen. Nach über zwanzig Jahren Berufserfahrung in meiner Branche habe ich meine Auszeiten sehr zu schätzen gelernt und festgestellt, dass meine medialen Fähigkeiten besser werden, je mehr ich meine Auszeiten in Ehren halte. Meine Ratgeber haben mir einmal gesagt: »Es ist nicht egoistisch, auf sich selbst zu achten … Es ist essenziell!«

**LISA** Ein eigener Arbeitsplatz ist, wie Cindy schon sagte, extrem wichtig. Und wenn du dein Heimbüro von der Steuer absetzen möchtest, solltest du deinen Arbeitsbereich sowieso klar von deinem Privatbereich trennen können.

Sprich mit deinem Steuerberater darüber, was du unter welchen Umständen absetzen kannst und wie du deinen Arbeitsbereich gestalten musst, damit er als Betriebsausgabe gilt.

Auch wenn du nur am Telefon arbeitest, sollte dein Arbeitsbereich wirklich ein Arbeitsbereich sein. Bellt bei deinen Klienten am Telefon im Hintergrund der Hund oder hörst du die Kinder schreien, erweckt das keinen sonderlich professionellen Eindruck!

Dasselbe gilt für dein Haus: Wenn du zu Hause Kunden empfängst, solltest du dir einen separaten Raum einrichten, in den dein Privatleben während deiner Termine nicht eindringen kann. Das dient nicht nur dir selbst, weil du so eine gedankliche Trennlinie zwischen Privat- und Arbeitsleben ziehen kannst, sondern auch deinem professionellen Image.

Wenn du einen getrennten Arbeitsbereich oder Arbeitsraum hast, ist es, wie Cindy schon sagte, sehr wichtig, dass du auch eine Tür hast, die du hinter dir zumachen kannst. Ich habe das große Glück, über ein Heimbüro zu verfügen, in das ich als Lärmschutz eine Tür einbauen ließ.

Außerdem habe ich noch einen separaten Meditationsraum, in dem ich meine Kunden empfange. Auch er hat eine Tür. Zu so etwas rate ich dir sehr. Dieser getrennte Raum ermöglicht es dir und deinem Kunden, sich zu konzentrieren und in die Energiesphäre deiner Arbeit einzutreten. Wie Cindy sagt, ist es wichtig, Grenzen zu ziehen, besonders in Bezug darauf, wann und wie du erreichbar bist. Du kannst dir »Arbeitszeiten« vornehmen, an die du dich hältst, und deinen Kunden mitteilen, wann du erreichbar bist und wann nicht.

Auf meinem Firmenanrufbeantworter heißt es, dass ich Anrufe am Wochenende oder an Feiertagen am nächsten Wochentag beantworte. Außerdem gehe ich nach 17:30 Uhr nicht mehr ans Telefon. Diese Grenze habe ich mir selbst gesetzt. Wenn du dir deine Öffnungszeiten ausgesucht hast, solltest du dich auch daran halten und deinen Kunden kommunizieren, wann du zu erreichen bist, indem du sie gemeinsam mit deinen Kontaktdaten auf deiner Webseite postest.

Dabei geht es auch um das Zeitmanagement, das so wesentlich für jeden Unternehmensgründer ist. Vergiss nicht, dass du vielleicht so glücklich bist, wenn du deine ersten Kunden hast, dass du bereit wärst, alles zu tun, um ihnen entgegenzukommen. Aber sie werden Verständnis zeigen, wenn du sagst, dass du nur zu bestimmten Zeiten erreichbar bist. Wenn sie anders reagieren, sind sie wohl nicht die Art von Kundschaft, mit der du zusammenarbeiten möchtest. Es liegt an dir, zu entscheiden, für wen du wann Ausnahmen zu machen bereit bist.

## Wie du deine Umgebung und dich selbst reinigen kannst

**CINDY** Ganz gleich, ob wir in einem spirituellen Unternehmen arbeiten oder nicht – in energetischer Hinsicht nehmen wir unsere Arbeit stets mit nach Hause. Wenn wir beruflich mit dem körperlichen, emotionalen und seelischen Wohlergehen von Menschen zu tun haben, beispielsweise als Coach oder als Besitzer eines Health Food-Geschäfts, sind wir der Energie unserer Kundschaft besonders ausgeliefert.

Stell dir vor, in deinem Ofen backen gerade Schokokekse vor sich hin. Du kannst sie schon lange, bevor du die Küche betrittst, riechen. Und wenn du sie mit ins Büro nimmst, kannst du den leckeren Geruch immer noch wahrnehmen.

Mit der Energie von Menschen sieht es ganz ähnlich aus: Sie wabert durch die Luft und wird seelisch wahrgenommen. Wenn du die Kekse sofort aufessen würdest, würde das Haus immer noch nach ihnen riechen! Und dasselbe gilt für Energie: Auch nachdem der Klient gegangen ist, bleibt seine Energie da, und vielleicht nimmst du sie nach Hause mit.Als spirituelle Unternehmer befinden wir uns in einer Situation, in der wir die Energie unserer Klienten direkt erleben – das gehört zu unserem Job. Aber es ist nicht der Job unserer Familie, unserer Mitarbeiter oder des nächsten Klienten, und deshalb ist es wichtig, dass wir unsere Körper und unseren Arbeitsbereich regelmäßig reinigen, damit andere nicht von der Energie unserer Klienten betroffen sind.

Es gibt viele Möglichkeiten, die Energie eines Klienten freizugeben. Die meisten Ansätze lehren bestimmte Techniken dafür, aber denken wir denn auch immer daran, sie anzuwenden? Hier findest du einige einfache Tipps zur Reinigung deiner Energie und der Energie in deinem Arbeitsbereich oder Zuhause:

- Wenn du deinen Arbeitsbereich betrittst oder verlässt, denke stets daran, dass der Türrahmen eine Art Autowaschanlage ist. Wenn du ihn durchschreitest, wird alles, das nicht deiner höchsten und liebevollsten Energie dient, gereinigt.
- Entwickle ein Ritual, das du immer dann durchführst, wenn du mit einem Klienten fertig bist: Gib alle unerwünschten Energien ins Licht zurück, wo sie in Heilenergie für deinen Klienten transformiert werden können.
- Wenn du in einem Laden arbeitest, segne im Stillen jede Person, die du in den Gängen siehst. Das hilft dabei, die Energie anzuheben, die deine Kunden ausstrahlen.
- Verbringe auf dem Heimweg ein wenig Zeit mit Beten und bitte dabei darum, dass deine Energie und die Energie in deiner Umgebung deine höchsten spirituellen Intentionen widerspiegeln.

Es dauert etwas, solche Rituale in deine täglichen Abläufe einzubauen, aber schon bald wirst du sie anwenden, ohne noch großartig darüber nachdenken zu müssen. Oder du verwendest die Meditation aus dem Kapitel *Wie du deinen Arbeitsbereich reinigen kannst.* Auch sie ist schnell durchgeführt, wenn du erst einmal Übung darin hast, und sie geht so:

---

*Meditation zur Reinigung von Räumen*

- Atme drei Mal tief durch und entspanne deine Schultern bei jedem Atemzug etwas mehr.
- Fange an, wieder normal zu atmen.
- Visualisiere nun vor deinem inneren Auge den Raum, den du reinigen willst.
- Stell dir vor, dieser Raum sei von einem hellen, goldenen Licht erfüllt … so als würde in der Raummitte eine Millionen-Watt-Glühbirne oder ein göttliches Geschöpf leuchten.
- Visualisiere, wie das Licht alle Ecken und Winkel durchdringt.
- Stell dir nun vor, du stehst vor diesem Raum und siehst, wie dieses wunderschöne, helle, goldene Licht aus Fenstern und Türen strahlt.
- Stell dir vor, die Leuchtkraft und Intensität wird stärker.
- Bitte darum, dass nur das höchste und liebevollste Beste für die Menschen, die sich in dem Raum befinden, bleiben darf … und dass alles, was nicht förderlich ist, entfernt und ins Licht gesendet wird, wo es heilen kann.
- Bitte darum, dass jeder in dem Raum, der auf Seelenebene nicht mit der Lichtarbeit einverstanden ist, die heute hier getan wird, auch nicht durch sie beeinflusst wird.
- Diese Reinigung dient dem höchsten und liebevollsten Besten ALLER Beteiligten.

---

Dazu brauchst du keine fünf Minuten. Ich denke, du verstehst, worum es im Wesentlichen geht. Viel Spaß dabei, dir deine eigenen Schutz- und Reinigungsrituale auszudenken!

# Nachwort

**LISA** Wir fühlen uns tief geehrt, dich auf deinem Weg begleiten zu dürfen, anderen zu helfen und die Schwingung deiner Mitmenschen anzuheben. Du solltest dir immer bewusst sein, dass all jene, denen du hilfst, dankbar dafür sind, dass du deiner inneren Stimme gefolgt bist, die dir gesagt hat, dass du anderen helfen sollst. Viele Menschen kämpfen darum, ihr Leben zu verbessern, und suchen jemanden wie dich, der sie dabei unterstützen kann. Ich bin dankbar, dass du ein spirituelles Unternehmen gründest, um unserer Menschenfamilie zu helfen. Wir brauchen mehr Leute wie dich.

Cindy und ich hoffen, dass wir dir die Bausteine zur Verfügung stellen konnten, aus denen du dein Unternehmen errichten kannst, um all jenen, die dich brauchen, eine Möglichkeit zu geben, dich auch zu finden. Vergiss nicht: Wenn du konsequent, beharrlich und fleißig daran arbeitest, wird dein spirituelles Unternehmen wachsen und viele Menschen erreichen. Es dauert seine Zeit, aber du wirst dadurch belohnt, dass du deiner Inspiration folgen und die Welt zu einem besseren Ort machen kannst!

**CINDY** Lisa und mir ist es eine Ehre, Teil deines Wegs zum Aufbau eines erfolgreichen spirituellen Unternehmens zu sein. Wir haben unser Wissen und unsere Geschichten mit dir geteilt und dich unterstützt, wo wir nur konnten. Eines aber möchte ich dir noch mitgeben: Versuche, dich nicht zu verurteilen, wenn du nicht alle deine Ziele zu dem Zeitpunkt erreichst, den du dir vorgenommen hast. Spirituelle Menschen neigen dazu, sich selbst zu verurteilen, erreichen dadurch aber nichts.

Erwache jeden Tag mit einem Gefühl der Dankbarkeit dafür, dass du der Arbeit nachgehen kannst, die du liebst. Sei dir bewusst darüber, dass die göttliche Zeitplanung oft nicht deiner eigenen entspricht, füge eine Prise Humor hinzu und liebe dich selbst für all das, *was* du geschafft hast. Wenn du weißt, dass du immer dein Bestes gibst, kommt der Rest ganz von alleine. Mach dir klar, dass du niemals das Gefühl haben wirst, dass deine Bemühungen ausreichen, auch wenn sie es meistens tun. Wir sind alle nur Menschen – passe deine Erwartungen an diese Tatsache an.

Wir würden uns freuen, wenn du uns Feedback über deine Erfolge *und* Schwierigkeiten gibst. Du kannst über unsere Webseiten Kontakt zu uns aufnehmen, aber bitte nur auf Englisch. Die Webadressen findest du unter »Tipps«. Wir ermutigen dich, dich der wachsenden Zahl von spirituellen Unternehmen anzuschließen, die ihrer Gemeinschaft helfen und durch das immer größer werdende Internet der ganzen Welt dienen.

Sei gesegnet!
*Cindy Griffith und Lisa K.*

# Tipps

### *eMail-Marketing-Dienstleister*

- Mail Chimp
- Constant Contact
- GetResponse
- BenchmarkeMail
- Aweber
- iContact
- Vertical Response
- Mad Mimi

### *Soziale Netzwerke*

Bitte vergiss nicht, dass soziale Netzwerke schnell kommen und gehen. Deshalb solltest du selbst recherchieren, was gerade besonders beliebt ist. Zum Zeitpunkt der Fertigstellung dieses Buches werden besonders stark genutzt:

- Facebook
- YouTube
- Pinterest
- Google+
- Tumblr
- MeetUp
- Twitter
- Instagram
- Xing
- LinkedIn
- SnapChat

### *Bildagenturen*

Einige dieser Seiten fordern eine Gebühr für die Bildnutzung. Es ist wichtig, für die Verwendung aller Bilder vorher eine Erlaubnis einzuholen.

- www.fotolia.com
- www.POND5.com
- www.gettyimages.com
- www.Shutterstock.com

*Kostenlose Bild- und Grafikagenturen*

- www.freestockphotos.biz
- www.freedigitalphotos.net
- www.freepik.com
- www.unsplash.com

*Webseiten für freiberufliche Video-Editoren und Webdesigner*

- www.Elance.com
- www.Fiverr.com
- www.Freelance.com

*Die Webseiten der Autorinnen*

Beachte hier bitte, dass es sich um englischsprachige Webseiten handelt.

- www.GrowYourSpiritualBusinessBook.com – die Webseite zur englischen Buchausgabe
- www.CindyGriffith.com – Cindy Griffiths Webseite
- www.LMK88.com – Lisa K.s Webseite

*Haftungsausschluss für den »Material«-Bereich:*
Die hier genannten Quellen dienen rein informativen Zwecken. Weder die Autorinnen noch der Verlag können garantieren, dass die zur Verfügung gestellten Informationen zutreffend, vollständig, zuverlässig, aktuell und fehlerfrei oder Sonstiges sind. Die Nennung oder Nicht-Nennung auf dieser Liste ist nicht als Empfehlung oder Ablehnung seitens der Autorinnen oder des Verlags zu werten. Es besteht keine Gewährleistung, und weder die Autorinnen noch der Verlag übernehmen eine Haftung oder Verantwortung für den Inhalt. Wir können nicht für die Richtigkeit von Angaben auf anderen Seiten garantieren.

# Danksagungen

**Cindy Griffith** Meine Reise mit diesem Buch begann auf der Conscious Life Expo in Los Angeles. Unsere Pressesprecherin Gail Torr bemerkte, dass es mir gelungen sei, die Verkäufe eines Teilnehmers zu steigern, und sie schlug vor, ich möge doch ein Buch für spirituelle Unternehmer schreiben. Kurze Zeit später trat ich in Lisa K.s Radiosendung auf, und schon unterhielten wir uns über unser gemeinsames Ziel, ein Buch zu schreiben, das den Menschen helfen könne, ein erfolgreiches spirituelles Unternehmen zu gründen.

Lisa und ich gingen in einem Teehaus in Westchester County Mittagessen – und so wurde *Spirit Business* geboren! Wir trugen unsere Ideen zusammen und suchten gemeinsam nach neuen Einfällen. Es war toll, mit Lisa zu arbeiten, und ich kann ihr gar nicht genug für ihre wunderbaren Ideen, ihre Geduld und ihre lockere Art danken. Danke, Lisa!

Ich möchte außerdem meinem Ehemann David Bennett, der mein Fels in der Brandung und bester Freund ist, und meiner Mastermind-Partnerin Virginia »Kiki« Waldron für ihre Unterstützung danken. Und dann muss ich natürlich auch noch all den wunderbaren Menschen bei Findhorn Press danken, die *Spirit Business* in der englischen Originalausgabe herausgebracht haben. Es scheint ein ganzes Dorf nötig zu sein, um ein Buch großzuziehen, und dieses hier hat die Welt gebraucht. Von Schottland über Frankreich bis in die USA waren alle bei Findhorn Press unglaublich hilfsbereit, und ich bin unendlich dankbar, Teil der Autorenfamilie bei Findhorn Press sein zu dürfen.

**Lisa K.** Meine Reise mit diesem Buch begann mit der häufigen Frage meiner Schüler und Kunden, wie sie ihr eigenes spirituelles Unternehmen gründen können. Um ihnen zu helfen, baute ich meine Ratschläge in *Developing Your Intuition Level 2* ein, meinen Intuitionskurs für Schüler der mittleren Stufe. Das Material kam so gut an, dass schließlich ein eigener Kurs mit dem Titel *How to Start Your Spiritual Business* daraus wurde. Als Cindy und ich uns schließlich in meiner Radiosendung *Between Heaven and Earth* begegneten, war es also höchste Zeit! Wir verstanden uns auf Anhieb, und im nächsten Moment saßen wir auch schon bei einer Tasse Tee zusammen und unterhielten uns über ein gemeinsames Buch, für das es unserer Meinung nach hohen Bedarf gab. Ab da nahm die Geschichte ihren Lauf, und durch die wunderbare Zusammenarbeit mit Cindy entstand dieses Buch.

Cindy, ich möchte dir für unsere aufregenden Brainstorming-Sitzungen danken, dafür, wie leicht du alle Termine unter einen Hut bringst, für deine Arbeitsethik, dein Talent, die Dinge ins Rollen zu bringen, dafür, dass du mich zum Lachen bringst und so eine angenehme Gesellschaft bist. Wir haben einen erstaunlichen »Synergieeffekt«, und ich kann kaum in Worte fassen, wie dankbar ich dafür bin, dass du meine Co-Autorin bist.

Ich möchte außerdem meiner wunderbaren Familie danken, vor allem meinem Ehemann Vincent, dessen Unterstützung, Liebe und weise Ratschläge ich ganz allgemein nicht missen möchte – die mir aber besonders wichtig waren beim Schreiben dieses Buchs. Danke, Christopher, für deine Expertise in englischer Grammatik. Danke an meine Mom und meinen Dad für ihren unerschütterlichen Glauben an alles, was ich tue, und ihre bedingungslose Liebe, die mir mehr bedeutet als irgendetwas sonst.

Danke an meine wunderbaren Freunde und Helfer. An meine Schreibgruppe für die jahrelange Ermutigung und all das positive Feedback: Maryse Godet Copans, Jane F. Collen, Ann Gulian und Mary O'Keefe Brady. An Stan Kogeman für seine weisen Worte und Ratschläge darüber, was es heißt, eine Buchautorin zu sein. Und noch mal an Jane für ihr Wissen in Sachen Urheberrecht.

Und zu guter Letzt: Danke an Findhorn Press und all die wunderbaren Menschen, die dort arbeiten und mich als neue Autorin akzeptiert haben. Danke an Gail Torr, die mich ermutigt hat, ein eigenes Buch zu schreiben, lange bevor mir die Idee zu dem hier vorliegenden Buch kam. Danke auch an Sabine Weeke und all die anderen, mit denen ich bei Findhorn Press gearbeitet habe und die mich so wundervoll behandelt haben.

# Über die Autorinnen

**Cindy Griffith** ist international bekannt als Medium, Lehrerin und Autorin mit einem breitgefächerten Hintergrund in Metaphysik, Meditation, spiritueller Entwicklung und spiritueller Unternehmensberatung. Mit ihrem Ehemann David Bennett zog sie kürzlich aus der Finger Lake-Region in New York State nach Virginia Beach. Cindy lebt ihre Leidenschaft für Lehre, Schreiben und spirituelle Beratung mit Studenten und Klienten aus den USA und dem Ausland aus. Seit Neuestem lehrt sie spirituelle und mediale Entwicklung in Tokio und bietet dort auch Channeling-Sitzungen an.

In ihrer Freizeit reist Cindy gern. Zu ihren Lieblingsorten zählen Sedona in den USA und die Dominikanische Republik, aber auch ihre spirituellen Aufenthalte in Ägypten, Griechenland, Irland, Australien und Italien waren ganz großartige Abenteuer. Auf ihren gemeinsamen Lesereisen mit David konnte sie Sehnsuchtsorte wie den Candelabra Tree, Bryce und Antelope Canyon besuchen. Außerdem liest Cindy gern Romanreihen für Jugendliche, um ihrem inneren Kind eine Freude zu bereiten.

Sie hat einen Master in Bewusstseinsentwicklung und einen Bachelor of Science in spiritueller Beratung und Heilung an der SUNY Empire State abgeschlossen, eine dreijährige Ausbildung für metaphysische Lehrer beendet und nach einem dreitägigen Seminar mit dem Dalai Lama das Bodhisattva-Gelübde abgelegt. Obendrein absolvierte sie Openway, eine vierjährige Ausbildung in Energieheilung, und erarbeitete sich ein Reiki-Zertifikat.

Cindy brachte das Buch *Meditieren leicht gemacht* und zwei englische Meditations-CDs heraus. Gemeinsam mit ihrem Mann David schrieb sie *Voyage of Purpose*, gefolgt von *Spirit Business* mit Lisa K. Sie fabriziert Blogs für die *Huffington Post*, *OmTimes* und *Door Opener*, hat einen eigenen WordPress-Blog und ist für verschiedene spirituelle Zeitschriften tätig.

Auf www.CindyGriffith.com kannst du ihre Blogs lesen, dich über Veranstaltungen informieren oder einfach mehr über sie herausfinden. Auf www.SpiritualSimplicityBooks.com erfährst du alles über Davids und ihre Bücher, und auf Facebook findest du sie unter »Cindy Griffiths Giving Back Page«.

**Lisa K.** ist Lehrerin, Autorin und Referentin mit Spezialgebiet Intuition. Durch ihre weltweite Internetpräsenz und ihre persönlichen Workshops lehrt sie andere, ihre Intuition zu entwickeln, damit sie sie nutzen können, um detaillierte Informationen zu gewinnen – wo sie wollen, wann sie wollen und wofür sie wollen. Sie gilt als Intuitionsexpertin und hat in ihren Workshops und Seminaren schon Hunderten von Personen geholfen, ihre Intuition weiterzuentwickeln. Durch öffentliche Vorträge, das Internet und ihre beliebte Radiosendung *Between Heaven and Earth* erreicht sie Menschen auf der ganzen Welt.

Lisa betreibt ihr spirituelles Unternehmen bereits seit 2007 und hat durch Direktmarketing und die sozialen Medien ihre Anhängerschaft innerhalb von zwei Jahren fast verdreifacht: Heute folgen ihr mehr als 13.000 Personen. Sie lehrt online ihre Techniken zur Unternehmensgründung im spirituellen Bereich. Sie hält Vorträge über Intuition auf Gesundheits- und Wellness-Messen, Expos und anderen Veranstaltungen. Ihre Artikel werden regelmäßig in verbreiteten Online-Zeitschriften wie *Soul Essence*, *Inspire Me Today* und *Care2* veröffentlicht. Sie ist außerdem Kolumnistin für die *OmTimes.* Zuvor war Lisa erfolgreiche Geschäftsführerin, Managerin und Projektleiterin bei verschiedenen US-amerikanischen und asiatischen Fortune-500-Unternehmen. Ihre Verantwortlichkeiten reichten dabei von Marketing und Vertrieb bis zum Verkauf von Software- und Hardwarelösungen für branchenführende Großunternehmen. Lisa hat auch die Entwicklung von Multimillionendollar-Projekten in der Informationstechnologie für landesweite Konzerninfrastrukturen betreut. Dabei führte sie große Teams aus Softwareentwicklern, Businessanalysten und Systemingenieuren an, mit denen sie komplexe Softwaresysteme für Unternehmen aus den Bereichen Privatkunden, Finanzen, Medizin, Transportwesen und Technologie implementierte.

Lisa machte Abschlüsse in Elektrotechnik an der Columbia University, in Psychobiologie an der State University in New York und einen Doktor in Metaphysischen Wissenschaften an der University of Metaphysical Sciences. Außerdem ist sie zertifiziert in zahlreichen Techniken der Energieheilung und Intuitionsentwicklung.

Sie praktiziert und studiert Tai-Chi Chuan, Bagua, Qigong und Wing Chun. Mit ihrer Familie reist sie um die ganze Welt, gewinnt so neue Eindrücke und erweitert ihr Wissen über vergangene und heutige Kulturen. Lisa ist über ihre Webseite www.LMK88.com und per eMail unter contact@LMK88.com zu erreichen.

Auch als eBook

**Asim Aliloski**
**DAS HERZ DES GELDES**
*Reichtum & Erfolg mit Liebe und Harmonie kreieren*

240 Seiten, Hardcover, blaues Leseband
Amra Verlag, € 19,95 [D]

**ISBN 978-3-95447-281-9**

Alte Denkmuster und Emotionen erschweren eine gesunde Beziehung zu Geld. Die Übungen und Meditationen des Erfolgscoachs verhelfen zu einem frischen Blick auf die Seele des Geldes, frei von allen Traumata.

**Rudolf Andreas Graf**
**EMPATHIE IN UNTERNEHMEN**
*Anteilnahme als Führungsinstrument unserer Zeit*

Auch als eBook

224 Seiten, Hardcover, oranges Leseband
Amra Verlag, € 19,95 [D]

**ISBN 978-3-95447-195-9**

Ein Unternehmen ist ein Netzwerk von Emotionen, das verstanden sein will. Einzig das Zusammenwirken aller für eine größere friedliche Vision generiert dauerhaft Erfolg – und nur mit Anteilnahme und Anerkennung.

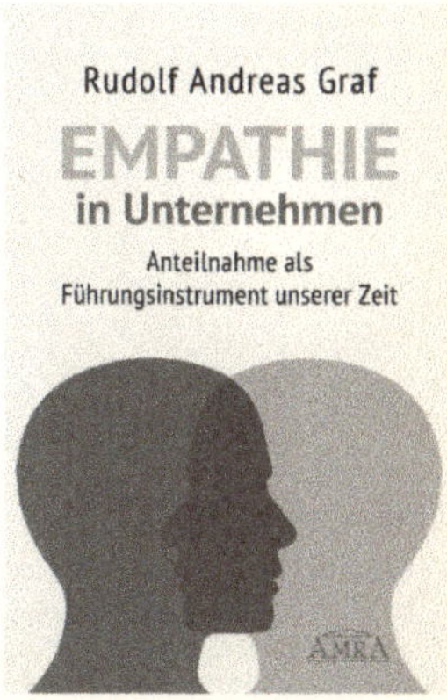

**Kurt Tepperwein & Nazila Jafari**
**INVESTIEREN UND LEBEN IN SCHWIERIGEN ZEITEN**
*Sofortmaßnahmen für Bewusstwerdung und Erfolg*

Auch als eBook

240 Seiten, Hardcover, rotes Leseband
Amra Verlag, € 19,95 95 [D]

**ISBN 978-3-95447-210-9**

Wir alle investieren ständig, ganz unbewusst. Für den Erfolg brauchen wir das Wissen, dass es nicht um Reichtum geht, sondern um Fülle – die volle Wahlmöglichkeit. Mit Sonderteil: Klarer Blick auf die Welt der Börse.

Buchauszüge, Videos und Hörproben auf www.AmraVerlag.de